本书是国家社科基金艺术学一般项目（编号19BG119）
"浙江'诗路文化带'乡村景观设计策略与方法研究"的最终成果

诗性生长

浙江诗路乡村景观设计策略与方法

施俊天　等著

ZHEJIANG UNIVERSITY PRESS
浙江大学出版社
·杭州·

图书在版编目（CIP）数据

诗性生长：浙江诗路乡村景观设计策略与方法 / 施俊天等著. -- 杭州：浙江大学出版社, 2024. 12.

ISBN 978-7-308-25793-0

I. TU986.2

中国国家版本馆CIP数据核字第2025CJ6140号

诗性生长：浙江诗路乡村景观设计策略与方法

SHIXING SHENGZHANG：ZHEJIANG SHILU XIANGCUN JINGGUAN SHEJI CELÜE YU FANGFA

施俊天　等 著

责任编辑	平　静
责任校对	张培洁　汪　潇
装帧设计	徐成钢
出版发行	浙江大学出版社
	（杭州市天目山路148号　邮政编码310007）
	（网址：http://www.zjupress.com）
排　版	杭州林智广告有限公司
印　刷	杭州捷派印务有限公司
开　本	787mm×1092mm 1/16
印　张	21.75
字　数	388千
版 印 次	2024年12月第1版　2024年12月第1次印刷
书　号	ISBN 978-7-308-25793-0
定　价	168.00元

作者简介

施俊天，浙江金华人，设计学博士、教授、博士生导师，现任浙江艺术职业学院院长、党委副书记，浙江省设计学类专业教指委委员、浙江师范大学乡村景观文化研究中心主任等，主要从事乡村景观设计。在《装饰》《新美术》等核心期刊上发表论文及设计作品 20 余篇（幅）。出版著作《诗性：当代江南乡村景观设计与文化理路》《嵩溪实践——乡村振兴背景下美丽乡村规划与建设探索》等 3 部。主持完成国家社科艺术学项目、国家艺术基金人才培养项目、浙江省哲社科规划课题等省级及以上纵向课题 6 项，浙江乡村景观营造类横向课题 60 多项。获浙江省高等教育教学成果二等奖 1 项、浙江省基础教育教学成果一等奖 1 项、第十九届哲学社会科学优秀成果三等奖 1 项，入选第九、十届全国环境艺术设计大展作品 2 项。

内容简介

本书以浙江诗路文化带建设为背景和契机，依据发展规划相关要求，运用文献调查、实地调研、个案分析等方法，重点研究浙江诗路乡村景观设计策略与方法。从浙江传统诗路乡村景观文艺呈现出发，以"行""观""居"三种视角，探索多彩的浙江诗路乡村景观意境"美在乡村"。基于四条诗路文化带的实地考察（"行走诗路"），对诗路景观资源展开全面梳理，从地理、交通与艺文等四种类型的关系进行整体分析。在"以带兴村"模式下的诗路乡建，有针对性地提出基于"有村之用"的地方化设计、基于"诗性生长"的活态化设计、基于"四诗融合"的系统化设计和基于"数字赋能"的场景化设计四个策略与方法。以此为依托和践行之道，既能助力浙江共同富裕大场景下的和美乡村建设，也是对"绿水青山就是金山银山"理念的地方性实践和中国本土景观设计理念的创新。

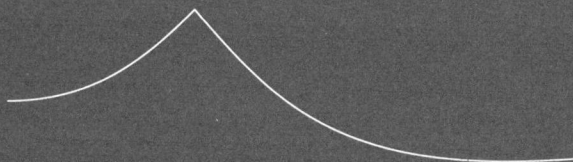

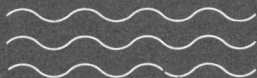

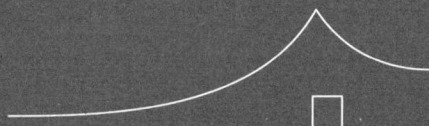

序　诗意家园，传承有道

在今天这个时代，乡村意味着什么？

在经济学家眼中，现代化是与城市化密切相关的，因此乡村就成了人们需要告别的一种形态。自工业革命开始，人类便进入了快速的城市化进程，大量人口向城市集中，乡村要么人去村空，要么经济凋敝，乡村建设成为普遍性的发展问题。我国的城市化进程较之一般情况更为快速，值得骄傲的说法是我们用了三四十年的时间走完了西方发达国家一两百年的历程。在这种快速的发展过程中，城乡关系的矛盾难免会有一种极端化的表现。经济上，这种速度令人惊叹；文化上，乡村的迅捷退场带来了巨大的真空，"乡愁"很自然地成为社会性的话题。

作为传统的农业大国，一代代国人都在思考乡村如何做才能跟上现代化的步伐，既要有生产关系的改变和生产力的成长，也要有相对稳定而有序的社会结构。传统的乡村必须得到改造才能适应新的时代发展，这是毫无疑问的，但究竟如何改造，却没有现成的方案。自清末以来一百多年的时间里，不同时代有不同的方略，总体上有效推进了整个国家的现代化进程，乡村做出了巨大的贡献。但是，如今回顾来路，也不得不说，在不同阶段也难免存在不同的问题。比较突出的一点是，更多的是从经济角度来看待乡村的改造，相对来说，忽视了文化的视角，甚至在高速发展的某个阶段，完全以城市的标准来推行乡村的改造，形成许多现实中难以调和的矛盾。较大的转折出现在习近平总书记在浙江工作期间，提出了著名的"绿水青山就是金山银山"理论。这一论断的背后，不仅是对生态保护的倡导，更重要的是，强调了乡村与城市的不同特性，乡村也是文化传承的重要载体。绿水青山并不仅仅是山山水水，还意味着作为文化载体的整体系统，既有良好的生态，也有以乡村文化为支撑的生产体系。

浙江是"绿水青山就是金山银山"理论的发源地，也是重要的实践地，在乡村建设方面走在了全国的前列，走出了有启发意义的新路。浙江历来是经济发展的中心区域，同时又是拥有优质山水资源的文化大省。2019年，浙江省人民政府下发了《浙江省诗路文化带发展规划》，为后续的一系列建设策略提供了重要指导。晋室东渡、宋室南迁将当时北方的优秀文化和技术扩散到了南方。这里的山山水水孕育出了无数杰作，尤其是在唐代的浙东，形成了一条著名的浙江唐诗之路。在这条通路上，留下了以谢灵运、李白、陆游等为代表的多个时代的大家创作的无数精彩篇章，其中尤以唐代为最。诗路文化也作为浙江文化中的精彩部分而被今人乐道。施俊天等所著的《诗性生长：浙江诗路乡村景观设计策略与方法》，依托浙江诗路文化，展开乡村景观设计，正是这种背景下应运而生的产物。

施俊天是一位有着强烈文化意识的设计学者，熟悉乡村、理解乡村，更重要的是对乡村有着诚挚的爱，对文化传承有着自发的使命感和责任感。他与团队成员一起，依托国家社科基金艺术学项目的研究，结合大量的调研与实践项目，在此基础上提出设计策略和方法，其成果自然具备很好的研究价值和现实意义。他们调研了四条诗路上的 37 个乡村节点，重点分析其中 17 个节点，着眼于地理、交通与艺文的关系，山水、结构与建筑的关系，生态、生活与生产的关系，村落与村落景区的关系，工作扎实，方法得当。任何乡村，都不是简单地以一个孤立的点的方式存在，乡村与乡村、乡村与城市总是通过道路连接起来，形成一个以乡村为中心的交通线路图。因此，乡村景观设计不能局限于某一具体乡村，而是要予以城乡之间互动、村际有机联系的观照。诗路乡村景观设计的提出，体现了一种更为整体而系统的设计观念，弥补了过往乡村建设中容易出现的个体化、碎片化缺憾。书中具体分析了钱塘江诗路的东叶村、浙东唐诗之路的班竹村等多个村落的景观空间营造，其实践很好地塑造了诗路乡村景观的层次感与诗意化。这些个案充分体现了"诗路"的韵味。

施俊天团队致力于还原、建构浙江乡村江南诗性之美，提出"有村之用""诗性生长""四诗融合""数字赋能"四种策略与方法，具有针对性和时代特征。尤其是"诗性生长"这个活态化设计方法与策略更有理论价值。"生长"是文化存续的关键，文化不是历史的残存之物，而是能够不断自我生发的、具有强大生命力的一个系统。诗性则代表了一种审美的态度和标准。设计团队集合了自然因素、在地文化、时代特性等多个维度的考量，采用织补的方法和手段，审慎地谋求"诗性生长"的结果，这既是一种创意，也是一种负责任的态度。

"诗路乡村"景观设计是一个有价值的命题,本书的内容、观点富有启发性,对于当下仍在如火如荼进行的乡村建设事业,具有很好的参考价值。对于设计同道者而言,我们应该始终认识到文化是设计的重要维度。在新时代中国特色社会主义建设的热潮之中,乡村建设扮演了重要而不可或缺的角色,同时这一事业也为广大的中国设计师提供了宝贵的实践机会。

　　我们欣喜地看到,在这个进程中,中国设计得到了长足的提升。在一个个具体而微观的实践项目中,我们获取经验、提高认识、磨炼设计思维,最终形成自主知识体系。我们必将自豪地告诉世界,乡村作为诗意的家园并未在时代大潮中被磨灭,而是以更新、更美的面貌进入人类文明的历史叙事。

（方晓风：清华大学美术学院副院长，长聘教授，博士生导师,《装饰》杂志主编）

目　录

导　论

　　乡村景观设计赋能美丽乡村建设，推进乡村振兴，已成为显著的趋势和现象，十分值得重视和研究。乡村景观，一般指相对于城市景观的景观类型，亦特指那些明显具有田园特征的景观区域，具有生产生活、生态服务、文化维系、美学等各个方面的功能。乡村景观设计则是对各种乡村景观要素的综合筹划，旨在促进乡村的社会、经济和环境持续协调发展。目前已涌现出一大批具有中国本土特色和经过地方实践的设计成果，展示出新时代乡村的美丽和谐。乡村景观设计与美丽乡村建设是相辅相成的，后者亦推动了前者的发展，"视域逐步拓宽，研究不断深入，设计观察角度也更为多元"[①]。保留乡村环境艺术，传承优秀乡土文化，不断满足美好生活需要，需要我们从不同维度展开研究，持续不断地推进乡村景观设计工作。本项目基于浙江诗路文化带建设背景，探讨浙江诗路文化带沿线乡村（简称"诗路乡村"）的景观设计策略与方法，并展开实践。以下就研究与实践的背景、相关研究现状评述、写作思路和主要内容、创新之处进行详细说明和交代。

一、研究与实践的背景

　　为打造现代版的"富春山居图"，擦亮"诗画浙江"金名片，践行"绿水青山就是金山银山"理念，全面推进"两个高水平"建设，浙江省人民政府于2019年10月下发《浙江省诗路文化带发展规划》（简称《诗路规划》），部署建设浙东唐诗之路文化带、大运河诗路文化带、钱塘江诗路文化带、瓯江山水诗路文化带。《诗路规划》以"串珠成链"的思路，提出以主要水系、古道和现代交通为纽带，构建"一文含四带，十地耀百珠"的诗路文化空间形态。四条诗路文化带，形如金文文字"文"，镌刻于浙江的文化版图。"十地"是指打造江南运河文化高地、钱江潮涌壮怀地、古越文化高地、海上诗路启航地、宋元

① 李晓晴. 中国乡村景观设计研究综述 [J]. 大众文艺, 2019（9）: 117-118.

婺学文化高地、南孔文化圣地、富春山居诗画胜地、佛道名山文化圣地、中国山水诗发祥地、"两山"生态文化萌发地等十个具有鲜明特色的区域文化高地，形成"以面提线"的效果。"百珠"是指打造文博古迹、美丽非遗、名城古镇（村）、山水及海洋文化旅游、文化创意产业、农耕及工业遗址等六大类百个特色文化"明珠"，形成"百花齐放"的格局。《诗路规划》还提出诗路遗存挖掘保护、诗路文化产业振兴、诗路文化旅游精品、诗路名城古镇（村）提升、诗路交通廊道建设、诗路生态文化综保、诗路文化教育普及与诗路文化交流合作等八大工程；提出强化组织协调、推进落实、政策支持、人才支撑和氛围营造等五项保障措施。

　　浙江诗路文化带建设是具有浙江标识的综合性、系统性工程。近期目标是通过两三年的努力，使各类世界遗产的列入数和诗路文化"明珠"、展示和创作基地在数量上得到明显增加，使文化及特色产业、旅游、健康的增加值得到显著提高。长期目标是到 2035 年，力争浙江全面形成诗路沿线自然、城镇、乡村、文化和谐共生的发展态势，诗路文化带在国内外形成较高的知名度、美誉度和影响力，成为"诗画浙江"最亮丽的文旅风景线。浙江诗路文化带建设的前景十分值得期待。《诗路规划》发布后，浙江省"四大建设"办公室又先后下发《浙东唐诗之路建设三年行动计划（2020—2022）》和《大运河诗路建设、钱塘江诗路建设、瓯江山水诗路建设三年行动计划（2021—2023）》（以下统一简称《行动计划》），为四条诗路建设提供了更为详细的实施方案和更为具体的工作要求。

　　《诗路规划》《行动计划》中包含建设"诗路乡村"的重要内容，甚至可以说这是其中的"亮点"和特色。《诗路规划》中所列的"诗路名城古镇（村）提升工程"条款提出："在诗路名城古镇古村文化形态的基础上，紧密结合城市建设、小城镇整治和乡村振兴，有机植入诗路文化元素，营造宜人宜居的文化景观，提供闲情雅致的生活方式，使都市繁华与乡村静谧生活合一，构成诗路人生的丰满样态。"其中关于"诗韵古村：重塑历史文化村落的传统脉络"中又有这样具体的表述：

　　挖掘和保护一批文化底蕴丰厚的诗路文化古村，开发一批农业特色村落，以特色农业渔业＋观光旅游，打造"一村一名人、一村一首诗"的诗路名村品牌体系。加强诗路村落规划设计，完善具有诗画浙江风韵的江南村落景观。加强农村文物古迹、传统村落、传统建筑、农业遗迹、灌溉工程、古树名木的保护。结合乡村振兴战略实施，深入推进农村厕所建设、污水治理、垃圾处理，全面提升古村落人居环境，重现古村新风。结合大花园美丽田园建设，挖掘农耕文化，打造诗画田园，铺就诗意底色。深入结合饮酒品茗、击鼓踏歌的诗意生活方式，培育特色民宿。保护优秀传统文化，复兴民俗活动，将诗路文化纳入文化礼堂建设内容。梳理良好乡风家训，开展耕读世家、书香世家等评选活动，深植传统美德，建设文明风雅诗路名村。①

《行动计划》就擦亮诗路"明珠"提出系列要求，之一就是"保护振兴一批诗路古村和美丽乡村"。该条款提出的具体建设内容，包括保护古村落、提升美丽乡村、建设诗路名村、保护与传承非遗、振兴传统工艺、开辟乡村文创街区等等；建设的近期目标，即通过两年左右时间建成一批历史文化名村（传统村落）、景区村、新时代美丽乡村精品村，而且对这三类村都有明确数量要求。以上工作的责任单位均属省农业农村厅、省委宣传部、省文化和旅游厅、省建设厅、省文物局，有关市、县（市、区）人民政府。四条诗路建设中的相关内容和目标摘录如下：

浙东唐诗之路：挖掘、保护和提升嵊州华堂村、新昌班竹村、天台张思村等一批文化底蕴丰厚的诗路文化古村和美丽乡村，修复古建筑和自然水系，提升古村落人居环境，建设文明风雅诗路名村。深入挖掘民间故事，保护和传承非遗文化，推进美食、服饰等传统工艺振兴发展，推进沿线村庄建设农村文化礼堂和乡村文创街区，发展农事体验、乡土文化体验、生态旅居度假，打造具有诗路韵味的现代美丽乡村。到 2022 年，新增省级及以上历史文化名村 20 个，建成 3A 级景区村 300 个，沿线 30% 以上行政村达到新时代美丽乡村精品村标准。②

大运河诗路：挖掘、保护和提升荻港村、余村、大西坝村等一批文化底蕴丰厚的历史文化（传统）村落和美丽乡村。加快推进古村落基础设施建设改造和生态环境综合整治，突出历史格局、城镇肌理和传统风貌完整性保护，提升人居环境。以农村一二三产业融合发展示范园区为核心，推进现代农业园区和都市农村文化创意园建设，打造一批以江南水乡为特色的运河景区村落和乡村振兴示范村。到 2023 年，新增省级及以上历史文化名村（传

① 浙江省人民政府.浙江省诗路文化带发展规划 [R].2019-10.
② 浙江省发展和改革委员会.浙东唐诗之路建设三年行动计划（2020—2022）[R]. 2020-04.

统村落）5 个，建成 3A 级景区村 900 个，沿线三分之一以上行政村达到新时代美丽乡村精品村标准。①

钱塘江诗路：挖掘、保护和提升芹川村、诸葛八卦村、江南古村落、斯宅村、俞源村、芝堰古村、清漾村等一批文化底蕴丰厚的历史文化（传统）村落和美丽乡村。深入推进农村厕所革命、污水革命、垃圾革命，提升古村落人居环境。加强沿线村庄传统建筑保护、商业古街修复、优秀民间文化资源发掘传承，提升建设农村文化礼堂、新时代文明实践中心。大力发展生态体验农业、民俗文化体验、休闲康养、研学旅游等业态，打造具有诗路韵味、充满活力的诗路古村。到 2023 年，新增省级及以上历史文化名村（传统村落）5 个，建成 3A 级景区村 600 个，沿线三分之一以上行政村达到新时代美丽乡村精品村标准。②

瓯江山水诗路：挖掘、保护和提升永嘉山水诗村庄群、松阳传统古村落群、景宁畲族风情村庄群、泰顺古村落群等一批文化底蕴丰厚的历史文化（传统）村落和美丽乡村。实施"百村复兴""拯救老屋"等行动，提升古村落人居环境，建设文明风雅诗路名村。深入挖掘民间故事，保护和传承非遗，推进木活字印刷、造纸、木拱桥营造、石雕、青瓷、宝剑、木雕、美食等传统工艺振兴发展。推进沿线村庄建设农村文化礼堂和乡村文创街区，开发农事体验、乡土文化体验、生态旅居度假，打造具有诗路韵味的新时代美丽乡村。到 2023 年，新增省级及以上历史文化名村（传统村落）5 个，建成 3A 级景区村 330 个，沿线三分之一以上行政村达到新时代美丽乡村精品村标准。③

从《诗路规划》到《行动计划》，浙江省在两年时间内就诗路文化带建设提出了明确、具体的方案，体现了"率先探索"的创新精神。这一建设对浙江的经济、文化、产业、交通、教育等领域的发展提出了系列要求，也为乡村振兴提供了新的契机。在国家乡村振兴战略的背景下，近年来浙江的乡村建设已经取得显著效果，但是仍然需要进一步推进。诗路文化带建设的提出，必将掀起新一轮的乡村振兴热潮。以"诗路文化"为抓手，推进乡村建设，其质量也必将得到有效提升。诗路乡建是一种"以带兴村"模式，旨在推进全域发展，促进共同富裕示范区建设。它以文化振兴为基点，以保护振兴古村、美丽

① 浙江省发展和改革委员会.大运河诗路建设三年行动计划（2021—2023）[R]. 2021-04.
② 浙江省发展和改革委员会.钱塘江诗路建设三年行动计划（2021—2023）[R]. 2021-04.
③ 浙江省发展和改革委员会.瓯江山水诗路建设三年行动计划（2021—2023）[R]. 2021-04.

乡村为重点，可以说是浙江新时代美丽乡村建设的升级版。充分依托浙江诗路文化，打造"诗路乡村"的浙江样板，能够为国家乡村振兴战略提供"浙江方案"。在这样的背景下，深入开展浙江诗路乡建的研究与实践就具有了十分重要的意义。

二、相关研究现状述评

浙江诗路文化研究可以追溯到 20 世纪 90 年代。新昌学者竺岳兵提出"唐诗之路"的想法，此后由唐代文学学会复文正式命名为"浙东唐诗之路"。[①]随着这条诗路声名鹊起，学界有关"唐诗之路"的讨论越来越多，相关研究也越来越兴盛，成为一道亮丽的中国当代学术景观。又随着 2019 年浙江省政府提出诗路文化带建设的决策部署，有关"浙江诗路"的探讨，成为从政府到民间的热点议题，延伸到媒体、文化、旅游、教育等各个领域。诗路 IP 开发推进活动报道、诗路文化学术成果、诗路产业转化实践案例亦不断推出。"诗路"已成为跨学科、融合性的领域，彰显出新时代价值。有学者早已指出："浙江的诗路文化带建设，将不断地挖掘诗路文化，打造诗路景观，落地诗路产业，这也是浙江省充分发挥文化资源，为人民美好生活创造更好条件的意义所在。"[②]以下选择近年来涌现的若干代表性成果，先就浙江诗路文化研究的整体情况进行描述，再集中到诗路景观研究与实践方面展开评述。

自浙江省人民政府下发《诗路规划》以来，各级地方政府加强落实，组织实施。省内一批高校纷纷成立相应的研究机构，如浙江师范大学的浙江诗路文化研究院、台州学院的唐诗之路研究院、中国计量大学的诗路文化高等研究院等。2020 年 10 月，又成立了由 14 家单位（研究机构、高校等）组成的研究联合体浙江省诗路智库。其中作为成员之一的浙江诗路文化研究院，成立于 2019 年 10 月，旨在通过全面开展浙江诗路文化的资源整理、理论分析、保护传承、开发利用、传播教育等工作，为浙江诗路文化带建设提供强力有效的智力支持和咨政服务。近年来，该院不断加强与上级部门、各级政府之间的合作，积极开展学术研究，取得了不少成果。受浙江省发改委委托，先后参与编制《诗路规划》、"百珠"遴选标准和"千年古城"复兴计划；与金华市、桐庐县合作，分别编制《金华市诗路文化带发展规划》《桐庐县诗路文化带发展规划》；与兰溪市合作，编制《"天下江南"三江六岸景观改造文化提升方案》；等

① 李招红.竺岳兵先生的学术之路 [EB/OL].（2020-12-02）[2022-11-19] http://www.cntszl.com/listshow.aspx?id=3723.

② 刘凡力.一文含四带 十地耀百珠 [J].文化交流，2021（11）：10-21.

等，这些工作均获得好评。李圣华主持的"浙江诗路文化创新的实践路径与时代价值"（《浙江师范大学学报（社会科学版）》2019年第4期），包括《浙江诗路研究的视界与视点》《浙江诗路文化建设的多维思考》《江南诗性文化：浙江乡村建设的灵魂》《浙江山水诗路的文化内涵与时代价值》等4篇文章，就浙江诗路文化的学理内涵、历史特征、创新路径和现实意义展开讨论。陈国灿主持的"浙江诗路与传统文化研究"（《中国社会科学报》2022年2月28日第6版），包括《钱塘江诗路的历史解读》《富春江诗路文化特征刍议》《浙江诗路文化的美学品格》等3篇文章，从历史、文化、美学视角对浙江诗路有关问题进行了分析。两组文章均产生了一定的影响。

浙江诗路文化研究在文学文化、文旅发展、教育交流传播等方面已取得一系列的成果。诗路文学文化的研究，主要有胡可先（浙江大学）、胡正武（台州学院）、肖瑞峰（浙江工业大学）、林家骊（浙江树人大学）等学者的浙东唐诗之路研究，钱志熙（北京大学）的钱塘江诗路研究，陈凯（温州职业技术学院）的瓯江山水诗路研究。以文旅发展为方向的诗路产业研究，集中在浙东唐诗之路。学者们提出基于"文旅融合""数字模式""智慧旅游"的"背景"，"语言资源""遗产廊道"的"视角"，"旅游品牌"的"塑造"，"剡溪山水文化旅游产品""文化体验式旅游""若耶溪景区""文旅一体化"的"开发"等，还对该诗路在萧山、绍兴、新昌等地段的情况进行了研究。至于教育、交流与传播方面，则形成了多样化的成果，如出版了《浙东唐诗之路诗选》《钱塘江诗词选》《诗路浙江》《诗画浙江：诗路伴我行》《浙江诗路读本：浙路诗心》等普及读物。值得一提的是中共浙江省委宣传部编撰的"'三读'丛书·开卷有益系列"，其中包括《钱塘江诗路》《浙东唐诗之路》《大运河诗路》《瓯江山水诗路》（浙江人民出版社，2020年）。浙江省对外交流协会、浙江日报报业集团等主办的《文化交流》杂志在两年多时间内刊发了十余篇有关浙江诗路的文章，如胡坚的《浙江诗路之美》（2021年第10期）、刘凡力等的《瓯江山水诗路：浪漫而别致》（2021年第3期）、程述的《诗路文化串起浙江文化精华》（2020年第11期）、吴蓓的《大运河诗路——一条河给予浙江文化的福泽》（2020年第2期）。这些文章致力于讲好"浙江故事"和迈出世代传承的文化自信之路，多维度地推进浙江诗路文化研究，亦展示出这一研究领域的广阔前景。

浙江诗路文化带以文化为魂，把山水和文化融合，串联起浙江的文化精华、诗画山水，旨在推动全域发展。满足人民日益增长的美好生活需要并为之创造更好条件，需要充分挖掘浙江地域文化特色，发挥浙江文化资源优势，也需要打造诗路景观。景观是"自然与人类的共同作品"，文化景观是"理解人地关系的最佳范例"。①诗路景观属于山水与文化共同成就的线性景观类型，具有十分重要的遗产价值。杭州是浙东唐诗之路、大运河诗路、钱塘江诗路三条诗路的交会点。西湖文化景观是文化景观中的一个杰出典范，"它极为清晰地展现了中国景观的美学思想，对中国乃至世界的园林设计影响深远"②。中国大运河里程长，遗产分布面积广。其中浙江境内包括江南运河浙江段（平望至杭州，又分东、中、西三线）和浙东运河。2014年中国大运河申遗成功，引发了政府、学者对"文化线路"保护的高度关注，"大运河国家文化公园"应运而生。浙东唐诗之路成名早、影响大，相关的申遗工作正在有条不紊地推进中。一些学者则基于这条诗路的景观遗产价值展开保护、传承、利用的研究，如傅丽的《遗产廊道视角下的浙东唐诗之路旅游产品开发研究》（《工业设计》2021年第7期）、刘畅的《遗产廊道视角下浙东唐诗之路的分布特征与空间规划研究》（浙江大学硕士学位论文，2021年）、沈洁的《"浙东唐诗之路"文化遗产活化传承路径研究》（《百花》2021年第3期）、王海霞的《浙东"唐诗之路"乡村景观遗产的传承》（《艺术研究》2021年第3期）。另外，孟诚磊的《诗路遗珍：浙江诗路沿线文物资源调研报告》（浙江大学出版社，2021年）着重厘清浙东唐诗之路、钱塘江诗路、瓯江山水诗路古迹及其相关文化遗产现状，深入挖掘三条诗路上的古迹如隐士隐居、书法艺术、田园茶道等经济元素，对打造浙江省大花园建设中的唐诗之路黄金旅游带以及未来诗路文化遗产的开发提出了一些建议。

诗路景观是一个综合体，它以线性的道路为主体，串联起别致的山水、人文景致，而作为其中重要环节的城市、乡村则是需要不断擦亮的"明珠"。在当下社会经济发展背景下，城市景观越来越成为极具挑战性的设计难题。浙江省于2020年下半年开始实施新修正的《浙江省城市景观风貌条例》。该条例围绕城市景观风貌管理，从景观风貌规划设计、实施监管、公共环境艺术促进、法律责任四个方面规定了具体要求、管理职责和保障措施。近年来浙江城市景观面貌得到一定程度的提升，一些学者围绕城市的公园、道路、建筑物、城市季节性湿地、绿地空间等，或基于地域文化、水乡等特色展开研究与设

① 林轶南，严国泰.线性文化景观的保护与发展研究——基于景观性格理论 [M]. 上海：同济大学出版社，2017: 34.

② 转引自本书编委会. 杭州简史 [M]. 杭州：杭州出版社，2016: 187.

计。但城市景观设计并不局限于城市本身，需要将它置于包括乡村振兴在内的全域发展的格局中来看待。诗路文化带建设的推出，为城乡景观设计带来了新契机。杨汝远的《"浙东唐诗之路"底蕴在本土文化景观中的体现——以绍兴市嵊州市为例》(《汉字文化》2021年第4期)，王洁、吕清海的《"浙东唐诗之路"：历史渊源下的本土文化景观分析——以台州市天台县为例》[《艺术与设计（理论）》2020年第6期]，苏越、屈林夕的《"可游可居"语境下乡村诗境生态建构——基于"浙东唐诗之路"乌岩头村的考察》(《黑龙江画报》2021年第10期)、周宇的《文化景观在乡村景观设计中的应用探析——以浙东"唐诗之路"班竹村为例》[《美与时代（城市版）》2021年第5期]都是基于这样背景的景观设计实践探索。

综上，"诗路浙江"建设具有重要的时代意义和光明前景。目前的研究主要从学术和实践两个层面展开，聚焦于文化化、产业化、景观化等重点问题。形成的诸多成果，对于继续深入研究和实践具有重要的参考价值和启示作用。但是我们也不得不承认，目前仍存在一些亟须解决的问题，可继续开拓的空间广阔。毕竟，"诗路"仍然是一个相对较新的提法，还没有统一的界定。加强对诗路文化的学理研究刻不容缓。对于浙江诗路文化的全面研究仍较为缺乏，就目前看仍较集中在浙东唐诗之路上，对于其他三条诗路的关注显然不够。就本课题研究的诗路乡村景观设计而言，目前还没有显著的成果。已有的这些研究与实践，也较局限于个案分析，即着重于某一具体的乡村景观设计，缺乏对城乡之间互动、村际有机联系的观照，"诗路"意味亟须加强。浙江诗路乡村景观设计，本质上就是"美丽乡建"。通过"诗性"方式把已有的乡建成效进一步"展示"出来，这一问题也十分值得注意。深入开展浙江诗路乡村景观设计，需要着眼于浙江诗路文化带建设这一重大背景。只有在深入领会诗路乡建的模式、内涵的基础上，才能提出一套系统的、切合实际的策略与更具操作性的方法。

三、写作思路与主要内容

《诗路规划》明确提出挖掘和保护一批诗路文化古村，要求结合"乡村振兴战略实施""大花园美丽田园建设"，《行动计划》更是具体指出保护振兴乡村的建设内容和三类乡村的量化指标。特别引人注目的是《诗路规划》中有这样的表述："加强诗路村落规划设计，完善具有诗画浙江风韵的江南村落景观。"①如此明确的要求为本项目研究与实践的展开提供了最为直接的依据，亦为针对如前所述的目前诗路乡村景观研究与实践中存在的问题提供了解决之道。为了更好地展开研究与实践，以下先就"以带兴村"这一浙江诗路乡建模式略作解读，再就本项目研究的主要内容进行交代。

  浙江自古丽逸江南、山灵水秀、人文蔚兴。从古至今无数文人墨客在此挥毫泼墨，绘就了独具浙江特色的行游山水、水系交通、城镇风物、浙学文脉、遗产风物"五图"文化奇观。"浙江诗路"是以诗歌为象征，以古道为纽带，贯穿浙江全域的文化之路。浙江的秀美风光、历史文化遗产的分布情况与浙江的地理、现代交通格局基本吻合。"浙江诗路"的提出乃是依据文化地理学对浙江文化格局的一种新构建，是基于"以诗串文""以路串带"的方式所绘就的浙江文化版图。在这样的视域下，"以带兴村"的浙江诗路乡建模式自然就应运而生。"诗""路""村"是其中的三个关键词。诗是"文学的文学"，它在中国文化体系中占有至高的地位。诗与艺术是相通的，与书、画、乐、舞、戏、曲、文、影都可以互渗。诗也是一种生活，"诗和远方"代表了人们对美好理想的不懈追求。"以诗串文"就是通过诗这种象征物串联起浙江悠久的历史文化发展脉络。"路"是指水系古道，它是形成诗路文化带的骨架。浙江既有钱塘江、瓯江等这样的自然精品，又有京杭大运河、浙东运河这样的人工杰作。著名的古道，有天台县境内的霞客古道，临安区境内的杭徽古道，连接浦江、桐庐两县的马岭古道，缙云县境内的括苍古道，等等。浩浩江河迤逦而去，造就了绮丽的山水风光；悠悠古道绵延远方，勾连起无尽的念想和情思。古往今来，无数文人墨客行走在这些道路上，有感于优美景物和风物，勃发创作灵感，流露出浓浓的情思。"诗路"之"路"，不仅是实体性质的交通道路，而且是情思的载体和无形的心灵之路。所谓的"村"与所谓"一文含四带，十地耀百珠"中的"珠"，两者相得益彰。"珠"是基于代表性、特色性、关联性、体验性、前瞻性的原则遴选出来的重要节点。那些名镇、古村、美丽乡村，如同一颗颗珍珠，镶嵌于浙江文化版图中，散发出夺目的光芒。可以说，"村"因为是"珠"而更加闪亮耀眼。

  本项目正是基于浙江诗路文化带建设的"以带兴村"模式，深入展开诗路乡村景观设计研究与实践。主要内容如下。

① 浙江省人民政府.浙江省诗路文化带发展规划 [R].2019-10.

（一）基于概念的浙江诗路乡村景观设计相关理论研究

本项目偏于设计实践，但这种实践无法脱离与之有密切关系的理论。为更好地展开实践，相应的理论支持十分需要。浙江诗路文化带建设在全国具有开创性，因此而衍生的"诗路乡村"也是一个崭新的概念。为了从根本上解决这个问题，对"诗路"概念需要有一个更学术化的意见。景观设计问题，也需要从"景观"这一核心性、本体性的概念谈起，尤其需要从"景观美学"的角度进行深入理解。乡愁是一种记忆，是"历史影印"的再现。它是基于城乡文化命运共同体的乡村审美体验，它是对乡村价值的再发现、乡村尊严感的彰显。我们也只有在城乡关系的视域下，才能更好地理解"乡愁"。"留得住乡愁"更是诗路乡村景观设计过程必须坚持的理念。美化乡村，需要因地制宜，尤其要突出乡村宜居性特色。新时代赋予中国景观学的重要使命，就是"重建美丽和谐的新桃源"①。可以说，诗路乡村景观设计正是在积极践行这一重要使命。"诗路""景观""乡愁"这三个概念构成了本研究的重要理论基础，对此需要深入地进行美学分析。

（二）审美视野下的浙江传统诗路乡村景观研究

浙江乡村景观之美，很大程度上是通过历代文艺作品建构出来的。如当代画家李可染的《杏花春雨》《江南春雨》《家家都在画屏中》《天姥图》《雁荡山图》都是以浙江为实景地而创作的（图0-1、图0-2）。又如赵建飞的《景观化叙事——影视作品中的浙江形象建构》（中国广播影视出版社，2019年）探讨了影像中的"城市与故事""田园幻象""浙商传奇"，重点分析了乌镇的景观审美和杭州的文化表达。该书"帮助我们更清晰地认识到景观展示与地方形象构建的关系，对于探讨浙江的景观特征和人文底蕴具有重要的指导意义"②。更好地展示浙江传统乡村景观之美，需要搜集浙江古代乡村题材诗画作品，分析所描写的乡村的景观之如何美、美在何，从而为当下诗路乡村景观设计提供美学范本。

（三）浙江四条诗路乡村景观现状调查与分析

四条诗路，覆盖浙江全域，串联起杭州、绍兴、宁波、台州、衢州、金华、温州、嘉兴、湖州等9个地市级重点城市，也汇聚了众多的乡村。从景观学角度而言，这些城市、乡村和浙江人民所赖以生存的这片大地都是景观，它是"自然和人类活动共同塑造的综合体"①。然而随着人类活动的频繁、社会

① 景观学与美丽中国建设专□委员会. 中国景观学宣言 [J]. □观设计学，2016（6）：146.
② 张充. 田园与景观：影视□品中的浙江形象 [J]. 中国农业□源与区划. 2021，42（12）：114□.

图 0-1　李可染《家家都在画屏中》1954 年 设色纸本　　图 0-2　李可染《雁荡山图》1973 年 设色纸本

图源：北京画院. 李可染的世界·写生篇——千难一易 [M]. 南宁：广西美术出版社，2012：80+208

经济的发展，有些景观遭到破坏，甚至面临着消失的险境。摸清家底，查明四条诗路乡村景观资源，了解其保存情况，这是十分重要和紧迫的事情。为此，课题组在前期展开了实地调查，获取了大量的资料、数据，对此需要在后期进行详细整理和认真分析，以便为策略与方法的提出提供现实依据。

（四）浙江诗路乡村景观设计的具体策略与方法

　　浙江诗路乡村景观设计策略与方法的提出，并非单纯依据一般的乡村景观设计理论，重要的是从"浙江诗路文化"这一视域出发，进行深入解读。提取并运用"浙学""传统""空间""诗（性）""数字化"等系列关键词，可以构想出有机联系的若干组策略与方法。就构想出的策略而言，"有村之用""诗性生长""四诗融合"，都旨在从整体上营造出气氛美学景观。建筑、剧院、体育活动等所有场景化领域，都涉及"气氛的营造"。所谓"气氛"是"某个空间的情感色调，在场的人通过自己的处境感受而知觉到该情感色调"[2]。只有把人的情感全面融入，进行统一处理，诗路乡村景观才具有审美性和场景化效应，对于数字景观同样如此。数字化是国家乡村振兴战略方向，浙江诗路文化带建设也明确包括"数字诗路"建设要求，因此必须给予关注。四种策略及其相应

① 景观学与美丽中国建设专业委员会. 中国景观学宣言 [J]. 景观设计学，2016（6）：146.

② 波默. 气氛美学 [M]. 贾红雨，译. 北京：中国社会科学出版社，2018：6.

的方法之提出与实践是本项目研究的重点，对此需要大篇幅展开。

四、创新之处

（一）归纳了"以带兴村"模式

《诗路规划》是一个涉及浙江经济、社会、文化发展的综合性规划，而不是专门性的规划。这需要在研究过程中进行总结、提炼和概括。前文已通过"诗""路""村"三个关键词进行解读，对"串珠成链"进行了深入说明。而这种模式本身具有创新意义。不同于侧重乡村个体发展，其强调村际协同发展。孟姜未来乡村实验区三村连片发展设计（见第六章第三节）就是一个很好的案例。诗路文化赋能未来乡村（社区）建设，起到了极大的助力作用，而未来乡村模式也为诗路乡村建设提供方向和指明前景，两者可以融合发展。

（二）构建了"诗路乡村"概念

一般来说，乡村是相对城市而言的，但正由于此，其往往成为相对于城市的"他者"，得不到应有的重视。浙江诗路文化带建设，把名山、名水、名城、古村等都纳入进来，以"串珠成链"的方式推进全域发展。以"诗路"的名义定义乡村，乃是顺理成章的事。"诗路乡村"，简单地说就是诗路带沿线的乡村，但深义上内含了对乡村自然生态、历史人文和未来发展的综合考量，突出了其主体性质和与城市的互动关系。在城郊型、集聚型、民宿型、生态型、山地型等众多乡村类型谱系中，诗路型乡村则是别有意味的存在。全书各章，除第一章外，其余五章主标题皆以"诗路乡村"命名，也是为了简便和统一。

（三）提供了四"化"策略与方法

目前国内关于乡村景观设计的论著成果较多，如吕勤智、黄焱《乡村景观设计》（中国建筑工业出版社，2020年），付军《乡村景观规划设计》（中国农业出版社，2017年），黄铮《乡村景观设计》（化学工业出版社，2018年），这些论著成为本研究的重要参考。但是作为本研究对象的乡村并不是一般所说的乡村，而是诗路文化视野中的乡村，故不能完全遵照一般乡村景观设计的思路。本研究致力于破解浙江诗路文化基因，提取具有江南韵味的浙江传统诗路文艺、"经世致用"特质的浙学、空间带状分布的浙江诗路山水格局等特色性成分作为重要理据，并独辟蹊径提出地方化、活态化、系统化、场景化的四

"化"方法，而这四"化"又是基于"有村之用""诗性生长""四诗融合""数字赋能"四种策略转承而来，从而具有了新义。

（四）美学的视野和项目实施

本研究是理论与实践的结合。在理论部分，尽可能从美学的高度来理解诗路乡村景观设计问题。美学本是一门高深的学问，如今越来越融入生活，甚至成为生活本身。美学是感性学，其实就是人学，它与人的生存息息相关。海德格尔的"诗意栖居"，西方学者的"栖居主义"景观设计观点，这些早已深入人心。休闲美学、气氛美学、环境美学、生态美学、生活美学，当代美学名目众多。其实，这些美学与景观设计学是息息相通的。通过美学，乡村景观设计的层次和品格可以得到提升。本研究尽可能基于美学的视角进行立意（如第一章），并将此贯穿在各个部分。在实践部分，大多依托于与政府、部门合作的规划设计项目。在三年多时间里，课题组先后展开一批乡村景观设计任务，有的早已落地，有的仍在进行中。美学视野和"诗路"理念，保证并提升了诗路乡村景观设计的水平与质量。这些实施项目作为本书内容，既是总结与反思，又作为乡村景观设计创新成果而呈现出来。

（五）历史与逻辑相统一的写作框架

前文所述的四大块"主要内容"是本书的写作重点。在章目设置上，除导论和结语之外，主体部分分为六章展开。其中第三块内容又是重中之重，要求在理论奠定与调查分析的基础上提出有针对性的策略与方法，为此又具体分为四章，逐一阐述每种策略与方法，并着重于具体的诗路乡村景观设计个案。为保证框架的逻辑性和结构的完整性，第二章至第六章的设置又大体遵循历史（传统）、现实（现状）、未来（数字化方向）的时间向度展开，从而形成一个有机整体。本书写作框架如此设定，颇费心思，目的就是提高形式、内容两方面的新颖度，寻求创新。

（六）"关键词"表述与个案分析

具体写作中采用"美在乡村""有村之用""数字赋能"等关键词（或命题）命名章节、整合相关内容。这种方式意在彰显浙江诗路乡村景观设计特色，从而区别于一般的乡村景观设计理路。另外，除从理论层面论述外，还结合了大量景观设计个案，从而增加了生动性。

第一章

美在乡村：浙江传统诗路景观文艺呈现

诗性
生长

浙江诗路乡村景观
设计策略与方法

　　浙江诗路文化内涵丰富，类型多样，其中文学艺术文化乃是最为重要的组成之一。在文学艺术中，乡村景观能够得到具体、形象、生动的呈现，浙江诗路乡村景观同样能够在这种审美的视野中得到观照。历代以来，无数的文人艺术家行走在浙江这片大地上，他们有感于优美的山水景致和别致的人文风情，创作了大量的文学艺术作品，建构出具有浙地韵味的乡村景观美学。景观并不是自然而然生成的，乡村景观也是如此。作为诗路乡村景观，它更有其独特的生成路径。清代王时宪《舟中遣兴》云："青山两岸寻诗路，黄叶孤村卖酒家。"这两句诗很好地表达了乡村景观生成的特点。诗人将创作场景置于行舟途中，把所见之山、树、村、家等纳入诗性想象并使之意象化，从而营造出流动美、风景美、意境美。另外，正如当代景观美学所强调的，景观并非纯粹的主客之距离化的产物，而是要求"参与"的美学的结果。①只有把情感融入所见之景观的体验，才能真正获得诗意的栖居感受。"行""观""居"三种视角，共同营造出了多彩的诗路乡村景观意境。与诗路城市景观之美不同，诗路乡村景观之美是乡村之美，这种美是自然的、朴素的，是一种"被发现"的"美"，且在很大程度上是人们把目光从城市转向乡村，并经文人艺术家书写的结果。正如有的学者所言，"美学在城市，美在乡村，乡村是美的存在之所"。②本章结合浙江古代诗画作品，论述分析浙江传统诗路乡村景观的审美呈现。需要先行说明的是，由于涉及的作家作品较多，除第一节外，第二、三节所述有所偏重，第二节偏重浙东唐诗之路、大运河诗路和瓯江山水诗路部分，第三节则偏重钱塘江诗路部分。

---

① 布拉萨.景观美学[M].彭锋，译.北京：北京大学出版社，2008：31.

② 高建平.美学的围城：乡村与城市[J].四川师范大学学报(社会科学版)，2010(5)：34-44.

第一节　行走：流动美

　　中华文明源远流长。浙江浦江上山遗址发现的环壕聚落是国内发现的最早的村落形态，跨湖桥遗址发现了现存最早的独木舟，河姆渡遗址发现了干栏式建筑、木桨、稻谷遗存、骨耜等农业生产工具，还有良渚遗址发现了古城、玉器，等等。这些文化遗址遗存的发现，充分说明浙江这片土地早就是先民的生息繁衍之地。从上山的农业定居聚落到良渚的古城，先民的空间生活方式的发展演进也得以显现。人类自觉地将乡村、城市作为审美对象，则是与山水田园诗的兴起密切地结合在一起的。中国的山水田园诗起源于先秦两汉，产生于魏晋时期，并在南朝以来随着中国诗歌的发展与文学环境的变迁而不断演变。从产生的各个环境和相关主题看，山水田园诗有不同的题材类型，如田园、隐居、游览、行旅等。①这些题材类型在浙江古代诗歌中都广泛存在。事实上，对于一地的诗歌之认识，不能局限于题材类型，应该关注其区域审美文化特色，"浙江诗路"便是崭新视角。

　　"诗路"之"路"具有多重含义，如供人马车辆通行的路或两地之间的通道，作为事物发展或为人处世所遵循途径之比喻，文人创作的心理过程，等等。在现代汉语使用中，"路"这一名词一般与"行""走"这样的动词组合，表示人按某一方向延伸，意味着发生了距离的变化或空间的位移。作为人类的日常活动，行路又具有一种特殊的文化意义。在中国文化观念中，行路包含了安土重迁、家庭等传统观念。唐代李白的《行路难》是"中国古代行路文化的主题"和"路上人心中的主旋律"。②与行路文化一样，诗路文化是"走出来"的文化。据此，诗路之美是由文人艺术家在行路过程中建构的。无论是南朝谢灵运之"永嘉行"，东晋王羲之、宋代陆游等盛赞的"山阴道"，还是明清诗文中广泛书写的"夜航船"，无不彰显出"行走"这种日常行为虽然普通却又具有特殊的审美意义的事实。从浙江传统诗路乡村景观之美中，我们亦能够"发

① 参见葛晓音.山水有清音：中国古代山水田园诗鉴要[M].北京：北京出版社，2019.
② 马洪路.人在江湖——古代行路文化[M].南京：江苏古籍出版社，2002：8.

现"这种美的发生端倪和形成机制。

一、永嘉行

谢灵运是中国山水诗派的创始人。他的诗大部分描绘了他所到之处的山水景物，善于从不同角度进行刻画，丰富和开拓了诗的境界，使山水的描写从玄言诗中独立了出来，从而扭转了东晋以来的玄言诗风，确立了山水诗的地位。他于永初三年（422）春从建康（今南京）出发，远赴永嘉（今温州）担任太守，翌年秋离任，前后约一年半。据顾绍柏校注《谢灵运集校注》（中州古籍出版社，1987年），谢灵运出守永嘉时期的诗作有《永初三年七月十六日之郡初发都》《邻里相送至方山》《过始宁墅》《富春渚》《初往新安至桐庐口》《夜发石关亭》《七里濑》《晚出西射堂》《登永嘉绿嶂山》《游岭门山》《登池上楼》《东山望海》《登上戍石鼓山》《种桑》《石室山》《游赤石进帆海》《舟向仙岩寻三皇井仙迹》《游南亭》《登江中孤屿》《白石岩下径行田》《行田登海口盘屿山》《北亭与吏民别》《初去郡》《东阳溪中赠答》等共31首（其中《白云曲》《春草吟》仅存目）。这些诗作，一部分是在往返途中所作。如经富春江时所作的《夜发石关亭》《七里濑》。前诗："随山逾千里，浮溪将十夕。鸟归息舟楫，星阑命行役。亭亭晓月映，泠泠朝露滴。"前两句点明了行路的里程，后两句写"晓月""朝露"之景，景随行迁，时共行移，形成移步换景的空间转变。后诗前半部分："羁心积秋晨，晨积展游眺。孤客伤逝湍，徒旅苦奔峭。石浅水潺湲，日落山照曜。荒林纷沃若，哀禽相叫啸。"此诗写的是富春江畔的七里滩的景色，对着流逝的江水、陡峭的山崖，诗人充满了羁旅之思；后两句"石浅"句写水为动态，"日落"句写山为静态，在山水空间中借助动态水景的形式打破原有静态空间，产生灵动之感。而水为近景，色泽清而浅，山为远景，色泽明而丽，作者巧妙地从远山借景，来丰富近处景观空间的视觉层次感。"荒林"句写目之所见，"哀禽"句写耳之所闻。视听结合，以一种多维的感触来深入感受景观空间。两诗对于山水的描摹十分精细，长存着山水诗微妙的借景抒情的悲凉氛围。对钱塘江两岸风光的描写，与后来的永嘉山水诗着重于景物描写不同，这些行路诗主要是记行程，叙惊险。

谢灵运一生兼具官职与文学创作，其行迹遍布南方多地。422年春，他被任命为永嘉郡太守；次年秋末，他因病辞职，返回故乡始宁。429年，他游历天姥山。两年后，谢灵运返回建康，担任秘书监。432 年，他被贬为临川内史；次年，被流放到广州。传说在永嘉太守任上，他以游览、教书为业，不重治理。他所游览的地方很多，如江心屿、石室山、绿嶂山等，与之相关的诗也都是对山水景物的描写。但是有些诗中表现了他的理想。如《石室山》："清旦索幽异，放舟越坰郊。莓莓兰渚急，藐藐苔岭高。石室冠林陬，飞泉发山椒。虚泛径千载，峥嵘非一朝。乡村绝闻见，樵苏限风霄。微戎无远览，总笄羡升乔。灵域久韬隐，如与心赏交。合欢不容言，摘芳弄寒条。"这首记游诗，先是描写了一系列景色，再是表达深深叹惋不遇此山此景之情，进而萌生只得在求仙访道中寻找精神慰藉的意念。此诗并无"玄言尾巴"之弊，而是清人耳目。此诗的意象，除"兰渚""苔岭""石室""飞泉"，还有"乡村""樵苏"，这在他的永嘉诗中显得与众不同。他的另外两首诗也值得关注。《种桑》："诗人陈条柯，亦有美攘剔。前修为谁故？后事资纺绩。常佩知方诫，愧微富教益。浮阳骛嘉月，艺桑迨间隙。疏栏发近郛，长行达广场。旷流始毖泉，涸途犹跱迹。俾此将长成，慰我海外役。"此诗提到的是种植桑树的时节，那成排成行的桑树从城边伸向广阔的田野。这里由近及远，展现了十分壮观的桑林图景。《白石岩下径行田》："小邑居易贫，灾年民无生。知浅惧不周，爱深忧在情。莓蓄横海外，芜秽积颓龄。饥馑不可久，甘心务经营。千顷带远堤，万里泻长汀。州流涓浍合，连统塍埒并。虽非楚宫化，荒阙亦黎萌。虽非郑白渠，每岁望东京。天鉴倘不孤，来兹验微诚。"此诗为谢灵运两首行田诗之一（另一首是《行田登海口盘屿山》），后人誉之"典雅和愉，风人绝构"[①]。诗中"千顷带远堤，万里泻长汀。州流涓浍合，连统塍埒并"正是对乡村美丽蓝图的描绘。行田虽然为例行公事，但从两诗中看出谢氏有为民办实事的意愿。谢氏诗中的乡村田园景观描写，在他的永嘉诗中的确难得一见。相比之下，他的会稽诗文，如《会吟行》中的相关描写（"连峰竞千仞，背流各百里。滮地溉粳稻，轻云暖松杞"等），以及《山居赋》中的相关描写（"表里回游，离合山川。崿崩飞于东峭，榤傍薄于西轩。拂青林而激波，挥白沙而生涟"等），更令人赞叹。

二、山阴道

山水成为独立的审美对象，归功于谢灵运把自然美景引进诗中。山水诗是脱离玄言诗的产物，它的产生与此时期士人纪行、好游有莫大关系。就行、

① 陈祚明.采菽堂古诗选（中[M].李金松，点校.上海：上海古籍出版社，2019：545.

游而言，其本身就能够成为一种美。它往往被诉诸笔端，成为或叙事或抒情的对象。

南朝刘勰在《文心雕龙》的"物色"篇中提出"江山之助"的观点。他认为，诗之所以形成是由于得到自然物的启发。所谓"情以物迁""流连之趣"都揭示了自然地理与审美主体的心理同构现象。他在"明诗"篇中盛赞汉代《古诗十九首》为"五言之冠冕"，在"隐秀"篇中称"古诗离别"是"隐"的代表。《行行重行行》是一首具有传统意味的离别诗，不仅描写了离别的体验，而且写出了对道路、风景和时空的体验。换言之，正是在道路的移动中增强了时空体验，使得这首诗呈现出一种"流动之美"。

周晓琳、刘玉平在谈到"行走与地理之美的文学呈现"时候，指出中国古代作家对地理之美的呈现表现在几个方面：对声、光、色彩美的深切感受和艺术把握；作家对山水"个性"的深度观照与意象化呈现，既体现在对自然景观内在品格的系统性体察，亦表现为对材料的合理搭配创造出一种艺术境界，更呈现为对区域性自然地貌特征的诗学转化。作者指出："文学对地理之美的呈现绝非'照镜子'式的简单反映，由于经过了文学家的选择、提炼、加工、改造，自然地理之美变得更加集中、更为精粹，同时，因为更能引发人的联想与想象而具备超越原型的艺术魅力。"[1]有意味的是，在该书所列举的大量作品中，宋代赵鼎的《望海潮·八月十五日钱塘观潮》、明代王文禄的《钱塘江观潮记》、明代刘基的《活水源记》、元代吴师道的《金华北山游记》都是描写浙江自然景观之作。

浙江诗路诗作，有许多以"到""过""入""泛""行"为名，这些都表示"在路上"，很大程度就是通常所说的"行路诗"。行路诗中的名言，当属东晋王献之的妙句："从山阴道上行，山川自相映发，使人应接不暇。"[2]此中"山阴道上行"五字颇为后人所追捧，历代名士引吟歌咏不断。山阴，浙江绍兴古县名，秦朝始设，属会稽郡，民国初年并会稽为绍兴县。山阴道在今天的绍兴城西南郊越城区、柯桥区境内，是通向诸暨枫桥的一条官道。唐诗中以"山阴"为名的意象很多，如"山阴访""山阴道""山阴雪""山阴月"等。[3]如唐代李白《送贺宾客归越》："镜湖流水漾清波，狂客归舟逸兴多。山阴道士如相见，应写黄庭换白鹅。"此诗是赠友人贺知章之诗，先想象他回乡终日泛舟遨游镜湖之情景，再运用王羲之的典故（写字换鹅）来赞美他的书法艺术，情景交

① 周晓琳，刘玉平. 空间与审美：文化地理视域中的中国古代文学 [M]. 北京：人民出版社，2009：167.

② 刘义庆. 世说新语 [M]. 黄征，柳军晔，注释. 杭州：浙江古籍出版社，1998：55.

③ 范之麟，吴庚舜. 全唐诗典故辞典（上）[M]. 武汉：湖北辞书出版社，1989：125.

融，山阴道之意境得以呈现。相传南宋陆游的《游山西村》是漫步山阴道时所呈现之乡村意境。"莫笑农家腊酒浑，丰年留客足鸡豚"，状溢目前；"山重水复疑无路，柳暗花明又一村"，见于言外，实中有虚，韵味无穷。明代袁宏道《山阴道》："钱塘艳若花，山阴芊如草。六朝以上人，不闻西湖好。平生王献之，酷爱山阴道。彼此俱清奇，输他得名早。"这里把山阴道与钱塘（今杭州）西湖并称，俱称清奇，但若论驰名先后，则前者远比西湖早。自此西南迤行，远山近水、小桥凉亭、田园农舍、草木行人，相映成画。清代查慎行《山阴道中喜雨》："谢家双屐旧曾携，转觉清游爱会稽。白塔红亭山向背，赤栏乌榜岸东西。波光拂镜群鹅浴，竹气通烟一鸟啼。野老岂知身入画，满田春雨自扶犁。"诗写山阴道中雨景，色彩鲜明，诗笔秀隽，神骨清逸，气韵生动，后人有"秀绝"之评。以上所举之诗都有对山阴道两岸乡村景物的描写。

诗画本一体，在山阴道上行走，如在画中游。古代还有以山阴道上行为题材的大量画作。如明代吴彬的《山阴道上图》（图 1-1），传作者为米万钟（米芾的后裔）。此图层峦叠嶂，千峰万壑，岗岭逶迤，绵亘不绝；村舍古刹，亭台楼榭，掩映其间；山溪流远，河谷漫漫；溪谷间飞瀑如练，丛树繁密，依聚溪边涧畔；轻云薄雾，弥漫升腾，气势浩阔。另在岩石间题以长篇跋语，有似山崖石刻，意也颇奇。

图 1-1 （明）吴彬《山阴道上图》明代 纸本设色
图源：上海博物馆

三、夜航船

在中国文化中长期存在"南北"论，形成了丰富多样的审美范畴语汇，如南方是柔、婉、软、轻、筋、秀、媚、圆，与之对应的北方则是刚、挺、硬、重、骨、雄、劲、方。①这些审美特点固然承继了《易经》"阴阳刚柔"思想，但不得不说与南北地理的客观差异具有直接关系。江南地势相对平坦，气候湿润，水系发达，水网密布。航船是江南人因地制宜的出行交通工具之一，夜航船即江南水乡特有的在夜间行驶的船只。"凡篙师于城埠巾镇人烟凑集去处，招聚客旅装载夜行者，谓之夜航船，太平之时，在处有之。然古乐府有《夜航船》曲，皮日休诗有'明朝有物充君信，携酒三瓶寄夜航'之句，则此名亦古矣。"②可见，夜航船其名流传甚久。明末张岱的《夜航船》是一本通俗读物，具有百科全书性质，尤为人所知。夜航船或航船，作为江南水乡生活的重要部分，对于一般人而言只是具有交通工具的功能，但对于诗人而言却起到"创作场"的作用。③夜航在江南纵横的河道上，极易诱发诗人文思诗情。唐代徐凝《语儿见新月》："几处天边见新月，经过草市忆西施。娟娟水宿初三夜，曾伴愁蛾到语儿。"元代胡奎《过崇德》："一湾流水碧，船到语儿溪。官舍三通鼓，人家半夜鸡。大星临水动，斜月傍城低。拟作还家梦，惊乌莫浪啼。"元代方澜《石门夜泊》："积雨暮天豁，炊烟隔林起。人喧落帆处，野语新月里。桑径绿如沃，麦风寒不已。一夕舟相衔，扰扰利名子。"这三首夜航诗作都描写江南运河乡镇景观。桐乡的崇福，旧称语儿、御儿、语儿溪、语溪、义和、崇德。从崇福到石门是一段笔直的大运河，航运条件极佳，两岸风光绝美，加上这一带又是古越国战场所在地，来来往往经游此地的文人墨客感慨颇多，故留下大量的诗篇佳作。

钱塘江诗路所依托的古水道钱塘江，历史上就是一条南北交通要道，在浙江历史文化形成过程中占据了特殊的位置。历代吟咏钱塘江的诗词佳作数量庞大。郑翰献、王骏主编的《钱塘江诗词选》（杭州出版社，2019年）收录了自东晋至20世纪中叶780多位诗人的近3000首诗作。在所列出的诗词佳作中，仅南朝时期的就有谢灵运《富春渚》《七里濑》《初往新安至桐庐口》，沈约《新安江至清浅深见底贻京邑同好》《早发定山》《泛永康江诗》，任昉《济浙江》《严陵濑诗》《赠郭桐庐》，丘迟《旦发渔浦潭诗》《夜发密岩口诗》。其中

① 张兰芳.比较学视域下古代艺术"南北"论及其风格范畴[J].美育学刊，2022，13（2）：59-68.
② 陶宗仪.南村辍耕录[M].李梦生，校点.上海：上海古籍出版社，2012：127.
③ 李剑亮.夜航船与浙江诗路[J].浙江学刊，2021，（5）：183-189.

丘迟两诗名或"旦"或"夜"，明确表示航船出发时间。其中的《旦发渔浦潭诗》很值得一提："渔潭雾未开，赤亭风已飏。棹歌发中流，鸣鞞响沓障。村童忽相聚，野老时一望。诡怪石异象，崭绝峰殊状。"此诗中"村童忽相聚，野老时一望"一句，写村童天真活泼，喜欢热闹场面，听到渔歌鼓声，便从街头巷尾飞快跑来，相聚江边，所以是"忽相聚"；村野老人喜欢安静，对热闹场面也看得多了，不像村童那样好动好奇，所以是"时一望"。这虽然只是淡淡地一望，却反映出渔歌鼓声打破了他们心中的枯寂。这两句不但用白描手法写出不同人物的不同动作和神态，而且点带出江村风景，质朴自然，而又逸趣横生。同时，又是借村童野老的观望烘托出渔歌鼓声的动人场景，可谓一石三鸟，立意巧妙，诗味醇厚。渔浦潭是钱塘江上的一个重要节点，位于富春江与浦阳江的交汇之处，这里水面宽阔、深不可测。从南朝到清朝，有 240 多首古诗描述过渔浦这个地方。除丘诗之外，著名的还有南朝谢灵运的《富春渚》、唐代孟浩然的《早发渔浦潭》、宋代陆游的《渔浦》等等。

第二节　可观：风景美

景观也是一种视觉性话语。"景观"在汉语中的最初含义是"观看方式"，其中"观"的意思就是观看、观照。风景就是供观赏的风光、景物、景色或情景。与任何审美活动的构成一样，欣赏风景时需要具备具有独立欣赏价值的风景素材，视觉等对之进行体察、鉴别和感受的感知能力，当然又受到时空、文化、社会等各种条件的制约。"风景不殊，正自有山河之异！"^①此正是"过江诸人"因时局变化而产生的感叹。如此，"景观"与"风景"都因是可观的而成为可以互通的概念。就中国古代的山水田园诗而论，陶渊明、范成大都是集大成者。陶渊明归隐田园后，亲自参加劳动，体会到劳动的艰辛，在劳动中与土地结下深厚的感情，他以一个辛勤耕作者的情怀来感受自由的田园生活，将自我完全与田园融合起来。与陶渊明的田园诗的朴实无华相比，范成大归隐石湖的诗作，既描写了吴地农村的田园风光、农业习俗、岁时习俗等，又写出了剥削者的残忍。两种诗都给人身临其境之感。两人都是由仕而隐，与田园结缘，关爱田园生活，讴歌田园风光，感受田园乐趣。但如果我们从他们的代表作《归园田居》《四时田园杂兴》看，两诗所营造出的境界，如王国维《人间词话》所言，一是"有我之境"，一是"无我之境"。形成这种区别的原因，归根到底在于姿态的不同，陶渊明是"躬耕自资"，而范成大是"旁观者清"。^②这种不同又代表了乡村景观审美生成的两种路径，借此我们可以重审诗路文学艺术中的乡村景观。承前节"行走"的视角所述，诗路文人艺术家视野中的乡村景观是可观的，是范成大式的"观者"所见的风景。在乡村这一地域范围内的自然、人文、经济、社会等各种现象的综合呈现的乡村景观，可以分为自然景观、生产景观、聚落景观。以下着重介绍其中的山水、田园和聚落三种景观，结合相关诗画作品，展示浙江诗路乡村景观如画般的风景之美。^③

① 刘义庆.世说新语[M].黄征，柳军晔，注释.杭州：浙江古籍出版社，1998：33.

② 施伟萍.入仕与归隐——陶渊明与范成大田园诗比较[J].名作欣赏，2020（8）:12-14.

③ 肖鹰.陶渊明《归园田居》与中国乡村美学[N].光明日报，2022-04-08（13）.

一、山水景观

自然景观相对人为景观而言，是天然景观和文化景观中自然方面的总称，主要包括气候、水体、土地、动植物等。浙江山水优美，对此赞叹者比比皆是。唐代白居易《忆江南三首》其一："江南好，风景旧曾谙。日出江花红胜火，春来江水绿如蓝。能不忆江南？"宋代苏轼《饮湖上初晴后雨二首》其二："水光潋滟晴方好，山色空蒙雨亦奇。欲把西湖比西子，淡妆浓抹总相宜。"北宋范仲淹《萧洒桐庐郡十绝》其六："萧洒桐庐郡，春山半是茶。新雷还好事，惊起雨前芽。"宋代戴表元《湖州》："山从天目成群出，水傍太湖分港流。行遍江南清丽地，人生只合住湖州。"元代萨都剌《兰溪舟中》："水底霞天鱼尾赤，春波绿占白鸥汀。越船一叶兰溪上，载得金华一半青。"清代孙扩图《温州好·调寄忆江南》："温州好，别是一乾坤。宜雨宜晴天较远，不寒不燠气恒温，风色异朝昏。"这些都是十分著名的诗作，流传广泛。诗路乡村也因其秀山丽水、和谐的生态环境、文人墨客咏唱的诗词歌赋、物产丰饶展现的富庶形象、高度文明绘就的诗画意境，令人心驰神往。浙江诗路的形成与相关地域空间内的大量诗歌名作分不开。这些诗歌有描写秀山丽水的自然环境、乡村田园的怡人景色的，也有将自己的人生境遇与山水蕴涵相结合抒发自己的情感的，还有上升到山水比德的人生哲理的高度的，而这些诗歌所呈现出来的物质文化空间与客观存在的景观互为生发。"张泉石云峰之境，极丽绝秀者，神之于心，处身于境，视境于心，莹然掌中，然后用思，了然境象，故得形似。"[1]此为唐代王昌龄《诗格》中论"山水诗"之形成。而"形似"之美的追求也正是中国古代"风景"概念形成的理据。[2]

李白是浙江诗路尤其是浙东唐诗之路中最为重要的诗人代表之一。浙东遗存许多景点都与李白诗作有直接关系。浙江文史研究馆编《浙东唐诗之路诗选》（杭州出版社，2021年）录浙东唐诗百首。该书以景系诗，集中展示某景点作品。所取之景点共27处。其中苎萝山、越中、镜湖、贺知章故里、东山、剡溪（中）、天姥山、天台山、赤城山等9处，都录有李白的诗，包括《西施》《送友人寻越中山水》《越中秋怀》《子夜吴歌夏歌》《访贺监不遇》《记东山二首（选一）》《别储邕之剡中》《梦游天姥吟留别》《天台晓望》《早望海霞边》。李白的这些诗作或游或忆，无不赞美浙东景观之神奇秀丽。如《别储邕

① 转引自陈望衡.中国古典学史（上卷）[M].南京：江苏人民出版社，2019：472.
② 习文慧.五世纪到七世纪□景诗审美范式研究[M].北京：北京语言大学出版社，2015：9□

之剡中》："借问剡中道，东南指越乡。舟从广陵去，水入会稽长。竹色溪下绿，荷花镜里香。辞君向天姥，拂石卧秋霜。"此诗从问路开始写起，在一问一指中表现了对剡中的向往之情，继而叙述出发地和目的地，并交代从水路行走，再写水乡特色、剡中景物，最后点明对目的地的向往，首尾呼应。特别是诗中的"竹""镜""天姥"三个意象，与当地的山水自然景物相对应。"竹"既指竹子这种植物，亦指班竹村。该村位于天姥山主峰班竹山西山麓，有"天姥门户"之称，也是越州通往佛教圣地天台山必经之地。此古村坐落在群山环抱之中，峡长涧深，林森木秀，自然风光秀美；惆怅溪依村而过，沿溪粉墙黛瓦，山径通幽。传说李白的另外一首《梦游天姥吟留别》即在这里所作。这首千古绝唱，引得历代众多诗人慕名前来。此诗便呈现了天姥山的雄伟壮丽、磅礴气势。"镜"，则指镜湖，亦称鉴湖。唐代著名诗人贺知章的老家在此湖之畔。《采莲曲》："稽山罢雾郁嵯峨，镜水无风也自波。莫言春度芳菲尽，别有中流采芰荷。"此诗颇具江南风味。《回乡偶书二首》："少小离家老大回，乡音无改鬓毛衰。儿童相见不相识，笑问客从何处来。""离别家乡岁月多，近来人事半消磨。唯有门前镜湖水，春风不改旧时波。"两诗摹写久客之感，极为真切；情景宛然，韵味无穷。明代钟惺评价"似太白"（《唐诗归》），即谓此诗之风格与李白诗风接近。由此可知，李白、贺知章笔下的浙东乡村景观，以山水为本色，具有"物境"之美。①

二、田园景观

景观是作为人生活其中的栖居地而存在的。古代画家把可居性作为山水意境的最高标准。"山水有可行者，有可望者，有可居者，有可游者……但可行、可望，不如可游、可居之为得。"②因此，景观又是人与自然、人与人和谐关系在大地上的烙印。③山水与田园的结合，在中国古代山水田园诗中有鲜明的体现。山水田园诗，除描写自然山水之外，还展现了富有人间气息的田园生活。田园景观主要是满足农业生产的景观，包括农田、林地、生产用具、生产场所等。这种对田园景观之美的赞美，我们可以从极具乡土气息的竹枝词、棹歌中直接感受到。棹歌，亦作櫂歌，是指行船时所唱之歌，起源于民间歌谣，流行于江南地区。竹枝词是由古代巴蜀民歌演变而来。在发展过程中，它们都经文人加工创造，宋元以后合流，成为以吟咏风土为主要特色的诗体，后世

① 肖瑞峰.唐诗之路视域中的贺知章[J].浙江社会科学，2022（2）：151-154+160.
② 郭思.林泉高致[M].杨无锐，编著.天津：天津人民出版社，2018：17.
③ 俞孔坚.景观的含义[J].时代建筑，2002（1）:14-17.

又以竹枝词使用最广泛。著名的如唐代刘禹锡《竞渡曲》和《竹枝词二首》、宋代朱熹《武夷棹歌》、元代陶宗仪《沧浪棹歌》、清代龙文彬《鄱阳湖棹歌》。浙江古代竹枝词、棹歌数量十分庞大。据元代杨维桢《西湖竹枝集》以及顾希佳所编《西湖竹枝词》(浙江文艺出版社,1983年),西湖竹枝词数量达1100多首;叶大兵所编《温州竹枝词》(文化艺术出版社,2008年)录有1800多首。浙江古代的棹歌,数量也相当可观,且有许多经典之作,如唐代戴叔伦《兰溪棹歌》、清代陈祖昭《西湖棹歌》、清代朱彝尊《鸳鸯湖棹歌》。这里提到的鸳鸯湖,在今天嘉兴的城南,是南湖、南北湖的合称,其中南湖与杭州西湖、南京玄武湖并称"江南三大名湖"。朱彝尊"爱忆土风,成绝句百首"[1]。他的棹歌精妙摹写出盛春时节的乡村风情,有浓郁的生活气息,景象生动而富美感。如:"蟹舍渔村两岸平,菱花十里棹歌声。"(《鸳鸯湖棹歌·之一》)以下着重介绍"一社一境"诗作中的乡村田园景观。"一社"指著名的元初遗民诗社月泉吟社,"一境"指有"最后的江南秘境"之称的松阳。

在四条诗路中,钱塘江诗路特色之一在于古城多。这条诗路覆盖了杭、金、衢三地,沿线分布着杭州、梅城、兰溪、衢州、金华、东阳、武义等众多古城。不仅于此,这条诗路的沿线及延伸的广大地区,还分布着大量经典的古村落,如桐庐的深澳、徐畈、环溪、荻浦、青源五个村组成的江南古村落群,兰溪的诸葛八卦村、长乐村,等等,不胜枚举。至于传统乡村的宜人胜景、宜居风貌,我们可以从宋末元初浦江月泉吟社诗、黄公望《富春山居图》,还有清代的李渔、臧槐,现代的艾青、施光南等历代文人艺术家的佳作名篇当中,得到直接的感受。其中月泉吟社是中国文学史上第一个规模大、有严格组织和丰富诗作的诗社。该诗社于至元二十三年(1286)间以"春日田园杂兴"为题,取靖节"田园将芜胡不归"之意,开展了一次诗歌征集活动。此次活动应征诗有2735卷,评选出280人,又择前60人诗,结集成册,付梓刊行。这就是中国现存最早的诗社总集《月泉吟社诗》。从所收录的总共74首诗看,此中无不体现出诗社创始人吴渭所说的"凡是田园间景物皆可用,但不要抛却田园,全然泛言化物耳"(《春日田园题意》)的创作追求。正所谓"古诗之妙,专求意象"([明]胡应麟《诗薮》),邹艳将这些诗中意象分为植物、动物、自然(偏天象)、地理、人物、人造等六类并进行了全面、细致的统计。其中植物类中,花、桑、秧、草、水、麦、柳意象分别是60、38、30、26、24、22、18处;动

① 朱彝尊. 鸳鸯湖棹歌 [M].
州:浙江古籍出版社,2012:

物类中，牛、蚕、莺、燕、鸟、蛙、狗、蝶、杜鹃、布谷意象分别是 26、16、14、11、7、7、7、6、3、5 处；自然类中，风、春、雨、白云意象分别是 56、55、41、5 处；地理类中，东郊、东皋、彭泽、首阳山、西山意象分别是 3、3、3、1、1 处。人造类中，烟、酒、梦意象分别是 19、18、11 处。人物类中，陶渊明（含彭泽、陶、渊明、秫）意象 22 处，伯夷叔齐（含薇、首阳、西山）意象 4 处，石湖意象 3 处，王维（含栗里、辋川）意象 3 处，石崇（含金谷）意象 2 处，另有杜甫、屈原、谢灵运、子真、东坡、樊迟意象各 1 处。① 可见，动物、植物意象所占比重最大。这两类意象与自然天象、地理、人造三类意象，构成了田园诗的主体意象，这些意象也是经典的江南乡村景观审美符号。

　　松阳乃瓯江山水诗路所覆盖的区域，今属丽水，古代隶属处州（亦称括州）。这里历史上涌现了刘基、汤显祖、卢镗、张玉娘、叶绍翁、杜光庭、何澹、范成大、吴三公、陈言为等文化名人。南宋中兴四大诗人之一范成大，曾短暂任处州知州（仅九个月），勤于政事，修建知津浮桥、组织疏通通济堰渠，为民做实事，留下了英名。可惜的是，这位中国古代著名的田园诗人在处州仅留下《莺花亭》《送别诗》等少量诗作。至于处州的乡村田园诗，较为人所知的有南宋叶绍翁（传隐居龙泉）的《游园不值》《田家三咏》，清代刘廷玑（曾任括州知府）的《雨后郊行》《冬日至田家》，清代女诗人宋庆（端木百禄继室，居文成）的《南田移居（三首）》等。除此之外，则必属那些描写松阳的古诗。松阳，地处瓯江上游，山水灵秀。《松阳县志》载："广谷大川，足征灵淑，名山伟泽，壮观东南。"全境以中、低山丘陵地带为主，四面环山，松阴溪纵贯南北，松古盆地开阔平坦。历代诗人对松阳自然环境之美衷心咏叹。唐代诗人王维《送缙云苗太守》中的"按节下松阳，清江响铙吹"，宋代松阳状元沈晦的"唯此桃花源，四塞无他虞"，都已成为千古名句。又如宋代项安世《出三坑口望松阳一首》："鸡犬桑麻自一同，四山环县作畿封。三坑路口一回首，石壁苍林千万重。"再如明代樊通《小桃源》："去郭一二里，风光世不同。人家青嶂里，鸡犬白云中。古树摇新绿，清流带落红。渔郎休见问，迢遥武陵通。"无疑，松阳这片土地集聚了丰富的人文资源。千百年来农耕文化遗韵深厚，古镇、良田、茶园、溪流等资源类型多样、储量丰富，有大木山茶园、松阴溪、双童山、独山、卯山等一批高品质文化旅游胜地。如今，松阳田园是不可替代的县域经济资源。松阳也以其独特的山水田园，融汇于浙江绿谷、秀山丽水之

① 邹艳．月泉吟社研究 [M]．北京：人民出版社，2013：146-147.

中，成为国家级生态示范区。①

三、聚落景观

聚落是人群聚居的地方，乡村聚落是以村落为形式的聚居地。聚落景观是在地理环境基础上建立起来的空间系统，包括布局、建筑、集市、文化广场等。它是以人为核心的自然、经济、社会复合的生态系统。与城市聚落景观不同的是，乡村聚落景观以农业为主。两种景观在浙江诗路诗作中都有呈现。北宋柳永《望海潮》："东南形胜，三吴都会，钱塘自古繁华，烟柳画桥，风帘翠幕，参差十万人家。"宋代杨蟠《咏温州》："一片繁华海上头，从来唤作小杭州。水如棋局分街陌，山似屏帏绕画楼。"明代李能茂《登山作呈元瑞诗》："凭阑万户依城阙，绕坐千樯下海潮。"此三首诗分别是描写钱塘（杭州）、温州、兰溪等城市景观盛况的名作。南宋杨万里的《过杨村》："石桥两畔好人烟，匹似诸村别一川。杨柳荫中新酒店，葡萄架下小渔船。红红白白花临水，碧碧黄黄麦际天。政尔清和还在道，为谁辛苦不归田？"此诗写了作者经过衢江沙洲上的杨村时的所见所感。清代朱小塘的《大港头春望》："雨歇村南大港头，湖光掩映夕阳楼。也能热闹如城市，六县来船并一州。"此诗所描绘的是千年古埠大港头的昔时繁华场景。大港头虽在城郊，但这里船运繁忙、商贾云集、熙来攘往、瓦肆嬉闹。我们还可以举出大量的类似这样描写城市、乡村的聚落景观的诗作。以下着重介绍"一人一派"即隐逸诗人臧槐、四灵诗派诗作中的乡村景观呈现。

钱塘江诗路是一条隐逸之路，沿线分布有富春山、金华山、三衢山三座著名的隐逸文化名山。这里既有黄初平、严子陵这样的名士、高士，又有臧槐这样的平民隐士。臧槐有"清代的陶渊明"之称。他长期生活在家乡麂坞（今桐庐百江镇联盟村），一生中写下了3400多首古今体诗歌，现存世1900余首。从收入今人所编的《绿阴山房诗稿》（西泠印社出版社，2018年）看，他的诗以描写家乡山水风光、风土人情以及个人的日常生活为主。其中以"村"为名的诗作数量就很多，如《蠡湖村》《茆山村》《村居二首》《秋村》《诸睦村雨夜三首》《晚过新村》《西村》《村晚》《杨村》《村居秋暮》《雏村》《村暮》《山村雨暮》《村暮偶兴》《过蒲村读书登大坪山顶作》《村夕》《诸睦村清明有感二首》《村晚》《题东溪陈氏村居图》《松村》《蒲村》《村麓》《雪夜访村樵不

① 孙侃．"两山"之路——丽中国的浙江样本 [M]. 杭州：浙江人民出版社，2017: 250.

值》《与文村沈眉山夜叙》《村暝》《泊黄村》《村外晚步三首》《村居》《村妇词》《杨村古银杏诗》《题罗湖章氏村居》《遇蒲村旧友二首》《村暮》《与文村沈眉山陈静庵汪莲舫同游九龙山》《登村后山有感》《村晚即兴》《村居写兴二首》《蠡湖外村》《山村秋兴》《山村即兴》《山村雪兴》《山村村咏》《小京村》。其中《村居二首》其一："毕竟村居好，村居景自殊。一溪流水静，四面乱峰无。松老涛声大，山高月影孤。画师如到此，合写卧游图。"其二："毕竟村居好，村居数十家。楼台连阜起，园圃枕溪斜。八月农登谷，三春女采茶。不同城市上，日用竞繁华。"《村居写兴二首》其一："迥不犹人别有天，青山叠叠水涓涓。鸡鸣犬吠村三径，螺转蜗旋屋数椽。夏日荷花含露笑，春堤杨柳抱烟眠。此间小住贫无碍，风月勾当不用钱。"其二："村幽径僻古柴桑，歌啸于斯岁月长。狂态至今消阮籍，懒怀目共学嵇康。门无杂客花常在，家有贤妻菜亦香。世事糊涂吾不管，朝朝唯以醉为乡。"四首诗皆写"村居"，有山、水、松、楼、园、谷、鸡、花、柳、径等一系列意象，构建了宜居适生的乡村景观。

"四灵诗派"是瓯江山水诗路的代表性文化符号。温州，古称永嘉。历史上出现过一个具有浓郁地域文化特色的永嘉诗派。"四灵"是指徐照、徐玑、翁卷、赵师秀。四人字号之中均带有"灵"字，故称其为永嘉四灵。他们同为南宋温州人，彼此志趣相投，诗格相似，树帜恢复晚唐风。他们的诗作虽然格局小，气象浅窄，但是不乏清新之作。由于长期生活在民间，他们的诗作富有浓厚的乡村生活气息。徐照《春日曲》《渔家》《分题得渔村晚照》，徐玑《黄碧》《新凉》，翁卷《南塘即事》《乡村四月》，赵师秀《约客》，皆是如此。

以徐照为例。他终生未仕，写诗多为山水景物、朋友酬答、生活感受，喜欢选择俗人、俗事、俗物的题材。这种俗化的意趣显示出四灵诗派独具的艺术美学追求。他笔下的乡村诗，多以渔家生活为题材，刻画"阿翁""中妇""渔师"等各种形象。如《分题得渔村晚照》："渔师得鱼绕溪卖，小船横系柴门外。出门老姬唤鸡犬，张敛蓑衣屋头晒。卖鱼得酒又得钱，归来醉倒地上眠。小儿啾啾问煮米，白鸥飞去芦花烟。"读罢此诗，有意犹不尽之感。诗中表现了各有情态的渔师、老姬、小儿，让我们体会到这个三口之家过着令人心酸的生活，这种感受却是通过明白晓畅的语言和独特的写法传达出来的。它一反传统的对渔家生活隐逸闲适的象征表达，而是用写实的方法，聚拢起渔家（"鸡犬""烟"），集市（"卖"），还有自然（"白鸥""芦花"）的各种景观，令人叫绝。

第三节 可居：意境美

能够吸引人并可以直接用于欣赏、消遣的景观，可以被简单地划分为自然景观和人文景观、城市景观与乡村景观，或现实景观与理想景观。理想景观"不是对纯粹自然景观的描绘，而是一种关于理想化的人类生活的概念"[①]。从信仰角度看，中国文化中有神域仙境、风水佳穴、佛国净土三种理想景观模式。综合起来看，它们又有壶腔、壶口、线性、蓬莱四种结构，而它们的组合变化则形成了多样化的理想景观。如东晋田园诗人陶渊明笔下的"桃花源"，这是一种典型的理想景观形态，具有"溪—壶"的构造特点。沿走廊、进豁口，从而进入一个闭合的生境空间，此中反映出的正是古人对特定景观的选择和所依赖的生活经验。[②]另外，他的代表性诗篇《归园田居》，营造出最具"乡土本色"的田园诗境。此诗特别将村落场景化，赋予村民"相互认同和信任"的环境，展现了一幅"纯朴而现实"的生活景观。这种主体意象建构是介入的、内在的，是以"可居"为理想，也是对乡村美学回归主题的真正实现。[③]陶渊明式的通过文学作品所构建的理想景观，也切合我们所理解的诗路景观。诗路景观是依托水道、陆道的廊道型或线性的文化景观，而审美视野下的诗路乡村景观必定是以可居为主题纲领的田园景观。为了更为集中地展示浙江诗路乡村景观的可居的意境之美，以下着重论述钱塘江诗路的三种乡村理想景观。

一、仙湖十景

钱塘江诗路有北源、南源、东源三条支线。其中东源支线，覆盖金华大部行政区域。金华境内的"金华诗路"，亦称"八咏诗路"。之所以如此称呼，是因为这里是中国八景文化的发祥地。"八景"，亦作"十景""十二景"等，是中国古代约定俗成的一种风物景观，也是人文文化的一种历史体现。南朝沈约守东阳（今金华），作《登玄畅楼》《八咏诗》，又以《八咏诗》八句作组诗《登

① 吴家骅.景观形态学：景观美学比较研究 [M].叶南，译.北京：中国建筑工业出版社，1999：48.

② 俞孔坚.理想景观与生态经验——从理想景观模式看中国园林美之本质 [G]//.景观：文化、生态与感知.北京：科学出版社，1998：75-78.

③ 肖鹰.陶渊明《归园田居》与中国乡村美学 [N].光明日报，2022-04-08（13）.

台望秋月》《会圃临东风》《岁暮愍衰草》《霜来悲落桐》《夕行闻夜鹤》《晨征听晓鸿》《解珮去朝市》《被褐守山东》，由此开启了古代八景诗先河。后贤品其题、仿其体，络绎不绝。浙江各地的文献典籍，包括府、县、市各志和家谱、族谱中大多有诗咏八景的记载。黄晓刚编著《金华古十景诗选》（文化艺术出版社，2008年）收录自南朝齐隆昌元年（494）沈约诗《八咏》至中华人民共和国成立（1949年）的金华古婺八景诗3000多首，数量十分庞大。融合了地域风物景观与人文文化的八景文化，有的配诗，有的配图，有的诗图并茂，具有鲜明的地域特色和审美价值。相比于八景诗，八景图更为直观，著名的如北宋宋迪的《潇湘八景图》，元代吴镇的《嘉禾八景图》，等等。它们不但记录了古代最具代表性的风景名胜，而且成为地方旅游发展、乡土教育重要的文化资源。传统诗路乡村理想景观的面貌，我们亦可以从乡村的八景图中略窥一二。

《仙湖十景》见于金华市婺城区罗店镇西吴村《环溪吴氏十四修宗谱》扉页（图1-2）。西吴村，地处金华市区以北，国家级风景名胜区双龙风景区境内，著名的文化名山金华山脚下。金华山，古称长山或常山，风光秀丽，集儒、道、佛三教为一体。这里是道教神仙黄大仙成仙地，千年古刹智者寺、南宋大儒朱熹讲学于此的鹿田书院所在地。沈约、贯休、陆游、徐霞客、郁达夫、叶圣陶等，一大批文人墨客慕名而来，使得该地蓄积了深厚的人文底蕴。特殊的地理方位和地方文化，加上丰富的农业资源和优美的生态环境，为西吴村提供了营造诗意气氛的资源和条件，如此，"仙湖十景图"也就成了一种诗意化的景观展示。"十景"，从右至左分别是北院书声、柳园雨笛、双涧卧虹、八峰积雪、荷塘晚风、竹寺霜钟、西山樵唱、石门夕照、秋晓香柑、春余新涨。此中的院、涧、寺、柑等皆是本地之物名。如"柑"，即佛手柑。光绪二十年（1894）续修《金华县

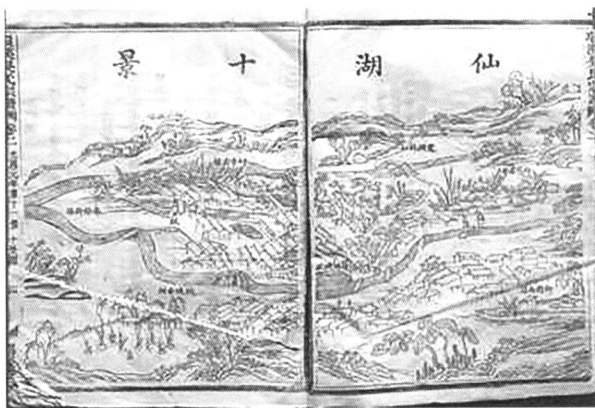

图1-2　仙湖十景
图源：金华市婺城区罗店镇西吴村族谱编修委员会，《环溪吴氏十四修宗谱》卷二1厚册，1942

志》载："佛手柑，邑西吴、罗店等庄为仙洞水所经，柑性宜之，其透指有长至尺余者，色香亦大胜闽产。"可见此种特产早已颇负盛名。该图是依据图经方式手绘制作而成。图经，一般指像地方志那样的有地图的书籍。图经中的地图，多数是山水画形式的疆域图、地形图和示意形式的地池图、衙署图等。图经的意义不可小觑。如唐代褚朝阳的诗《观会稽图》所曰："良使求图籍，工人巧思饶。全移会稽郡，不散浙江潮。夏禹犹卑室，秦皇尚断桥。宛然山水趣，谁道故乡遥。"[1]临观会稽全郡图，能解乡愁，咫尺间可见故乡而不觉得遥远。图经尽管科学性、准确性较欠缺，艺术性也因人而异，但是能够把真实的自然景观和人文景观标出，实具有地理信息和导游功能。

《仙湖十景》艺术性一般，自然无法与著名的《潇湘八景图》《嘉禾八景图》等相媲美。《潇湘八景图》系北宋宋迪所作，其中的"八景"为平沙雁落、远浦归帆、山市晴岚、江天暮雪、洞庭秋月、潇湘夜雨、烟寺晚钟、渔村落照。《嘉禾八景图》则是元代吴镇所画，"八景"为空翠风烟、龙潭暮云、鸳湖春晓、春波烟雨、月波秋霁、三闸奔湍、胥山松涛、武水幽澜。《嘉禾八景图》实则仿《潇湘八景图》而作，但又与之不同，即呈现了原来潇湘者没有实景地的"定点景观化"的强烈倾向。嘉禾，嘉兴的古称，是江南大运河诗路上的重要节点。此图不仅把众多的乡土景观画于其中，有些景点甚至还逸出了本地范围。如末景"武水幽澜"（图1-3）中的"云间九峰"，虚无缥缈，"惟水墨一抹，淡淡远山几重耳"，该地实际在松江府境内。可见，《嘉禾八景图》既有山水画的审美特性，又有地图的指示性。

这种介于地图和山水画之间的"八景图"，融实用性和审美性于一体，是振兴乡村的重要文化资源。[2]设计乡村景观，当可以从中得到灵感和启示。

图1-3　武水幽澜《嘉禾八景图》之八　元代　纸本墨笔
图源：台北故宫博物院

① 竺岳兵.唐诗之路唐诗总[M].北京：中国文史出版社，2003：188.
② 李杰荣.吴镇《嘉禾八图》——介于地图与山水画之[J].中国美术研究，2015（2）：47-56.

二、富春山居图

浙江传统诗路文化中涌现出西塞山、天姥山、剡溪、钓台等一批具有思想意义的文化意象。它们是中国文人出世归隐生活的一个象征，在精神上具有继承关系。西塞山，传在今天的"运河之城"湖州之西南，即吴兴区境内的西苕溪上。此地因唐代张志和其人其作而声名远扬。《渔歌子》其一："西塞山前白鹭飞，桃花流水鳜鱼肥。青箬笠，绿蓑衣，斜风细雨不须归。"该词通过对自然风光和渔人垂钓的赞美，表现出自得其乐、超然尘外的自由精神，清代刘熙载誉之"风流千古"。剡溪是浙东唐诗之路的重要水脉，沿溪古迹迭续，拥有曹娥庙、金庭观、谢灵运遗迹（始宁别墅、谢公宿处、谢灵运钓台）等古迹，历史上早有"剡溪九曲"胜景，是"唐诗之路"的滥觞，尤以李白、杜甫、白居易、陆游等历代著名诗人和茶道始祖皎然、茶圣陆羽入剡为盛，仅唐代就有450多位诗人入剡，留下1500多首诗歌。唐代白居易《沃洲山禅院记》赞曰："东南山水，越为首，剡为面，沃洲、天姥为眉目。夫有非常之境，然后有非常之人栖焉。"[①]将山水喻作人体，在唐之前的典籍《管子·水地篇》《论衡·书虚》《水龙经·水法篇》等当中都有直接反映，它是中国山水艺术强调自然与人有机结合的直接写照。宋代郭熙于《林泉高致》中曰："山以水为血脉，以草木为毛发，以烟云为神采。故山得水而活，得草木而华，得烟云而秀媚。水以山为面，以亭榭为眉目，以渔钓为精神。故水得山而媚，得亭榭而明快，得渔钓而旷落。此山水之布置也。"[②]钓台，即严子陵钓台，因东汉名士严子陵隐居于此而得名，位于桐庐县城南约15公里处的富春山麓。历代来此游览凭吊的文人墨客络绎不绝，据统计有1000多位，留下2000多首诗文。如陆游《鹊桥仙》："一竿风月，一蓑烟雨，家在钓台西住。卖鱼生怕近城门，况肯到红尘深处？潮生理棹，潮平系缆，潮落浩歌归去。时人错把比严光，我自是无名渔父。"此词塑造了弃绝红尘、隐居江湖的渔父形象。作者曾以严子陵自喻，以表达一种渔钓精神。

钓台是富春江上最为著名的人文景观之一。富春江是钱塘江中游段，从建德梅城至萧山闻堰，长110公里。这条山水风光带，以南朝梁吴均《与朱元思书》中描写的"奇山异水，天下独绝"而著称。在唐代诗人笔下，同样是美丽无比。如吴融《富春》："水送山迎入富春，一川如画晚晴新。云低远渡帆

① 白居易.白居易全集[M].丁如明，聂世美，校点.上海：上海古籍出版社，1999：947.

② 郭思.林泉高致[M].杨无锐，编著.天津：天津人民出版社，2018：50.

来重，潮落寒沙鸟下频。"又如韦庄《桐庐县作》："钱塘江尽到桐庐，水碧山青画不如。白羽鸟飞严子濑，绿蓑人钓季鹰鱼。潭心倒影时开合，谷口闲云自卷舒。此境只应词客爱，投文空吊木玄虚。"两首诗，一称"一川如画"，一称"水碧山青画不如"，看似矛盾，实则意思一致，无非说是一种无与伦比的景观美。山、水、云、濑、潮、鸟等组成的自然景观，秀美雅致，景色宜人。这里素来有隐逸之风，除东汉名士严子陵之外，还有中药鼻祖桐君、晚唐文人方干等，他们都在富春江畔栖居。元代黄公望将此地作为实景地，创作了著名的《富春山居图》《富春大岭图》。尤其是《富春山居图》，它以高超的艺术技巧，体现出中国山水画的美学价值，在今天也具有现实意义。打造"现代版的'富春山居图'"，不仅是国家乡村振兴战略的目标，也是浙江诗路建设的目标。因此，《富春山居图》具有标志性意义。

据称，《富春山居图》的实景地大部分在今天的桐庐县境内，尤其是在严子陵钓台一带。且不论这种说法是否真实可信，仅从山水画艺术的角度来议。中国传统的山水画的风格，大多使山水与乡村、茅屋、道路相融合。这要求在创作过程中，把风景元素进行恰当安排，使之形式更为鲜明。

鲁苗选了10幅经典中国山水画，对10种景观元素进行了定量分析。所选择的画作，包括隋代展子虔《游春图》、唐代王维《山阴图》、五代董源《潇湘图》、北宋惠崇《溪山春晓画卷》、南宋夏圭《雪堂客话图》、元代黄公望《富春山居图·无用师卷》（图1-4）、元代赵孟頫《鹊华秋色图》、明代陆治《山溪渔隐图》、明代仇英《桃园仙境图》、清代吴宏《柘溪草堂图》。所提炼的景观元素，包括山体、水体、天空、植被、云雾、道路、人物、动物、建筑、岸石等。

图1-4 （元）黄公望《富春山居图》（无用师卷）纸本水墨
图源：台北故宫博物院

结果显示，黄公望《富春山居图·无用师卷》中上述各景观元素面积比例分别是 32.6%、34.5%、17.2%、15.5%、0、0、0.1%、0、0.1%、0。[①]可见，山体、水体、天空、植被四种景观元素面积比例较大，其中又以水体的面积最大，超过 1/3，而道路的面积则没有。事实上，水体就代表道路。古人依水而居，行舟是主要的交通方式。另外，建筑面积仅占 0.1%，这个数值很小，通过视觉很难发现。这些都说明，画家在进行构思时，对于景观元素是有所偏好的。在构图中，各种景观元素也不是孤立的，而是遵循主次之分、比例大小，它们彼此和谐地分布在画面当中。总之，自然的景观因素是主体部分，它对应于建筑景观，如此也就造就了天人合一的乡村景观意境。

三、"伊园"与美丽乡建

浙江传统诗路的重要开创者谢灵运，在他第一次隐居始宁墅时期写下了《山居赋》。据考证，始宁墅位于嵊州境内剡溪口，即今天的崇仁，系谢灵运祖父、父亲所修营的别业。此地交通便利，宜居宜业宜人，"傍山带江，尽幽居之美"（《宋书·谢灵运传》）。谢灵运生于、长于这个庄园，且两度在此归隐。他的这篇著名山水赋，以赋、注两种形式描绘了始宁庄园的经始、范围、山水、物产、建筑群、道路和人文活动，是一部"完整保留至今的士族庄园志"[②]。不仅于此，该赋还具有文学转型意义，其中运用"摹写细致""疏密相间""就景抒情""动静相衬""景入理势"手法描写山水景物之美，亦堪称经典。[③]如这一段："敞南户以对远岭，辟东窗以瞩近田。田连冈而盈畴，岭枕水而通阡。阡陌纵横，塍埒交经。导渠引流，脉散沟并。蔚蔚丰秫，苾苾香秔。送夏蚤秀，迎秋晚成。兼有陵陆，麻麦粟菽。候时觇节，递艺递孰。供粒食与鼠饮，谢工商与衡牧。生何待于多资，理取足于满腹。"这是何等的乡间美景！凡山川形势、田园农事、飞禽走兽、花草果木等各种景观，在此赋中皆有详细记载，展示了一派生机盎然的乡村景象。谢灵运的别具特色的乡村景观书写，在约 1300 年之后的明末清初的李渔那里得到延续。

李渔有"东方莎士比亚""休闲专家""生活美学大师"之誉。作为大运河诗路、钱塘江诗路的重要代表人物，他经常往返于金陵（今南京）、杭州、兰溪之间，一生中留下大量的艺文作品。他的《芥子园画传》《笠翁十种曲》《闲情偶寄》等流传甚广，影响到海外。现代红学家冯其庸有诗为赞："顾曲精微

① 鲁苗.环境美学视域下的乡村景观评价研究[M].上海：上海社会科学院出版社，2019：82.
② 金午江，金向银.谢灵运山居赋诗文考释[M].北京：中国文史出版社，2009：1-5.
③ 赵树功.论谢灵运《山居赋》的审美转型——关于六朝文学新变的一个样本考察[J].文学评论，2019（5）：145-153.

数笠翁，名园小筑亦神工。"他也是生活美学的探索者和真正实践者，如带领戏班走南闯北，远至西北的甘肃，逆长江而上至汉口，有诗为证；又如好建宅院，如芥子园、层园、伊园。伊园，又称伊山别业，乃其避居老家夏李村时所建造。伊园构筑有廊、轩、桥、亭等诸景，所赋之诗有《伊园别业成·寄同社五首》《伊园杂咏》《伊园十便》《伊园十二宜》等。其中《伊园十便》共10首，分述耕、课农、钓、灌园、汲、浣濯、樵、防夜、吟、眺10种方便。《伊园十二宜》仅存10首，分述春、夏、秋、冬、晓、晚、阴、晴、风、雨。有意味的是，李渔《伊园十便》和《伊园十二宜》传至日本，勾起了池大雅、谢芜村两位画家的意兴，他们合作出版了整套画帖《十便十宜画册》（珂罗版，共21图）（图1-5）。此画册后来被诺贝尔文学奖获得者川端康成收藏，有"文人理想与轻妙笔法、思想与技法的完美结合"之誉，早已被确定为日本国宝。

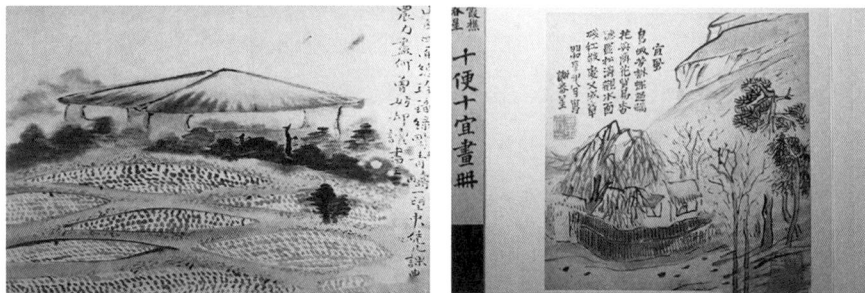

图1-5　[日]池大雅、与谢芜村《十便十宜画册》（课农便、宜风）明和八年 纸本淡彩
图源：日本川端康成纪念馆

　　如以上两图，分别附有原诗。左图为《课农便》："山窗四面总玲珑，绿野青畴一望中。凭几课农农力尽，何曾妨却读书工。"右图为《宜风》："鸟归花树蝶过墙，花与邻花贸易香，听罢松涛观水面，残红皱处又成章。"诗图相得益彰，田园、建筑、植被等各种乡村景观元素分布其中，又透露出些许异域的乡村风味。

　　"诗书逢丧乱，耕钓俟升平"（《应试中途闻警归》）；"此身不作王摩诘，身后还须葬辋川"（《拟构伊山别业未遂》）。李渔造伊园，乃因崇祯十五年（1642）第二次参加乡试失败而起。他决心学王维，隐居终老，"结庐山麓，杜门扫轨，弃世若遗"。"耕钓"的想法同样体现在他的伊园诗中。如《眺便》："叱羊仙洞赤松山，一日双眸数往还。犹自未穷千里兴，送云飞过括苍间。"此诗是说站在伊园可以很方便地望向远处的赤松山和天上的流云。望远，本是一种日常行为，却成为一种诗意的休闲方式。这不禁让我们想起田园诗人陶渊明《归园田居》中的经典诗句"采菊东篱下，悠然见南山"。在俯仰之间，一种自由、潇洒的情怀油然而生，所有的人事羁绊都随之被完全抛却。陶诗与李诗有异曲同工之妙。辟地隐居，返归田园向来是中国古代文人用来平衡自我的一种生活策略。不过李渔绝非悲观消极之人，并未把自己与社会完全隔绝开来。他不仅为自己构筑伊园，而且为村民办实事，做了规划村庄、修筑坝渠等许多公益事业。如今在他的家乡兰溪夏李村，复建了李渔坝、且停亭、伊园等景观，规划建设了李渔戏剧小镇，全面推进李渔文化朝圣地、乡村旅游胜地的打造。如此看来，"十便""十二宜"便有了美丽乡村建设标准的意味。立足于乡贤文化资源禀赋，可以不断推进文化乡村振兴。所谓"望得见山，看得见水，记得住乡愁"，就是要在诗路乡村美化过程中，尽量保持原汁原味的东西，将乡村打造成诗意的宜居地。

本章小结

乡村是美的存在之所，这种美很大程度上是通过"行""观""居"三种视角所构出来的。南朝谢灵运之"永嘉行"，东晋王羲之、宋代陆游等盛赞"山阴道"，明清诗文中广泛书写"夜航船"，这些"行走"中无不包含对古代浙江乡村景观审美之事实。诗路文人艺术家视野中的乡村景观是"可观"的，是范成大式的"观者"所见的风景。《仙湖十景》《富春山居图》显现出陶渊明式的"可居"的意境美。李渔的"伊园"是别致的乡村理想景观，围绕此而作的"十二宜""十便"更具有美丽乡建标准的意味。古代浙江文艺作品呈现出多彩的浙江诗路乡村景观意境，为提出相应的设计策略与方法提供了审美参照。

第二章

行走诗路：浙江诗路乡村景观现状调研

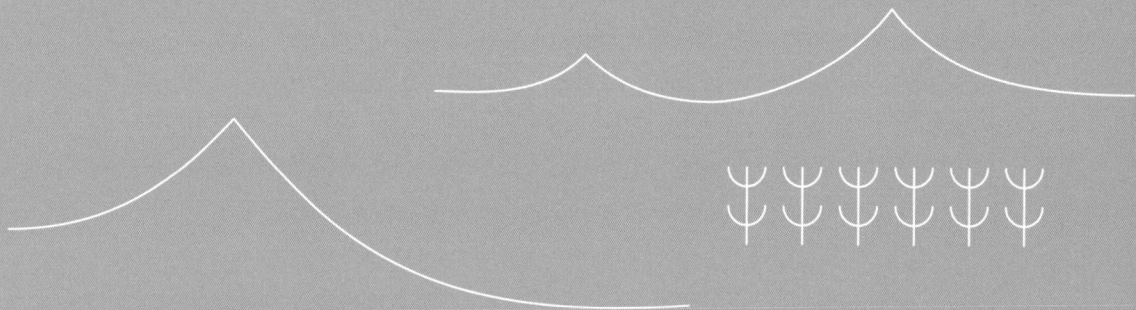

　　浙江诗路文化带建设依托水系古道，通过"带"的方式整合全局，促进共同发展，共享美好生活。规划建设的四条诗路覆盖全省11个地市，为乡村振兴提供了新契机、新路径、新方向。这要求以"诗路"的名义，通过强化区域性、诗证性和认同价值，不断焕发乡村活力，打造具有浙地特色的浙江乡村。为了全面了解浙江诗路乡村景观现状，笔者组织人员在2019—2021年三年间，"行走"1000多公里，重点对沿线37个村落节点进行实地考察。对乡村本体及其周边环境、基础设施和交通状况，采用了现场踏勘、无人机航拍、测绘等方式进行信息收集。同时深入乡村文化礼堂、乡村博物馆等公共场所，了解相关历史文化信息；与现场工作人员、当地居民交流，详细了解乡村治理、村民生活情况。最后将实地调研获取的数据信息进行分类整理与分析，为下一步的景观规划设计做好准备。本章内容依次为浙东唐诗之路、大运河诗路、钱塘江诗路、瓯江山水诗路的乡村景观现状调查与分析。

第一节　浙东唐诗之路乡村景观

"浙东自昔称诗国，间气尤钟古沃洲。一路山川谐雅韵，千岩万壑胜丝绸。"（启功《奉题唐诗之路一首》）浙东山明水秀，人文昌盛，吸引了无数文人墨客前来观光、礼佛、求学、问道。经钱塘江南岸的西陵（今西兴）古渡，沿浙东运河东行到达越州城（今绍兴），转曹娥江，再溯越中名水剡溪，经剡中到达佛教天台宗发源地和道教圣地天台山，这是一条为历代文人，尤其是唐代诗人所热衷追捧的线路。[①]规划建设中的浙东唐诗之路，即以此线路为主线，覆盖绍兴、杭州、宁波、台州等行政区域。这条诗路具有山水相谐之美、诗心寄寓之韵、古越文化之精、自在养性之适，拥有深厚的文化积淀和丰厚的文旅资源。推进这一建设，亦有助于保护和传承中华优秀传统文化，增强民族文化自信。本次调查对象是安昌、班竹等 10 个作为浙东唐诗之路节点的乡村（镇）景观。以下先介绍各调查节点的概况，对其景观资源进行整理，进而基于"诗路"特色和性质从四个方面（关系）展开说明和分析。

一、调查概况

（一）村落节点概况（表 2-1）

表 2-1　浙东唐诗之路节点行政归属及其所获荣誉情况

序号	村（镇）	行政归属	所获荣誉（含村落类型）
1	安昌	绍兴市柯桥区	浙江省历史文化名镇、浙江省大花园"耀眼明珠"
2	斯宅	绍兴市诸暨市东白湖镇	中国传统村落、中国景观村落、全国特色景观旅游名镇名村、全国生态文化村、全国绿色村庄、浙江省历史文化保护区、浙江十大最美乡村、浙江省生态文化基地
3	柿林	宁波市余姚市大岚镇	浙江省 3A 级景区村庄
4	李家坑	宁波市海曙区章水镇	中国历史文化名村、浙江省 3A 级景区村庄
5	华堂	绍兴市嵊州市金庭镇	浙江省 3A 级景区村庄
6	班竹	绍兴市新昌县南明街道	中国传统村落、浙江省 3A 级景区村庄

① 邱德玉. 基于浙东"唐诗之路"的剡溪山水文化旅游产品开发 [J]. 宁波大学学报（人文科学版），2010（6）：67-71.

序号	村（镇）	行政归属	所获荣誉（含村落类型）
7	塔后	台州市天台县赤城街道	全国乡村治理示范村、国家森林乡村、全国乡村旅游重点村、中国美丽休闲乡村、浙江省3A级景区村庄、中国传统村落
8	张思	台州市天台县平桥镇	中国美丽休闲乡村、中国历史文化名村、浙江省3A级景区村庄
9	后岸	台州市天台县街头镇	全国乡村旅游重点村、浙江省3A级景区村庄
10	高迁	台州市仙居县白塔镇	中国历史文化名村、中国美丽休闲乡村、浙江省3A级景区村庄

（二）节点景观资源整理（表2-2）

表2-2　浙东唐诗之路节点景观资源

村（镇）	类型及具体构成
安昌	周边现代交通：杭甬高速公路、柯北大道、浙东运河；艺文：（唐）孙逖《立秋日题安昌寺北山亭》、（元）杨维桢《海乡竹枝歌》、（清）沈少凤《湖村春晓》、（清）乾隆《御题棉花图》（12幅）；建筑、遗址：安昌老街（青石板）、古桥（高桥、水阁桥、颖安桥、文星桥、安吉桥、清风桥等17座）、城隍殿、安康寺、文史馆、穗康钱庄、石雕馆、安昌"花行堡"、师爷馆、中国银行旧址、民俗风情馆、浙东古运河；生态：东小江、古镇公园；非遗：腊月节、水上婚礼习俗、乌篷船制作技艺；等等
斯宅	周边现代交通：22省道、诸暨浬斯线；艺文：张爱玲《异乡记》、康有为"汉斯孝子祠"题匾、斯道卿《折叶兰图》；建筑、遗址：斯氏古民居建筑群（千柱屋、下新屋、华国公别墅、上新屋、新谭家牌、轩门里、门前畈）、棋盘古街、笔峰书院、斯民小学、斯民博物馆（居敬堂）、乐善好施坊、小洋房（斯豪士、斯魁士故居）、裕昌号民间艺术村、惜字亭、阴阳井；生态：东白山、东白湖、孝义溪、上林溪、东泉岭；非遗：斯宅古村落营造技艺、斯宅龙灯、扬扬马、百一公传说、清水钓鳌传说、柳仙殿庙会；等等
柿林	周边现代交通：柿林至白鲞洞旅游专线；艺文：（宋）孙嵒《游丹山》、（宋）唐震《游四明留题丹山》、宋徽宗御书"丹山赤水"、余秋雨《丹山赤水题记》；建筑、遗址：古民居、沈氏宗祠、回马亭、青龙碾、古井弄、百步街弄、同心井、洞天牌坊、赤水桥、中共余姚四明山第一党支部纪念室、秋雨坪、蟹坑岭古道；生态：四明山、浙东峡谷地貌、北溪、赤水溪、丹山赤水风景区、"吊红"柿子、樱花树；非遗：迎神赛会；等等
李家坑	周边现代交通：细北线、李家坑专线；艺文：（清）姚燮《羽灵庙》《踊堂古岭渡溪至李家坑三章》、碑刻《善教堂义塾建碑记》《捐书塾地基费用碑记》《李氏家庙重修碑记》；建筑、遗址：李氏家庙、环溪楼、"与鹿游"民居、下通转"奠厥攸居"、新屋通转"凤跃鱼游"、里通转"千祥云集"、万世桥、李氏书塾（善学堂）、老弄堂、鹅卵石路、马头墙、蟹坑岭古道、道冠岭（唐古岭）、燕岩岭、羽林庙旧址、李氏吊马墩、唐坟、犁坪寺遗物、石鼓、李家坑艺术博物馆、枫林晚（立早书斋）；生态：四明山、周公宅水库、丹山赤水风景区、榧树潭水库、大溪坑、龙心石、冷龙潭、风凉洞、龙眼井；非遗：吊红节、《四明李氏宗谱》、鸡冠岩传说、李家坑寻宝故事、毛笋加工技艺；等等①

①　吴瑞芳.宁波传统村落田野调查·李家坑村[M].宁波：宁波出版社，2020:3-5.

村（镇）	类型及具体构成
华堂	周边现代交通：嵊张线、华堂旅游专线；艺文：（隋）尚杲《瀑布山展墓记》，（唐）李白《送王屋山人魏万还王屋·并序》，（唐）张说《题金庭观》，（唐）刘言史《右军墨池》，（唐）裴通《金庭观晋右军书楼墨池记》《王右军宅》，（五代）小白《宿金庭观》；建筑、遗址：更楼、鹅卵石街道、前街、后街、金庭观、王氏祠堂、王羲之墓、新祠堂、白云祠、静修庵、毓秀亭、里宅、一清堂、善庆堂、居所堂、九曲水圳、罕岭古道；生态：卧猊山、蟠龙山、平溪；非遗：目连戏、《金庭王氏族谱》；等等
班竹	周边现代交通：京岚线G104、班太线；艺文：（唐）李白《梦游天姥吟留别》，（明）袁枚《班竹小住》《司马悔桥》，（明）徐霞客《徐霞客游记》，章氏家训（《太傅仔钧公家训》）；建筑、遗址：班竹铺、章大宗祠（状元祠）、落马桥、司马庙、太白殿、天姥古驿道、谢公古道、霞客古道、霞客亭；生态：天姥岑（天姥峰）、惆怅溪、龙潭坑、和尚岩、大井潭、梯田花海、"班竹八景"；非遗：刘阮遇仙故事、惆怅溪传说、司马悔桥传说；等等。
塔后	周边现代交通：G15高速公路、104国道、天台山西路、天桐路；艺文：（唐）李白《琼台》；建筑、遗址：石文化街、梁妃塔、国清寺、桐柏宫、古南门殿、嘉荣居民宿、景和居民宿、山林小筑民宿、花洞水墨民宿、花谷闲农民宿等；生态：赤城山、琼台仙谷、中草药样本园（乌药等11种）、山林、森林、"天台八景"；非遗：梁妃塔传说、狮舞、舞龙；等等
张思	周边现代交通：苏台高速公路、62省道；艺文：（明）徐霞客《游天台山日记》、（明）陈宗渊《洪崖山房图》（现藏故宫博物院）、陈氏家训《十劝诗》《十戒诗》《四箴》等；建筑、遗址：墩头台、宗渊书院、上祠堂、下祠堂、小祠堂、继善楼、世昌楼（陈保相故居）、博士堂、霞客古道；生态：紫凝山、大磐山脉、始丰溪、玉带湖；非遗：七星井传说，等等
后岸	周边现代交通：天台县桐街线；艺文：（唐）寒山《杳杳寒山道》《栖迟寒岩下》《时人寻云路》；建筑、遗址：永庆堂（佛殿）、老水车、寒山古道、寒岩洞、寒岩瀑、宴坐石、明岩古寺、寒拾二大士纪念塔、石矿旧址（岩坦山）、和合文化苑；生态：始丰溪、九遮山、"十里铁甲龙"、寒岩明岩景区、百亩油菜园、百亩葵花园、千亩桃园、千亩杨梅园、荷花基地；非遗：寒山拾得（和合二仙）传说、黄精种植技术；等等
高迁	周边现代交通：诸永高速公路、下街线；艺文：（宋）吴芾《和陶桃花源》；建筑、遗址：新德堂、思慎堂、省身堂、慎德堂、日新堂、积善堂、余庆堂、旗杆里等11座；生态：神仙居、景星岩、月鹿河、白水溪、古樟（9棵）；非遗：《仙居吴氏东宅家谱》、针刺无骨花灯、仙居石窗制作技艺、卵石镶嵌技艺、卷地龙灯舞；等等

二、整体分析

（一）地理、交通与艺文

　　"浙东"既是一个地理概念，又是一个文化概念。按照唐代李吉甫《元和郡县图志》，浙东指钱塘江以东地区的越州（今绍兴）、台州、明州（今宁波和舟山）、婺州（今金华）、衢州、处州（今丽水）、温州7州。[1]其中越、台、

① 胡正武.浙东唐诗之路新绿拓展研究[J].浙江水利水电学院学报，2021，33（3）：1-6.

明 3 州是今天所说的浙东唐诗之路所覆盖的主要区域。这条诗路由西陵（今西兴）渡、浙东运河、越州古城、曹娥江、剡溪、天台山等主要节点构成，是一条以水路为主的自然、人文并重的景观之路。唐代经此线路礼佛、观光、求学、问道的文人有四五百人，留下的艺文作品数量相当之多，文化积淀十分深厚。上述古村落都分布在这条诗路的范围内。安昌古镇和华堂、班竹、塔后、张思、后岸村 5 村是在主线上，斯宅、柿林、李家坑、高迁村则在支线上，其中高迁村也可以说是在支线延伸处，也都拥有数量不一的艺文作品。有"天姥门户"之称的班竹村，坐落于古代天姥、天台和临海古驿道上，是唐诗之路的关键节点。这里景观独好，远望可见天姥山林森木秀，风光秀美，惆怅溪依村而过，沿溪粉墙黛瓦，山径通幽。古驿道（谢公道）、古街、古桥（落马桥，又称司马悔桥）、古庙（司马庙）、古宅（章家祠堂）等标志性古建筑保存完整。相传李白的《梦游天姥吟留别》一诗就是在这里所作，历代众多文人墨客也因此慕名而来，更是增添了它的人文底色。明代旅行家徐霞客游浙东，留下了一条著名的"霞客之路"。班竹、塔后、后岸等村都出现在他的游记文字中，显证是重要节点。浙东之所以具有如此吸引力，离不开李白、徐霞客等外来文人的歌咏和赞叹，当然也与浙东本是人文之地具有莫大关系。如华堂村是书圣王羲之后裔的居住地，后岸是诗僧寒山的隐居地，等等。古代浙东望族很多，如谢氏、王氏，而且它们都是艺文家族。浙东古村落也基本以一姓为主，如斯宅之斯氏、华堂之王氏、李家坑之李氏、柿林之沈氏、高迁之陈氏等。各氏家谱对家族的来由及居地之风土人情都有详细记载。浙东诗路处处遍布着具有诗意的乡村景观。

（二）山水、结构与建筑

苎萝山、镜湖、会稽山、若耶溪、东山、剡溪、沃洲山、石城山、天姥山、天台山、四明山、赤城山等这批名山胜水都是浙东唐诗之路上的重要景观。古村大多也是坐落在群山环抱之中。比如斯宅之于东白山，班竹之于天姥山，柿林、李家坑之于四明山，塔后、后岸之于天台山，名山与乡村相得益彰，相互辉映。具体到村落的布局，有些也是非常有特色的。安昌古镇，既是浙东唐诗之路的节点，又是大运河诗路的节点，与西塘、乌镇、新市一样都是典型的江南水乡，民居沿河而建，且古桥多。其他古村落则是山水环绕，整个村落结构也比较别致。如华堂村以王氏家族文化而闻名，古建筑和历史街区保存较为完整。村子依山河走向，自东向西布设前街、后街，成为一条以商贸为主的大街。平溪路是一条沿着平溪江而建的道路，而荷花塘路则是一条与此相平行的道路。平溪路和荷花塘路是与前后街互相交会的道路。四条主干道呈"井"字形，至今仍贯穿东西南北；卵石路长约1200米，通体乌黑，光洁明亮，现今依旧保存完整。支路巷弄就是从这里延伸出去的，将村子划分为几个区域。

张思村周遭坦荡广平、田畴绣错，临水（始丰溪）而筑，依路伸展，村内古建筑群前后错落、层次丰富，整个村落呈船形分布。该村有按北斗七星分上、中、下排列的七星井，而高迁古村也保存有按北斗七星位置排列的七星塘。高迁村的水势由南向北，成"川"字格局，道路与水势相随，整个村落沿月鹿河而建，分为上屋、下屋。浙东诗路古村，保留的明清古建筑民居较多，大都建有历史文化街区，且山水与建筑结合有致，村落生态景观十分和谐。和合文化本身就是天台文化和浙东诗路文化的特色和亮点。

（三）生态、生活与生产

完整的城乡人居环境是由"三生空间"构成的。[①]"三生"即指生态、生活、生产。诗路乡村景观，有些是稳定的，有些则会发生时空演变。如斯宅村是一个群山环抱、绿翠掩映的具有220多年历史的古村落，是典型的聚族而居的江南民居建筑群。最具代表性的是"千柱屋"斯盛居，所谓"一栋房屋半个村"说的就是如此（图2-1）。这个村的景观形成受到历史、时代的显著影响。比如华国公别墅，原来是象山私塾（笔峰书屋），经改造成为象山民塾，再成为新式学堂，最后就是我们今天所见的新民小学。新民小学的特殊历史使之成为一道独特的文化景观，是该村文化不可或缺的一部分。文化景观是"自然和人类的作品，体现了人化自然所表现的文化性"[②]。与文化景观相比，自然性质的山水景观在这里保持了较高的稳定性。

图2-1　斯宅村"千柱屋"全景

① 扈万泰，王力国，舒沐晖．城乡规划编制中的"三生空间"划定思考[J].城市规划，2016，4（5）：21-26+53.

② 林箐，王向荣．地域特征与景观形式[J].中国园林，200（6）：16-24.

斯宅临近东白湖景区，山水田园具有一种幽雅脱俗的气质。另外，该村还保存了习俗、节庆、崇拜、传说故事、方言、歌谣、手工技艺等民间文化。由它们所组成的村俗文化，亦构成其文化遗产的精神形态，反映出一种较稳定的传统生活方式。斯宅村非遗种类丰富，较著名的有龙灯、竹马等民俗活动，还有百一公传说、清水钓鳌等民间传说，加上建筑工艺精湛，原真性及活态性强，因而体现出深厚的三生文化底蕴。"三生空间"的研究应该关注其综合发展目标，主要包括三个关键方面：生产空间的集约化和高效率，生活空间的宜居性和舒适度，生态空间的保护性和多样性[①]。总体来说，"三生空间"的研究旨在平衡经济发展、社会需求和生态保护之间的关系，创造一个可持续发展的未来。像斯宅这类浙东唐诗之路乡村，便能够提供很好的参照。

（四）村落与村落景区

浙东唐诗之路古村（镇）都具节点性质，有丰富的景观资源，适宜打造景区。如班竹村集古道文化、名人文化、宗教文化、艺文文化、山水文化等多种文化类型于一体，不仅是浙东诗路乡村之经典，而且是浙江诗路乡村之经典。如今以班竹村为中心，形成了班竹景区，与天姥山景区相呼应，也应当是其重要组成部分。天姥山景区现有景源 169 个，其中自然性的 107 个，人文性的 62 个。四明山景区面积广，涉及嵊州、上虞、余姚、海曙、奉化 5 个市区。柿林村为余姚市大岚镇辖村，李家坑村则是宁波海曙区章水镇辖村。两村本就近邻，有 3 公里长的唐姑岭古道相连。这条古道如今已成为热门景点。柿林村在赤山丹水景区内。这里道教文化色彩浓厚，峡谷景观在浙东堪称一绝。高迁古村位于仙居县白塔镇东 1 公里处，与神仙居景区和皤滩古镇邻近。距离高迁仅 8 公里远的皤滩，位于永安溪沿岸，是因水路之便而形成的一个繁华集镇和著名古商埠，历经千年的沉淀和积累，仍保存着卵石铺嵌、弯曲有致的"龙"形古街，还有长门堂、何氏里门堂、迎春院古戏台等众多古建筑。

另外，这些古村落由于具有良好的文化基础和生态环境景观，成为绝佳的影视取景地。如斯宅村是电视剧《中国母亲》和电影《天朝国库之谜》《西施眼》等的取景地，柿林村曾是影视作品《曙光》、《山花》、《百家姓》（沈姓）等的取景地。无疑，影视手段是展示、宣传诗路乡村景观的重要方式。

① 刘志超.新型空间规划体系下的县级"三生空间"布局与"三线"划定[J].规划师，2019，35（5）：27-31.

三、重点分析

以上从四种关系进行了整体分析，以下选择安昌、柿林、华堂、塔后、后岸5个村（镇）进行重点分析。

（一）枕水人家——安昌古镇

安昌古镇是浙东唐诗之路的一部分。它紧邻杭州市萧山区，位于浙江省绍兴市柯桥区安昌镇。安昌古镇处于长江中下游地区，地势平坦，河道纵横，四季分明，水网密布（图2-2）[①]。古镇的历史可追溯至北宋时期，历史上曾多次因战乱遭受破坏。直到明清时期，

图2-2　安昌古镇地理位置
图源：一起看地图

古镇才得到重建，尤其在钱镠平定董昌之乱后，古镇才得以安宁，因此被命名为"安昌"。建筑风格上，安昌古镇继承了江南水乡的典型特色，其老街沿河而建，古朴典雅。它是浙江省首批被列为中国历史文化名镇的古镇之一，还是中国师爷文化之乡、浙江省非遗主题小镇。

1. 枕水而生，街河相依

古镇内建筑大多为明清风格建筑，其功能更符合水乡生活生产方式，幽静的河道与粉墙黛瓦的房屋、楼阁、小桥、花木之间彼此借景，宛如一幅长卷画。安昌古镇以西小江为躯干，周边呈"鱼骨"状扩散开。在纵横交错的水陆之上，建筑以水为界，分布在水系周围，为服务于水上贸易，沿河两岸形成了带状步行商业空间（图2-3）。

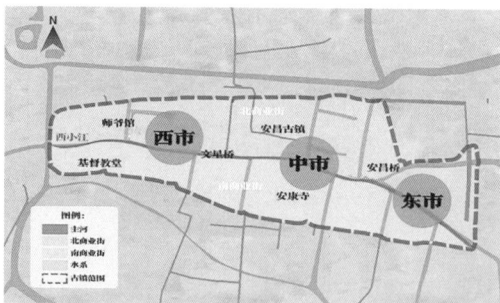

图2-3　安昌古镇水系分布及"一河、二街、三市"的空间结构

① 朱佳彦，马云.安昌古镇地域色彩研究 [J]. 城市住宅，2021，28（9）：152-153.

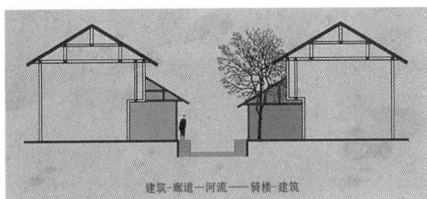

图2-4 "一河两街"格局

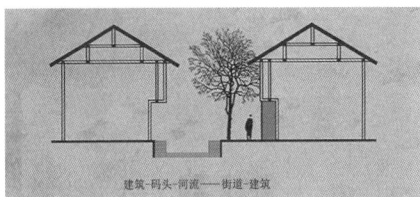

图2-5 "一河一街"格局

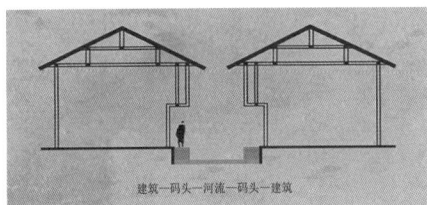

图2-6 "有河无街"格局

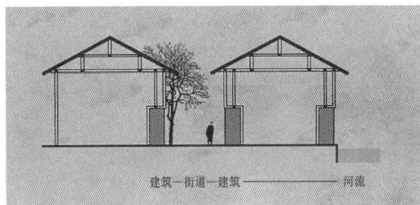

图2-7 "有街无河"格局

河的两旁，桥的两端，是一南一北的两条街道，河之南为民居，河之北为商市，两岸之间由古桥相连，呈现出"一河两街""一河一街""有河无街""有街无河"四种状态（图2-4、图2-5、图2-6、图2-7）。河岸街道空间丰富多彩，与园林驳岸砌石对比，充分展现出淳朴的古镇风貌，深厚的文化积淀，多姿的越地风情。传统民居、历史河岸、古建街区组成了古镇的特殊符号。这种空间形式的优势一是可以作为便捷贸易港口，在船上即可完成交易，二是形成相互独立的水陆两条交通线路（图2-8）。

图2-8 安昌古镇鸟瞰

2. 古桥古韵，文脉传承

一条碧水穿过层层叠叠的江南民居，一座座或拱券或抬梁的石桥横贯河上。安昌古镇是绍兴师爷的故乡，其中最有特色的便是安昌的小桥，"拱、梁、亭"各式各样，千姿百态，古朴典雅，素有"碧水贯街千万居，彩虹跨河十七桥"的美誉。[①]河中常常有绍兴特有的乌篷船缓缓穿过桥洞，宁静而富有诗意，它的每一座桥墩上，每一根青藤上，都沉淀着这座古镇的岁月。安昌古镇之所以能成为桥乡，既有特殊的地理环境和自然环境的因素，也有风土人情和社会历史的原因，还有交通建设自身的要求，等等。种种原因互相渗透、互相作

① 冯艾琳.安昌古镇：一个原汁原味的江南水乡[J].新长征（党建版），2020（7）：60.

用，造就了丰富的古桥文化与景观。古桥不仅联结河流两岸交通，更是道路汇聚的节点，成为安昌古镇的重要公共空间。[1]桥使人们出行更加便利，同时也促进了当地的经济发展，起着良好的纽带作用，而其独特造型与高低起伏变化凸显了古镇景观的水平延展，并传承了深厚的历史文化底蕴。老街与桥紧紧相倚，各种石桥风致优美。古桥的栏板上刻有桥名、建桥年份，倚柱和望柱上镌有桥联及狮子、莲枝纹等多种图形（图2-9）。

图2-9　安昌古桥

安昌四通八达的水陆之上架设有17座石桥（图2-10），每一座桥都有自己的故事。17座石桥，形状各不相同，有的是梁桥，有的是月牙形洞桥，有的是弓形桥和箭形桥（图2-11）。一座座石桥在满足人们的交通需要和美学趣味的同时，彰显出古镇深厚的历史文化底蕴。

这些历史沉淀、寓意美好的石桥，千姿百态，古朴典雅，给人以一种自然的美感，彰显着历史文化，同时也承载着古镇民众对美好生活的向往。"清风第一廊"廊桥是走进安昌古镇后将看到的第一座桥，桥头上有副楹联"大明弘治开街市，盛唐乾宁名安昌"，清晰地说明了古镇的历史来源（图2-12）。"高桥"是入口处最

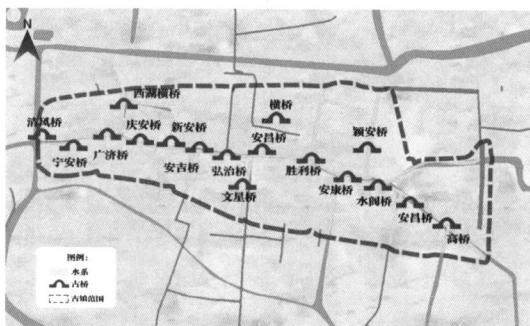

图2-10　安昌古镇主要桥梁分布

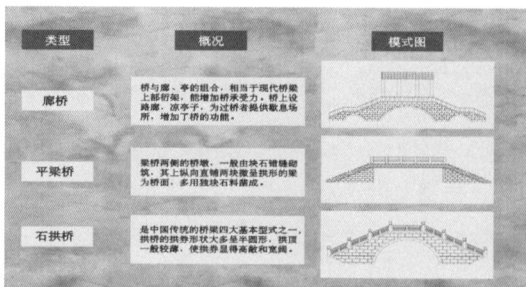

图2-11　安昌古镇主要桥梁形态分析

② 王涛，傅盈盈，等.江南水乡古桥文化景观空间解译与特色认知研究——以绍兴安昌古镇为例[J].农村经济与科技，2021，32（1）：206-210.

东边的桥，看似朴实无华，但其是宋高宗曾登临过的桥梁，因怀念此事，故定此名（图2-13）。廊桥是由桥与廊、亭组合而成的，为过桥者提供歇息场所，既增加了桥的功能，也节约了桥外建亭的土地。而"涂山廊"是一座双孔石拱廊桥，是进入安昌古镇街市后可见的第二座廊桥。"涂山雄峙留禹迹，女娇候夫吟绝唱"的楹联，说的就是当年大禹为了治水，曾经三过家门而不入，终于完成治水大业的神话故事（图2-14）。第三座廊桥是"水阁桥"，是一座三孔石拱廊桥，上面建有一座像庙宇般的楼阁，阁楼里供奉着大禹、马太守、汤太守"三圣"塑像（图2-15）。总之，古桥是安昌古镇重要的标志性文化景观，并成为其核心魅力与特色的体现。

图2-12　安昌古镇的"清风第一廊"廊桥

图2-13　安昌古镇的"高桥"

图2-14　安昌古镇的"涂山廊"

图2-15　安昌古镇的"水阁桥"

3. 历史遗存，台门建筑

安昌古镇至今还保持着明清时期的绍兴特色，最有名的当属台门。台门最初为达官显贵之家，在改造江南庭院后，形成了一套独特的建筑系统，在绍兴一带颇具特色。这些幽深的台门里，青苔印履，青树垂绿，有以官衔来命名的天官第、大夫第、观察第等，也有以商铺来冠名的天和当台门、万丰台门、万盛台门等，还有以台门建筑特色、住家姓氏来取名的台门。[①]台门内部穿插天井，进深越大，天井则越多（图2-16）。建筑前后皆通路或通河，交通极为

① 耿朔.安昌古镇：闲坐说师爷[J].同舟共进，2020（9）：70-72.

方便。这些台门虽历经百年朽蚀，但是仍有不少安如磐石，透露出往日风骨，见证了这座江南水乡的昔日繁华，也延续着这座千年古城的文化脉搏。

图 2-16　安昌古镇的台门建筑

4. 古色古香，越地风情

人说"天下师爷出绍兴"，绍兴幕僚多出于安昌，是中国封建时代末期一个特殊的社会群体，也是一种独特的政治与文化现象；置身幕僚馆中，便可体会到绍兴深厚的地方文化底蕴。安昌古镇的居民们还保留着传统的生活方式，到处都可以看到鲁迅笔下的乡愁，没有浓郁的商业气息，多的是古镇原住民抱瓮灌园的恬淡。茶馆多分布在桥周围，因为桥连接着各地，带来行人，除可供人们听书品茶消乏解困外，也方便信息的交流和交换。古时商人常于此处打听市价、洽谈生意，文人政客可在此交际会友、谈论国事。在安昌古镇饮茶，体验到更多的是生活的烟火气与朴实的人情味。游客喜欢坐在河边喝茶聊天，环境静谧闲适，是休闲放松的好地方（图 2-17、图 2-18、图 2-19、图 2-20）。千百年来延续下来的精神与传统，如琥珀一般定格在时间里。安昌古镇现仍保持着良好的明清建筑风格，丰富的历史和深厚的人文底蕴，加之特殊的自然条件，造就了其与普通水乡迥异的民俗风情特色。

图 2-17　古镇居民在清理河道垃圾　　　　图 2-18　古镇居民在街河旁洗衣

图 2-19　古镇居民在修鞋

图 2-20　傍晚的安昌占镇茶馆

在柯桥，染缸、酱缸和酒缸合称为"三缸"，是这里久负盛名的传统产业。而由此孕育的"三缸"文化，也构成了越文化的重要内涵，成为越地文明的主要表征。安昌古镇对应了柯桥的"酱缸"，古镇以农业深加工、传统手工制作产业为主。古镇有一家百年老字号——仁昌酱园，创建于清光绪十八年（1892），距今已有一百多年的历史，酿造出的酱油、米醋、腐乳等也颇有特色。同时腊肠、腊鸭、梅干菜等也成为古镇的代表性美食。古镇内每年会举办腊月风情节，有迎城隍会、舞龙舞狮、划龙舟等精彩表演，还有水上拔河、太极拳、扯白糖、裹粽子等群众参与性竞赛和猜谜等活动，更有遍布老街的灌腊肠、搡年糕、箍桶等民俗表演，体现了古越文化的社会习俗，也展现出最为质朴的小镇腊月风情（图 2-21）。

图 2-21　安昌古镇民俗风情特色

（二）丹山赤水——柿林村

柿林村，位于浙江省余姚市大岚镇、四明山赤水溪旁的山间高地，东临鄞州区，南与本镇南岚村接壤，西至南岚村蜻蜓岗自然村，北连本镇新岚村、大路下村。村庄在地层断裂至高的山坡中发展起来，四周云雾缭绕，仿若隔世。村庄内部完好地保存了原始古朴的山居院落，街巷空间衔接起承转合的传统格局。青瓦白墙、竹海深涛、奇岩绝壁、古桥飞瀑，宛如山间仙境（图2-22）。

图 2-22　柿林村山水格局分析
图源：一起看地图

1. 耕读传家忠孝悌

柿林曾因人才辈出称"士林"，又因两岭对峙称"峙岭"，现因盛产柿子而得名"柿林"。村落始建于元末明初，至今已有六百余年历史，其内部建构了单一沈姓的血缘村落。《林十五公传》记录，林十五公"优游自适，不喜繁华，有避尘绝俗之致。闻四明山清水秀，有洞天福地之称"。当年沈太隆足迹至柿林，为山水林地的自然之势所吸引，随即筑室定居，其后裔在这幽深而奇特的崖顶沟壑繁衍生息，墨守祖制，依托亲缘关系荣辱与共。

柿林村的西南角，有一座两进两厢、四合院式的明清建筑——沈氏宗祠（图2-23），庄严肃穆；作为寻根问祖的中心空间，其延续了浓郁的耕读传家之氛围。后进檐下正厅正中挂有"忠清堂"字样的匾额，古朴遒劲。"忠清"二字，根据黄钟翰《续修宗祠序》中所言，"今沈氏忠其事，清其源，无愧乎衷，无负乎祖宗，忠清命堂之义焉，得矣，何有他求哉"，奠定了沈氏家族尊崇忠于实事、明了根本的处事原则，规范了"修身、持家、卫国"的为人操守（图2-24）。

祠堂天井两边的回廊中央，保留了传统的古戏台丹山台，这是传统乡村中重要的聚集空间（图2-25）。戏曲在柿林传统社会里一直承载着乡野教化的文化功能，使得全族长幼与宗族同乐，浸润到荣耀和威严中，既宣扬了长幼有序等传统观念，更维系了宗族的血缘关系。

图 2-23　沈氏宗祠入口　　　图 2-24　沈氏宗祠内部空间　　　图 2-25　沈氏宗祠丹山台

2. 白云生处有人家

柿林村"悬挂"在大岚盆地边缘、赤水溪峡谷地层断裂的半山坡上。村庄发展必须克服垂直高差，道路的规划顺应地势起伏变化，聚落的布局与山地错落有致相结合，从而形成了村庄特有的狭长空间布局（图2-26）。其中纵向发展的建筑群体，化解了地形中局限的空间，植被的自然生长，使得狭小空间内的视觉转折有了虚实对比的朦胧感，拾级而上，移步换景，峰回路转之后却获得开阔视野，村落生机一览无余。村庄西北部形成了较具规模的传统民居区。

图2-26　柿林村道路分布
图源：一起看地图

村子的民居依山而建，鳞次栉比，层层叠叠，错落有致。房屋均为木结构建筑，外墙采用当地开采的丹山石干砌（图2-27），腰檐以上仍用青砖，后饰粉墙，顶部采用马头墙（图2-28）。这种统一形式的青砖黛瓦，使得村落整体建筑基调和谐一致，颇有江南山间村落的古韵。在建筑与建筑间幽闭的巷道中，保留有自然植被在石瓦缝隙间的生长或是盆景的点缀，这打破了规整狭长空间的沉闷感，尽显诗意。

图2-27　建筑立面丹山石材料

图2-28　建筑顶部马头墙

由于柿林村独特的地理位置和气候条件，一方乡土培育了独特的农业产品——柿子。每年入秋后，柿子由青转红逐渐成熟，成为四明山上一道艳丽的风景线。每年举办的"柿子节"等特色时令活动，提升了柿林村与柿子相关的柿饼、柿酒等农产品和旅游经济的发展，为山区林农创造巨大的经济效益。柿子树也成为乡村中重要的可食性地景，既能满足食用的需求，又是独特的地域性景观（图2-29）。秋收季节满村红艳，村民习惯在柿树上绑上红布条，祈求来年的"柿柿如意"，景观植被的实用性在此与产业经济、文化表达结合在了一起。

3.丹山赤水营仙境

村落充分利用丰富的山水、人文资源，成功开发"丹山赤水"风景区。这一以峡谷景观为依托，以道教文化、浙东古山村风情为基础的村落，打破了隔绝深山难以发展的窘境。秦汉以来，四明山"仙风"极盛，刘樊缘木求仙，刘阮四窗遇仙，营造了修仙之风。道教经典《天地宫府图》将四明山之丹山赤水，列为"三十六小洞天"之第九："第九四明山洞，周回一百八十里，名曰丹山赤水天……"

图 2-29　柿林村柿子树

赤水溪畔，丹崖巍然耸立，石潭瀑布由山涧而出，潺潺清流顺溪而下，错落有致，形成多级小型瀑布。溪上伫立着赤水桥，红褐色块状岩石对缝砌筑而成的桥壁刻有莲花纹样，缝隙间生长着茂密的杂草野花，与丹山岩壁红绿相间。盖因此地有赭红山岩峭壁，倒影于溪流之中，故名丹山赤水（图2-30）。山间道教文化景观以太上老君石、炼丹洞、聚仙亭、静心潭、四明道观为主体，战国时期出现的炼丹、升仙的古老氛围在山水自然中以置石和植被景观予以营造。

（三）书圣故里——华堂村

华堂村地处嵊州金庭平溪江畔，

图 2-30　丹山赤水岩

卧龙山脉毓秀山麓，与溪流、群山共同构成和谐有致的空间环境。其山水的走势，错落的街道，使整座村庄格局基本呈现出"井"字形态。华堂古村是晋代书法家王羲之后裔的最大聚居地，因王氏后代多擅书画，他们常将书画悬于厅堂，故宅有"画堂"之称，后"画堂"更作村名"华堂"。这个村庄有着丰富的文化底蕴，保存着大量成片的明清建筑，其整体风貌、街道立面都具有很强的样本价值，再加上其淳朴的民风民俗以及独特的人文景观，因此，现在被评定为省级历史文化（传统）村落保护利用重点村，后来还取得了省全面小康建设示范村等称号。

1. 金带环抱，风水择居

风水术源远流长，几经更移，除谓风水，亦有堪舆、相宅、青乌、地理、山水之术等名称。在深受"天人合一""天人感应"中国古代哲学思想的影响下，风水追求良好的自然环境与人为环境相融合，并对中国传统住宅、村落、城市的选址规划、设计营造皆产生了一定的正面影响。"风水"可理解为考察山川地理环境。在其发展演变中，"负阴抱阳，背山面水"成为风水观念中宅、村、城镇基址选择的基本原则和格局[1]（图2-31、图2-32）。从空间规划来看，华堂古村的王氏宗祠、金庭观、羲之山庄、三十六世太公墓形成了一条特色的景观轴线，这条轴线与王氏文化紧密联系在一起（图2-33）。

山川自然并非皆可成为良好的居住场所，风水论穴，比喻"盖尤人身之穴，取义之精"。从风水选址的角度来讲，山、水是村落环境的灵魂。根据古城数据，华堂村古建筑群落三面环山，东面与平溪江相邻，平溪江水起源于大雾山，此山滋养了水源，山上的龙潭还与丰富的地下水资源相通。[2] 这种格局就形成了"金带环抱"之势。《管氏地理指蒙》中指出，风水中最妙的就是地下泉脉与高山上的大湖深潭一气贯通，此即八卦中的"山泽通气"。从水文的角度来看，这样的水源，即使是大旱之年，亦有活水源源而来，是村落选址的上佳之选。华堂古村依山傍水，颇具"藏风聚气"之条件，具有良好的生态景观。

外双塘在古村的入村口，王氏宗祠前。池塘四周底部用卵石驳岸，现浇条石压口，外双塘与宗祠内的池塘给排水相连，水质清澈，池内放养着锦鲤，种植着观赏荷花和睡莲等。华堂人爱护双塘就像爱护自己的村庄，因此双塘一年四季清澈见底，倒映着华堂千百年来的美丽与安宁。

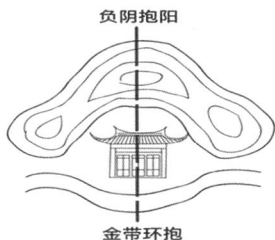

图2-31 传统村落择居风水示意图

图2-32 古村落中王氏宅
图源：华堂古村

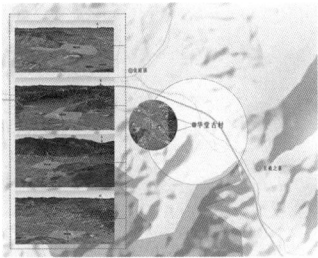

图2-33 华堂古村村落地貌
图源：Bigemap

① 王其亨，等.风水理论研究（第2版）[M].天津：天津大学出版社，2005：26-27.
② 侯雨桐.嵊州市华堂村人居文化保护与更新策略研究[D].杭州：浙江工业大学，2019.

2. 街巷水系，临溪而居

古村落建筑以路为界，依路而建，布局合理，道路、街巷格局与传统建筑、文物古迹和传统生活交织一体。整个华堂古村形成"一溪一圳四街"的独特"井"字形格局（图2-34）。村庄的发展与水有着极为密切的联系，村庄从村外的平溪江引水，使其穿街入户并渗入内部建筑的周围，被称为"九曲水圳"。整个村落巧妙地利用了水系，村中的水圳从村东的平溪江引来溪水，沿着村中的两条主要街道，最后引至村西的田地中。村中从大祠堂处引平溪江水，依托道路建有完整的供水系统，水宽1米左右，自东向西穿过全村，供村民饮用，并从村中流向田野形成灌溉系统（图2-35）。村庄有着严格的水训，村民们遵守分时段、分功能用水的公约，自发衍生出左邻监督右舍、下游监督上游、下午监督上午的监督文化。

图2-34　华堂古村街巷分布
图源：金庭镇城建办

图2-35　华堂古村水系分布
图源：金庭镇城建办

华堂古村东侧为主要水系平溪江，其为村内饮用、洗漱等主要水源，为进入古村必经之水系。因此，跨溪而建了古桥——平溪桥。夏日的夜晚，村民们会在桥上纳凉、小憩，坐在竹椅上，拿着蒲扇，聊家长里短（图2-36）。

图2-36　村民在平溪桥上纳凉

平溪桥是本村最重要的一座桥梁，其结构形态、造型艺术、环境特征等，至今仍有很大的考古、科学研究和旅游价值。通过景观营造，充分发挥古桥的交通、休闲、旅游、观光等功能，便于其更好地服务于现代生产生活。

3. 书法文化，在地转化

华堂古村是东晋大书法家王羲之嫡传后裔王氏聚居之地。历史上孟浩然、李白、苏轼、徐渭等一批名人曾游学或游居于此。据记载，东晋永和十一年（355），大书法家王羲之称病弃官，带妻携子，遍游东南山水，到嵊县金庭，深受山水所动，故安居、长眠于此（图2-37）。王羲之是著名的书法大家，其书风影响了一代又一代的书法名家，被后世尊称为书圣。华堂王氏后人自古以来热爱书法，人才辈出，为将书法文化更好地延续下去，创建义学、学堂、金庭书会，创办"千匾馆"，甚至在村内外的建筑立面上绘制书法。因此华堂古村也被称为书法村。

图 2-37 王羲之墓

图 2-38 华堂古村王氏宗祠

书法文化在走进大众视野的过程中逐步形成了其特殊的表现形式即书法景观。书法景观是书法理论附加在自然景观上的人类特殊的艺术活动。[1]华堂古村在自然与人文的共同作用下产生与发展了该村的书法景观。村庄内不同的景观，造就了不同类别的书法景观：一是风景类，以风景为标志，例如华堂古村王氏宗祠内正中匾额上书写的"孝节王氏家庙"，背面是明正德七年（1512）的"纯一不二"的匾额以及窗雕、木雕等（图2-38、图2-39）；二是展览类，以群体性展示为主，如华堂内的新祠堂，以展览王氏家族的族谱、古籍、书法等为主（图2-40）；三是装潢类，

图 2-39 王氏宗祠建筑上的木雕

图 2-40 王氏宗祠新祠堂

① 苗芳蕾.文化创意视角的书法旅游开发研究 [D].沈阳：沈阳师范大学，2015.

图 2-41　建筑立面上的 3D 墙绘

以室内外装潢为主要元素，比如室内的牌匾、悬挂的书法，室内外的对联，建筑立面上的 3D 墙绘等（图 2-41）。

同时，华堂古村的发展紧跟时代的发展，新兴的新媒体传播技术逐渐与传统文化相融合。华堂古村利用新媒体投影技术在王氏宗祠外的墙面上投

图 2-42　利用新媒体投影技术表现王羲之画像及兰亭序

影王羲之画像及兰亭序等各种图卷（图 2-42）。这种传统文化与现代技术跨领域的对话，使其呈现出别样的景观魅力。

（四）诗意栖居——塔后村

塔后村位于台州市天台县，坐落于被誉为天台山南门的赤城山下，靠近琼台仙谷和国清寺、桐柏宫等景区。漫步塔后村，抬头便可遥见山顶的梁妃塔，塔后村也因梁妃塔而得名。塔后村交通便捷，有山林 1123 亩（1 亩 ≈ 666.7 平方米），森林覆盖率达 67.04%。近几年来，塔后村以其独特的自然景观和丰富的人文资源，打造了"特色民宿村"的品牌。其被评为"浙江省美丽宜居示范村"，并获得"全国乡村旅游重点村""美丽宜居城市样板村"等多项荣誉，为"全域旅游"下的乡风文明建设提供了重要的参考。

1. 聚水而生，康养塔后

塔后村坐落于赤城山下，属于中部盆谷地区即天台盆地。该村地势平坦，

田园分布于整个村落，平均海拔在51—350米之间。塔后村地形自四周向河谷呈阶梯状下降，四周的支流向干流始丰溪汇集，把区内切割成支离破碎的残丘，有的形成千沟万壑、高低起伏的低谷地貌。

图 2-43　塔后村地形分析
图源：一起看地图

塔后村的水源为坡塘山源头自然山体渗水，流经风车口、乌梯、龙涧、龙潭，穿过塔后 4 个自然村上岙、张姚、下洋、下王，汇流至始丰溪。

古人言"藏风聚气，得水为上"，整个塔后村内聚集着 6 口水塘，在村落聚集区内的两口水塘蓄积雨水，作为村民浣洗等生活之用；在村落外围和农田区域的池塘，主要是农田灌溉水的积蓄地。整个塔后村根据自然地

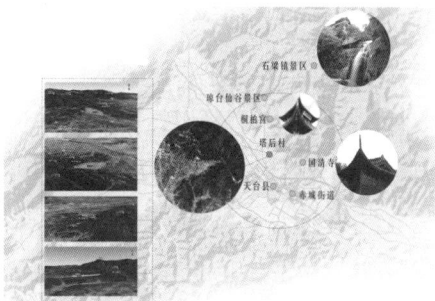

图 2-44　村落地貌
图源：Bigemap

貌特征，通过雨水的收集与利用，创造出由聚雨而生发的充满生机的乡村景观空间（图 2-43、图 2-44、表 2-3）。

表 2-3　塔后村村落地貌数据

测量点	测量项目	方位							
		东	东南	南	西南	西	西北	北	东北
后岸村（以文化礼堂为参照点测量）	高度（m）	507	275	—	—	—	—	360	500
	距离（m）	2276	842	—	—	—	—	3983	1800

天台山自古以来就被誉为"长生不老之地"，这里的道士都是出了名的长寿，塔后村里有不少 100 多岁的老者。长寿基因流传于此，让人有了更多神往。同时塔后村也拥有"不与众山同一色，敢于平地拔千寻"的气魄，并围绕"诗画、山水、佛道"等主题，高起点打造特色健康养生度假村，成了年轻人们向往的台岳南门。

塔后村有"仙草生长的地方"的美称，中药材资源丰富。村内到处可见各种草药，该村还流转了126亩的土地，建起了中药材样本园，以乌药、白芨、罗汉花等11种中药材为主，带动塔后片区1200多亩中药材的发展。近几年，村子利用"唐诗之路"的建设，将中药园地和传统中药养生秘方的展示相结合，建成了康养理疗馆、中医馆等一系列的疗养中心，并初步形成了一个以高质量的民宿为主的禅修养生胜地。同时，也帮助周边6个村增加了集体收入。

2. 合风聚气，人文塔后

《和合之道》一书中阐述"中华和合文化的源头"时写道："中华和合文化最早发祥于龙图腾文化、三祖文化、天台山文化。"[①]天台山文化底蕴深厚，形成了"和合文化"，这是一种底蕴深厚的人文景观。"和"体现了和谐、和平、中和等概念，强调的是事物之间的平衡与协调；而"合"则更多地指向汇合、融合、联合等含义，它表达了不同事物或要素的结合与统一。天台山"和合文化"主要体现在：人与自然和合，人与社会和合，人与自我身心和合，其主要的核心理念是"务实而兼融，和合而创新"。在和合文化的发展中，台州是理论的创新者、制度的创新者，也是模式的创新者。而塔后作为台州的重要村落，被和合文化熏染，也在积极建设"贵和尚中、善解能容、厚德载物、和而不同"的中华和合文化的精品旅游重点村。塔后村民宿的服务理念融合了"善解能容"的文化理念，热情好客被其视为基本的待客之道。

贤者，贤明才德之人。塔后乡贤，乃村民所举荐，皆德行立世、有口皆碑之人。塔后村把他们的事迹悬挂在乡贤事迹馆内，让更多的村民见贤思齐，不断进步。塔后村的发展策略重在以"根"为本，包括深入了解和利用当地的在职及退休干部、专家学者和文化名人等乡贤的专业技能和影响力。通过这些乡贤在招商引资、社会治理、文化建设以及商业经营等方面的优势，有效推进乡村发展，并促进经济繁荣。塔后村乡贤们聚集时，总是能为乡村发展注入活力，积极筹集资金，引进人才。此外，村里还建立了仙草养生体验馆、塔后书院等，进一步丰富了当地村民的文化和生活。

3. 古韵寻踪，诗画塔后

塔后村里的梁妃塔、临清庙、古南门殿承载着历史的尘埃，它们古朴沧桑，都镌刻着时光的痕迹。梁妃塔高耸于赤城山顶，始建于梁大同四年(538)，系南朝梁岳阳王萧詧为王妃而建。临清庙为清顺治年间，塔后四村自发集资为

① 徐鸿武，谢建平. 和合之
[M]. 北京: 中国人民大学出版社
2016: 64.

保德弘仁大帝建设的庙宇。古南门殿位于塔后村口之南，庙小古朴，地位极高，是天台山的南大门，又是诗人们必经之殿。该殿由当地村民们代代相传，代代保护。当今，进天台山道路虽已多条，而且修了宽广的公路，但人们永远不会忘记曾经进入天台山的佛宗道源之圣山所必经的南门殿之漫长历史。塔后村里的古拱桥始建于明中期，是塔后村中一座较大的桥。桥面以鹅卵石堆砌而成，桥面中心图案为圆形，在天台各地很难看到。据祖上所传，该拱桥由高僧大德主持举办过开光仪式，故任何大水都冲不垮，能保存至今。

坡塘山往东至国清寺，往西至桐柏宫，山路为徐霞客当年徒步的古道。塔后不仅存留着徐霞客的踪迹，而且也有许多文人墨客经过塔后所留下的称赞的诗句。如唐代诗人元稹《赠毛仙翁》中的"仙驾初从蓬海来，相逢又说向天台"，又如李白《琼台》中的"龙楼凤阙不肯住，飞腾直欲天台去"，以及《梦游天姥吟留别》中的"天姥连天向天横，势拔五岳掩赤城"。这些诗句不仅为塔后奠定了深厚的文化底蕴，而且成为当今塔后发展的重要的文化支柱。

4. 归去来今，乡宿塔后

塔后村在气候上为亚热带季风气候（图2-45），在地形上以赤城山为靠，南有始丰溪所系。夏吹东南风，赤城山坡植被覆盖率高且坡度缓，形成导向风，吹向塔后村，村内夏季谷底升温快，形成上升气流，带动山坡上较凉空气下降，形成低温下坡风（图2-46）。冬季盛行的西北风受山地地形影响，势力减弱，风速低。这一空间格局造就了塔后村适合避暑避寒的优势，也给塔后村发展民宿产业带来了环境和空间。

图 2-45　塔后村夏季气流

在塔后村，互联网＋文化是该村民宿经营的一大亮点。塔后村充分利用周边地理特色资源和人文资源，打造"特色民宿村"品牌，已经形成了以精品民宿集聚为特色的禅修养

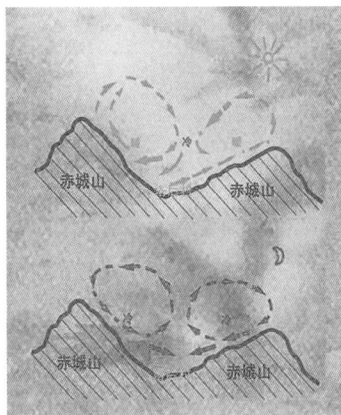

图 2-46　塔后村夏季昼夜气流

生产业。在塔后村寻一间民宿，依山傍水而居，品茶、闻香、吹箫、写字、抚琴……诗意地生活，这是属于山居生活该有的样子。禅茶一味、康养休闲、水墨修竹……在塔后村里的60多家特色民宿里都能感受到。塔后村内的每一间民宿，都是村民自发打造的，都体现着独特的个性。其中花谷闲农民宿中的7间房间，分别命名为云上、花苋、雨芷、见山、沐风、止水和观木，每一个房间的布置都有别样的意趣，每一个细节都透露着主人的用心和审美情趣。落日余晖中，手捧茶盏，不争朝夕，不谈悲喜，喝茶看花，执笔绘画，分享道不尽的乡愁和往事。在每家民宿门口，都挂着一个显眼的二维码，用手机微信扫一扫，就能跳转到"塔后村民宿"微信公众号，了解到全村所有民宿的房源信息。

塔后村利用了民宿产业和康养文化来唤醒整村活力，并保持着一户一景的美丽乡村特色，实现了从穷山村到养生度假村的蝶变。近城，村美，人重视，让塔后村具有多元化的生活方式，美美与共，在山水与诗情中，绘就全面小康的胜景。

（五）寒岩铁甲——后岸村

天台，是浙东唐诗之路的目的地，也是和合文化的发源地，这里山水圣洁、人文深厚。后岸村就位于天台县的街头镇。天台的母亲河始丰溪从村前流淌而过，"十里铁甲龙"屹立于村前。后岸村地处浙东丘陵（图2-47），周边有寒岩夕照、明岩古寺、九遮山等气势恢宏的人文自然景观（图2-48）；此处还是唐代"和合二仙"之一寒山子的隐居地。

图 2-47　后岸村整体分布
图源：一起看地图

图 2-48　后岸村景观分布
图源：一起看地图

1. 洞天峭壁，十里绵延

后岸村四周群山环绕，林木青葱，南北地势相对平坦，南面以良田为主；东西两侧为山体，尤其东面为天然巨岩"十里铁甲龙"，绵亘耸峙，气势磅礴（表2-4、图2-49）。由数十座天然巨岩整齐排列而成的宏伟山崖，如一道青色的屏障横亘于大地之上（图2-50）。山崖前后犬牙交错，参差有致，崖壁上还遍布着高低错落、形状不一的洞穴，气势恢宏，极具视力冲击感。

表2-4 后岸村地貌数据

测量点	测量项目	方位							
		东	东南	南	西南	西	西北	北	东北
后岸村（以村委会为参照点测量，高程104m）	高度（m）	319	289	平地	平地	227	259	218	平地
	距离（m）	307	573	—	—	185	1551	493	—

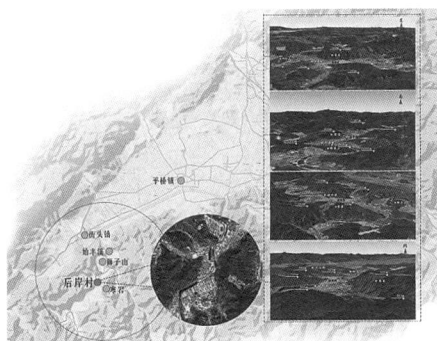

图2-49 后岸村地理分析

图源：Bigemap

图2-50 "十里铁甲龙"

其中的寒岩洞是天台山第一大洞穴，洞内平坦宏大，高约15米，宽约48米，深约78米。因洞壁有"寒岩洞天"的石刻，故又称为"寒岩洞天"。洞前竖一块丈把高平顶盘陀石，形似蒲团，称作"宴坐石"，传为当年寒山子修炼宴坐之处。寒岩洞口有天然岩石生成的"上山龟""出洞蛇"相守。其中石蛇大如粗柱，从地下钻出，翘首望天。出洞后左转百步处峭壁如嶂，高约百米，一挂飞泉飘洒，似珠似沫，时疏时密，夕阳映照其上，珠沫闪闪烁烁。特别是阵雨过后，彩虹挂在岩壁间，满眼繁花，于是被称为"寒岩夕照"。附近的鹊桥、月亮岩、龙顶洞等景象同样秀奇磅礴。

2. 寒山隐居，和合文化

后岸村具有丰富的文化资源，景观特色鲜明，有和合文化、石文化、山水文化与农耕文化。作为中国"和合文化"的发源地，唐代诗僧寒山选择隐逸于以佛道文化闻名于世的天台山，在寒岩洞面壁七十余载，故后人称其为"寒山子"，并留下《寒山诗集》。隐居于此的寒山大师经常游于山林溪涧，留下了"诗满山"的名声，也随之形成了"和合文化"，反映了人与自然的和谐，表达了一种淡泊自在的心态。

图 2-51　和合文化馆

图 2-52　和院

如今的"和合精神"不仅继承了传统文化，还融入了更多的现代价值。"和合文化"最为显现的定义就是"和谐"二字。后岸村对乡土文化的传承与创新正是通过弘扬"和合文化"，将"和合文化"的精髓运用渗透到村庄建筑、节点、景观小品等各个方面。和合之美在后岸村的建设中随处可见。

图 2-53　"和合二仙"雕塑

村落修建"和合文化馆"，其门柱两侧撰有"行密节高霜下竹，方知不枉用心神"的楹联（图 2-51）；馆内陈列室门楣上镌有"和院"匾额，门两侧书写有"凡读我诗者，心中须护净"楹联（图 2-52）。后岸的街道上还有"和合二仙"墙绘、寒山诗墙绘以及"和合二仙"雕塑等景观装置（图 2-53），把"和合"的理念传递进千家万户，使新的乡土文化气象得以焕发。后岸村人重视"和"与"合"的价值，保持完满的和谐，使得其村庄有了快速的发展，"和合"俨然成了后岸村村民的精神支柱。

3. 产业蝶变，民宿兴村

走在村庄的街道上，我们可以看到几座石雕立于路旁（图 2-54）。这些雕刻呈现的是后岸村昔日石匠劳动的场景。后岸村自古有丰富的石材资源，以前村民的主要收入来源是从事石矿开采。现在这里仍有规模浩大、蔚为壮观的石场遗存（图 2-55），自清末起就已成为著名的"板桥村"。

图 2-54　街景石雕

图 2-55　矿坑遗址

为了响应党中央产业升级的政策，后岸村对业态进行了彻底的调整，毅然放弃了昔日的"金馉饳"。从 2010 年开始，后岸村大力发展休闲旅游业，开办了特色农家乐（图 2-56），以及"隐泉""遇见""后岸·村办""陌野"等精品民宿。走进隐泉民宿，一推开院子的大门，就有两排小竹林，一条小径通往小楼（图 2-57）。隐泉的整个色调是原木色，优雅大方、简洁明快。三层小楼，白墙黛瓦，青石台门，似老农般朴拙内敛，少言寡语地深藏于后岸乡居深处，独取一隅幽雅自在；又似有意无意间，露出些许檐角来，仿佛相望于隔溪的"十里铁甲龙"。

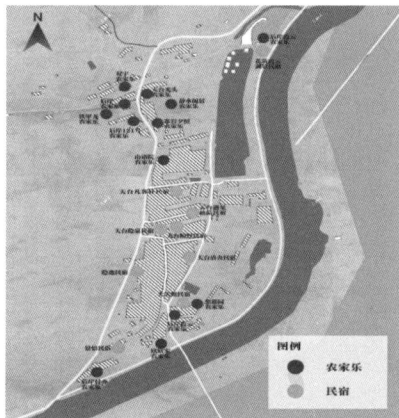
图 2-56　后岸村农家乐、民宿位置

现今，后岸村已经发展成一个综合性的休闲旅游胜地，集合了登山、漂流、观光、垂钓、餐饮、采摘、住宿以及商务接待等多种功能。村里家家户户开起了民宿，经营得红红火火。由于村

图 2-57　隐泉民宿

子紧邻始丰溪，村民常常在河边浣洗衣物。在早市时，村民就喜欢在桥上一边闲逛买菜，一边交流闲谈（图2-58），收获季时也会进行晾晒桃胶（图2-59）等活动。

4. 百亩田园，片区共建

除了旅游业，后岸村还以农业产业为主，通过利用村内公共区域成片种植观光植物，如3000亩杨梅山林、500亩桃园、300亩油菜园、200亩优质梨园、250亩的莲藕荷花景园等，打造出特色景观。一片片盛开的桃花、荷花，与身后的天然巨岩"十里铁甲龙"相衬，与村边的始丰溪相映，俨然一幅田园风情画（图2-60）。

而天台县后岸片区包括街头镇后岸村及龙溪乡寒岩村在内的7个村子，创新探索出片区化组团发展的路子。片区实行一村一品各有分工的差异化发展，共享客流。后岸村主打农家乐，寒岩村发展研学旅游，始丰源村推出千米花廊，寒山村发展红色旅游等，真正实现了村落共建共享、协同发展，走出了一条"片区带全局、组团促互补"的乡村振兴新路。

图2-58　后岸村早市

图2-59　晾晒桃胶

图2-60　桃花林与"十里铁甲龙"

后岸村把农村经济和地方文化有机地融合在一起，既保留了村庄的原貌，又保留了农民的精神家园，成功实现了从依赖"采石业"谋生到依靠"发展旅游业"致富的绿色经济转变，并发展出了"后岸模式"。后岸村的淳朴民风、生态环境，以及乡景、乡风、乡情，充分体现了"美丽乡愁"的精髓。

第二节　大运河诗路乡村景观

"两岸人家半种桑，雨中入望尽苍茫。民间本业惟农织，爱看山村共水乡。"这是康熙下江南时在嘉兴运河上所写。京杭大运河是伟大的人工建筑，具有利舟楫、便蓄泄、兴百业、统江山、融文化、宁社会、护生态的重要功能，在历史上发挥了交通、水利、经济、政治、文化、社会、生态等各个方面的作用，堪称中华文明的"功勋之河"。[①]规划建设中的大运河诗路，依托的是大运河主干道，以江南运河和浙东运河为核心线路，辐射至杭州、嘉兴、湖州、宁波和绍兴等周边地区。大运河诗路历史悠久，贯穿浙北平原和宁绍平原。沿河两岸绿树掩映，阡陌纵横，一派江南水乡秀色，自古以来就吸引了无数文人墨客的吟咏赞叹，积淀了极其丰富的文化资源。而运河沿线的名镇古村，犹如一颗颗闪亮的明珠，焕发出独特的魅力。

本次调查对象是西塘、郸吴等 10 个作为大运河诗路节点的乡村景观。以下先介绍各调查节点的概况，对其景观资源进行整理，进而基于"诗路"特色和性质从四个方面（关系）展开说明和分析。

一、调查概况

（一）村落节点概况（表 2-5）

表 2-5　大运河诗路节点行政归属及其所获荣誉情况

序号	村（镇）	行政归属	所获荣誉（含村落类型）
1	西塘	嘉兴市嘉善县	列入中国世界文化遗产预备名单、中国首批历史文化名镇、国家 5A 级旅游景区、世界遗产保护杰出成就奖
2	乌镇	嘉兴市桐乡市	中国历史文化名镇、中国十大魅力名镇、全国环境优美乡镇、国家 5A 级旅游景区

① 吕志江.家乡的那条河——走读京杭大运河（浙江段）[M].杭州：浙江教育出版社，2014：12.

序号	村（镇）	行政归属	所获荣誉（含村落类型）
3	义皋	湖州市吴兴区织里镇	全国乡村治理示范村、国家级传统古村落、国家 3A 级景区、全国美丽宜居示范村、国家水利风景区高质量发展标杆景区、省级美丽乡村特色精品村
4	荻港	湖州市南浔区和孚镇	全国乡村旅游重点村、全球重要农业文化遗产（桑基鱼塘）、国家 4A 级旅游景区、全国特色景观旅游名村
5	新市	湖州市德清县	中国历史文化名镇
6	燎原	湖州市德清县莫干山镇	省级体育小康村、市全面小康建设示范村
7	庾村	湖州市德清县莫干山镇	国家 4A 级旅游景区
8	五四	湖州市德清县莫干山镇	国家森林乡村、全国文明村、全国美丽宜居示范村、全国绿色小康村
9	蔓塘里	湖州市安吉县灵峰街道	全国一村一品示范村、中国人居环境范例奖、省级美丽宜居示范村
10	鄣吴	湖州市安吉县	"美丽浙江十大样板地"（乡镇、街道）

（二）节点景观资源整理（表2-6）

表2-6　大运河诗路节点景观资源

村（镇）	类型及具体构成
西塘	周边现代交通：320 国道、沪杭甬高速公路、申嘉湖高速公路、318 国道、杭申甲级航道、善江一级公路；艺文：（明）高启《舟归江上过斜塘》、（明）周鼎《萍川十景诗》、（清）柯兰锜等《斜塘竹枝词》、（清）日给《斜塘镇市河修整开河勒石碑记》；建筑、遗址：街巷（南塘东街、里仁街、西塘市河、杨市泾和石皮弄等122条）、古石桥（望仙、卧龙、五福、环秀等27座）、烟雨长廊、西园（朱氏别业）、名宅［种福堂（王宅）、崇稷堂（薛宅）、尊闻堂、承庆堂（倪宅）等］、庙宇［东岳、圣堂、药师庵、护国随粮王庙（七老爷庙）］、馆舍［明清民居木雕馆、根雕馆（袁宅）、瓦当陈列馆、纽扣博物馆、中国酒文化博物馆］；生态：杭嘉湖平原、西塘市河、杨市泾、乌泾塘、六斜港、烧香港、里仁港、来凤港、十里港、三里塘、耕地、园地、水域、杜鹃花（镇花）、陆坟银杏（200年以上古树6棵）、西线新景；非遗：黄酒酿造技术、七老爷庙会、民间剪纸、农民画；等等
乌镇	周边现代交通：京杭大运河、乌镇大道；艺文：（宋）楼钥《乌戍道中》、（宋）宋伯仁《夜过乌镇》、（清）张履祥《补农书》、茅盾《子夜》；建筑、遗址：水阁、乌将军庙、昭明太子读书处、昭明书院、江南百床馆、江浙分府、江南民俗馆、江南木雕陈列馆、余榴梁钱币馆、文昌阁、修真观、茅盾故居、古戏台、汇源当铺、宏泰源染坊、木心美术馆；生态：杭嘉湖平原（江南水网平原）、京杭大运河、西市河、东市河、东栅景区、西栅景区、古银杏、杭白菊；非遗：中国蚕桑丝织技艺（桐乡蚕桑习俗）、蓝印花布印染技艺[1]、乌镇香市、桐乡花鼓戏、乌镇水阁、皮影戏、乌镇三白酒酿造技艺、湖羊肉烹饪技艺；等等

① 叶福军. 高校图书馆参与地方非遗保护的实践——以浙江传媒学院为例 [J]. 河南图书馆学刊, 2017 (1)：54-55+61.

村（镇）	类型及具体构成
义皋	周边现代交通：滨湖大道、湖薛公路；艺文：（清）吴云《创建五湖书院碑记》；建筑、遗址：义皋老街、溇港文化展示馆（义皋茧站）、范家大院、义皋石街、尚义桥、常胜塘桥、陈溇桥、太平桥、义皋港驳岸、陈溇门前港驳岸、陈溇港闸口、义皋兴善寺、朱家桥庙、义皋商店古居、义皋港东古居、范家古居、盛家古居、周瑞华古居、王阿法古居、太湖溇港、湖隐状元及第民宿；生态：太湖、北塘河、义皋溇、陈溇、塘浦圩田、安艺术空间摄影基地；非遗：青苗会、水市；等等
荻港	周边现代交通：318 和 104 国道、杭湖锡旅游航道、湖菱公路；艺文：（明）杨廉《书荻港驿》、嘉庆帝御赐金匾"玉清赞化"、吴林枫《苕流文艺》、村歌《莽莽芦荻洲》；建筑、遗址：古石桥（秀水桥等 31 座）、积川书塾、八卦池塘、演教寺、总管堂、三瑞堂（章鸿钊故居）、鸿志堂（朱五楼故居）、吴家礼耕堂、凤经亭（问经亭）、文昌阁、里巷埭、外巷埭走廊（老街市）、御碑亭、一元茶馆、崇文园、荻港名人馆；生态：东苕溪、老龙溪、荻港景区、南苕胜境、桑基鱼塘生态园；非遗：荻港民间丝竹、荻港渔庄"陈家菜"、民间山歌《十房媳妇》；等等
新市	周边现代交通：练杭高速（S13）、德桐线、江南运河；艺文：（宋）张镃《新市道中》、（明）刘仲景《过新市》、（明）陈和《觉海寺八咏》、（清）厉鹗《题新市映碧亭》、（清）沈赤然《新市竹枝词》；建筑、遗址：明清宅院群、广福桥、会仙桥、驾仙桥、迎圣桥、太平桥、通仙桥、觉海寺（大唐兴善寺）、陆真人祠（陆仙楼或通仙楼）、进士坊、刘王庙、德源堂、延生堂、钟楼、钟楼弄、俞寰澄故居、沈铨故居、钟兆琳故居、胡尔惜故居、新市文史馆、历史文化街区（西河口、中南街、宁夏路、南汇街、南昌街—李家园、朱家弄—药王路、寺前弄—蔡家弄、后弄—谢家园、觉海寺—北平街）、环东路、健康路、河西街；生态：江南古运河、水域、耕地、田园；非遗：蚕花庙会、祭灶神、元宵灯会；等等
燎原	周边现代交通：杭州第二绕城高速、杭长公路、德清三莫线；建筑、遗址：清境文化创意园、莫干山中心学校；生态：莫干山、莫干溪、水田、林地、竹林、茶园、杨梅山、板栗林；非遗：打年糕习俗；等等
庚村	周边现代交通：杭州第二绕城高速、杭长公路、德清三莫线；艺文：刘烈卿《过庚村》[①]、卢前《庚村》、干人俊《杭莫车站口占》；建筑、遗址：莫干区公所旧址、庚村车站、文治藏书楼、莫干山邮局、荒室咖啡、庚村别院、广场、民国图书馆、庚村山居、黄郛莫干农村改良展示馆；生态：莫干山、莫干溪、森林；非遗：《庚氏家谱》；等等
五四	周边现代交通：杭州第二绕城高速、德清三莫线；建筑、遗址：莫干瓷印记研发体验馆、莫干山隐郊野民宿、木芽乡村青年创客空间；生态：莫干山、莫干溪、垚淼生态园、高家庵水库、国香兰花园、五四公园；等等
蔓塘里	周边现代交通：梅岭路；艺文：黄亚洲《安吉，安静的蔓塘里村》；建筑、遗址：潘氏古宅、安燠亭、灵逸亭、听月楼（古戏台）、公社食堂、竹藤编织博物馆、竹苑农庄、灵峰寺；生态：灵峰山、小剑山、大地之光景区、灵峰开东茶场、萤火虫森林、灵峰胜境；等等

① 此诗原名《山居》.见朱炜校注.跳上诗船到德清[M].杭州：浙江工商大学出版社，2020: 165.

续表

村（镇）	类型及具体构成
鄣吴	周边现代交通：古鄣路；艺文：（元）赵孟頫《鄣南山中》、（清）王显承《竹枝词》、吴昌硕《彰南》；建筑、遗址：明清古建、吴昌硕故居、天官墓（吴氏墓地）、金銮殿（吴氏宗祠）、状元桥、修谱大屋、鄣吴胡氏门楼、鄣吴金氏民居、昌硕广场、归仁里文化街区（"八府九弄十二巷"）、人民路、玉华路、状元桥；生态：金华山、玉华山、鄣吴溪、田园、山林；非遗：《吴氏宗谱》、鄣吴金龙、鄣吴竹扇制作工艺；等等

二、整体分析

（一）地理、交通与艺文

大运河诗路覆盖的浙北地区，西高东低，古道体系由大运河和苕溪两大水系组成，其中大运河是沟通南北的重要交通航道。西塘、乌镇、新市都是著名的江南运河古镇。浙北的大运河，分东、中、西三线。东线从平望经嘉兴、崇福、塘栖、武林头至杭州。西塘在嘉兴的东北方向。中线经平望、练市、塘栖、武林头至杭州，乌镇、新市两个古镇也正是这条线上的重要节点。西线从震泽经南浔、湖州、菱湖、德清、武林头至杭州。义皋村位于太湖之滨，与西线通过塘河相连，也是一个重要节点。荻港村和德清境内的庾村、五四村、燎原村，安吉的蔓塘里、鄣吴镇等属于苕溪流域。

杭、嘉、湖地区得于水道之便，加上经济基础好，成就了著名的"鱼米之乡""丝绸之府"。古代南来北往的文人墨客很多，留下的诗文作品数量相当可观。如荻港，人文底蕴十分丰厚，拥有宗教、名居、文化遗址、古桥、水埠等各种人文景观。该村历史上名人辈出，曾涌现出章、朱、吴三大家族。清代至民国时期，有书画家陆润庠、章绶衔，地质学家章鸿钊，史学家章开沅，外交家章祖申，诗人朱渭深等，清代还出现了章氏诗人群体，等等。这些也反映出浓厚的耕读文化传统。另如鄣吴，虽然地处杭嘉湖平原的西部的山区，但是钟灵毓秀，风物清嘉，是近代艺术大师吴昌硕的故乡。元代湖州诗人赵孟頫有诗《鄣南山中》："山深草木自幽清，终日闻莺不见莺。好作束书归隐计，蹇驴来往听泉声。"清代安吉诗人王显承《竹枝词》写道："行到吴村香雨亭，柳丝斜拂酒旗青。玉华金华双峰峙，流水落花出晚汀。"吴昌硕也有一首《鄣南》："九月鄣南道，家家云半扉。日斜衣趁暖，霜重菜添肥。地辟秋成早，人荒土著稀。盈盈烟水阔，鸥鹭笑忘归。"这些诗对彰吴的自然景观进行了描写和赞美，也反映出自古以来这里人文活动的活跃状况。

（二）山水、结构与建筑

因地制宜，择地而栖居，山水与建筑和谐结合，广泛体现在大运河诗路乡村景观中。大运河沿线地势平坦，两岸田园风光无限。诗路乡村具有典型的乡土特色。义皋村由纵溇横塘组成，是一个典型的鱼形村落。沿纵溇南北向布局的村落就像一条条游向太湖的鳊鱼，朝向东北的入湖口像是鱼翘起的嘴巴，闸门不妨称之为鱼眼，细长的溇港是鱼的主脊椎骨，东西向的横塘和街巷好比鱼两边的肋骨。民居也就分布在这些溇、塘两岸。

义皋村位于吴兴区织里镇东北6公里，距离湖州市中心约22公里，北望太湖，有南北向和东西向的河流穿村而过，展现了太湖溇港市集村落的"夹河为市、沿河聚镇"的聚落典型特征。

枕水而居是江南水乡古镇的一大景观。水阁是靠近水的楼阁。沿河的房子，一半左右建在水面上，下面则用木桩或石柱支撑，上架横梁，搁上木板。这类建筑在江南水乡古镇随处可见。西塘、乌镇东栅、新市的市河两边至今都保存着许多水阁。

民宿是莫干山的一张金名片。走进莫干山，各种民宿星罗棋布，数量有上千家，正所谓"家家人家、家家民宿"。莫干山绿树成荫、竹林如海、山泉清澈、四季风光迷人，加上地理区位较佳、历史文化底蕴深厚，具有与生俱来的民宿发展优势。民宿的发展增进旅游产业，对于保护和传承乡土文化具有重要意义。莫干山镇的庾村等，利用莫干山旅游资源，发展成为名副其实的民宿村。这类民宿建筑，追求人与自然的和谐。像裸心谷民宿、洋家乐民宿、法国山居、西坡山乡度假酒店、黄郛山庄、谧园精品民宿、郡悦山居等都较知名。

（三）生态、生活与生产

乡村是人与自然、社会经过长期互动联系形成的地域空间系统。这个空间系统，具体来说，是由生态、生活、生产三重空间构成的。乡村三生空间落实到土地上，体现了土地利用方式与乡村物质环境之间存在的多元复合功能[①]（表2-7）。

① 刘丰华.基于"三生空间"协调的西安市乡村空间布局优化研究——以阎良区为例[D].西安：长安大学，2019.

表2-7　运河流域乡村三生空间功能内涵及分类①

运河流域乡村空间功能内涵	对应用地类型	空间类型
生态功能：拥有独特自然基础的大运河、沿岸林木、水库及草地，提供水土保持、调节气候等	河流水面、草地、乔木林地、水工建筑用地、水库水面	生态空间
生活功能：拥有独特运河文化底蕴的建筑、古迹、聚落，提供各种生活保障和娱乐等	住宅用地、机关团体新闻出版用地、商业服务业设施用地、广场用地、城镇村道路用地、交通服务场站用地、公路用地、铁路用地、科教文卫用地	生活空间
生产功能：农业、工业生产及以运河文化展示为主的服务业，提供产品和服务等	采矿用地、工业用地、物流仓储用地、公共设施用地、果园、旱地、坑塘水面、设施农用地、水浇地	生产空间

　　浙江境内的大运河，除流经嘉兴、湖州、杭州、绍兴、宁波等城市之外，还流经广袤的乡村地域。运河流域乡村拥有不同朝代、丰富多样的运河古迹、古村、古巷、古传说等文化资源，②同时拥有独特的生态人文环境，是三生空间相互交融、相互联系及相互依托的区域。③

　　西塘、乌镇、新市是三个著名的运河古镇。如新市镇位于运河中线的重要节点，是一个被河道包围的古镇，水文化特色十分明显。宋代诗人张镃有诗《新市道中》："野晴天碧共溪长，画样飞来白鸟双。舟小不禁风篷岸，菰蒲无数入篷窗。"此诗描写了新市一带优美的水乡景观。镇上古迹甚多，明清宅居群遍布（德源堂、延生堂等），有古桥（广福桥等）、古寺庙（觉海寺、刘王庙），还有俞寰澄、沈铨、钟兆琳、胡尔恺等名人故居，现还辟有历史文化街区，等等。此外还有蚕花庙会、祭灶神、元宵灯会等民俗活动，保留了一批非遗文化。这些皆具有鲜明的运河文化特色。近年来随着乡镇建设的推进，一批历史文化街区得以建造，推进了以服务业为主的第三产业的不断发展壮大。

（四）村落与村落景区

　　以上村落都是著名的景区村。新市、乌镇所在的江南运河是京杭大运河（浙江段）的中线。该线从平望至塘栖，全长约30公里，沿线的古村还有许多。而庾村、五四村、燎原村（由中村、莫皋坞、南路、汪家、后村、干家村、前村7个自然村组成，村委会驻地中村）都是离县城仅10余公里的莫干山镇辖村。该镇共辖2个小区、17个行政村，它们基本也都依托著名的避暑胜地莫干山这一名胜资源，不断推动文旅产业的发展。

　　蔓塘里与灵峰村都是灵峰街道辖村，两村刚好处在灵峰山西、东两侧，

① 吴思慧，曾鹏.运河流域乡村三生空间重构路径研究——以河北沧州南霞口镇为例 [J].小城镇建设，2021，39（6）:22-31.
② 钱振华.大运河文化带建设与乡村振兴融合发展探路 [J].江苏农村经济，2020（5）:62-63.
③ 曾鹏，朱柳慧，蔡良娃.基于三生空间网络的京津冀地区镇域乡村振兴路径 [J].规划师，2019（15）:60-66.

相距 4 公里。蔓塘里，曾名"万塘""蔓塘""蔓塘庄"，现在是以艺术振兴乡村的成功典范。"大地之光"项目通过艺术的形式展现该村独特的人文、地貌和景观，使之成为一个远近闻名的"不夜村"。随着旅游业态越来越丰富，该村实现了从美丽乡村建设向美丽乡村经营的转变，现已入选"两山理念·振兴之路"精品线路中的景点之一。灵峰村东临浒溪，南接天荒坪，西靠灵峰山，北与 11 省道相连，有优越的区位条件和便利的交通。这里还有千年古刹灵峰寺（杭州灵隐寺的姊妹寺）、达 80% 的森林覆盖率、竹博园等多元的旅游节点，以及香溢度假村等齐全的配套设施。两村协同发展，前景广阔。这对日后再设计乡村景观也必将有新要求。

以上从四种关系进行了整体分析，下面再选择西塘、义皋、荻港、新市 4 个村（镇）进行重点分析。

三、重点分析

（一）梦里水乡——西塘古镇

西塘古镇，是江南六大古镇之一。西塘以建设"生活水乡"、塑造"生活西塘"为己任，其中，原住民占了 70% 以上，这一点是其他古镇无法企及的。故土之情，令其更易凝聚民心，以求古城之长期发展，以保护原住民，这是西塘样本最大的优势与特点。

西塘古镇以烟雨长廊和西街为古镇中心，延伸则包括北栅街和塘东街。沿街巷集中分布着餐饮、酒吧、购物、客栈四大业态。休闲业态占主导地位，以酒吧、客栈为主[①]（图 2-61）。

1. 滨河人居——水

西塘位于杭嘉湖平原水网地区，地势平坦，河流密布，四周无山（图 2-62）；东西两侧高程在 3—5 米之间，南北两侧在 6 米左右，中间部分相对较高，在 8—10 米之间；村落内部与外围落

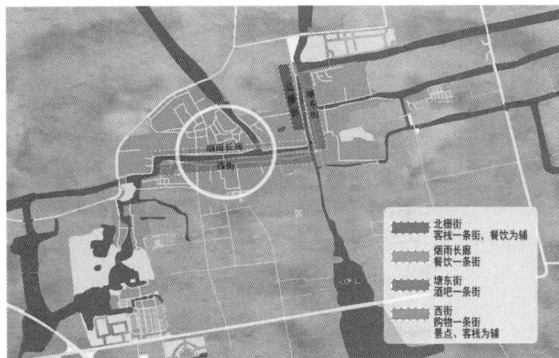

图 2-61　西塘古镇空间分布

① 俞立萍. 江南水乡古镇旅游景观规划研究 [D]. 杭州：浙江农林大学，2020.

差 5 米，形成的落差利于水流外排。得天独厚的地形地貌，使得西塘古镇拥有丰厚的旅游资源。

西塘古镇的空间结构是逐水布局，街巷结构为串点的丁字结构，街巷肌理顺应河流、垂直于河流，街道背河为檐廊式，沿河为廊棚式，主街长度为 401—900 米。从构造和布局上看，9 条河流在西塘镇的交汇处交错，将镇分为八大板块。其中，24 条石桥将古镇 5 个区域连成一片，而街道则是沿河而建，将新老镇区串联起来，从而形成古镇的总体架构[①]（图 2-63）。

水是西塘的灵魂，河网密布，地势平坦，杨秀泾、北翠河、塔湾河、来凤港、三里塘、里仁港、烧香港、北栅市河和胥塘河 9 条河流在镇内交汇，把小镇分成 8 块，而众多的桥又把水乡连成一体，素有"九龙捧珠""八面来风"的美誉。9 条水巷构成了古镇的基本架构，它们

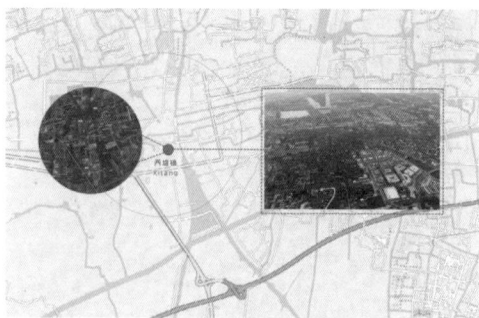

图 2-62 西塘古镇地形地貌分析
图源：一起看地图

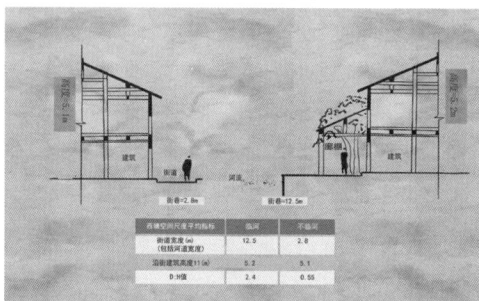

图 2-63 沿河街道空间结构分析
图源：一起看地图

图 2-64 水系分布
图源：一起看地图

既是水上的交通要道，又是人们日常汲水、洗涤和交易的场所，蜿蜒的西塘河水串联起这些滨水空间，形成了水乡古镇特有的滨河人居环境风貌（图 2-64）。

西塘是一个充满活力的水乡，西街上，烟雨长廊下，小铺一家连着一家。街上商业繁荣，异常热闹（图 2-65）。走在廊棚下，可以逛逛沿街的各色店铺，另一侧是河道，偶尔会有摇橹船载着游客缓缓而过。游客们在河边的茶坊坐下，边享受河风，边品茶闲聊。而在西塘的小弄堂中，离开热闹繁华的商业街道，听不

① 徐境，任文玲.西塘古镇沿水空间解读 [J].规划师，2012，28（S2）：69-72.

到人声嘈杂，看不见车马熙攘，只
见到炊烟袅袅，又充满了生活气息。
正如唐代张光朝的诗句"日晏始能
起，盥漱看厨烟。酝酒寒正熟，养
鱼长食鲜。黄昏钟未鸣，偃息早已
眠"，描写出了一幅居民们"日出而
作，日入而息"的生活画卷。

图 2-65　西塘沿街商铺

2. 建筑与河道的过渡——廊

廊棚是西塘沿河景观中的最大特色。西塘为团型古镇，镇内为枝状街河，
水乡幽深。民居群内多为暗弄，宅邸之间已没有明确的公私之分，房屋与巷弄
没有界限，因此民居多以大小组团的方式进行分割。这使得西塘的交通脉络肌
理图呈现线性特征。廊棚更是突出了这一特点，外部空间的线性秩序更为强化。

廊是一种很好的建筑与河道的过渡
形态，既延伸了室内的空间，又
可遮阳避雨，而且视线通透，属于
"灰空间"。长长的廊棚随着河道蜿
蜒，已经成为西塘古镇的一种象征。
加强人与水的关联，是西塘古镇区
别于江南其他水乡古镇的最具特色
的空间形式[1]（图 2-66）。

图 2-66　水系及廊棚关系

3. 枕河人家——建筑

西塘古镇的形成受地理条件的影响很大，人们建造、规划、布局房屋时
都受到了水的影响，形态上表现出更大的灵活性和自然性。西塘古镇在打造整
体旅游景观的过程中，重点在于做好河岸房屋的修缮和立面景观。建筑设计上
展现出有江南特色的"粉墙黛瓦"，包括简洁的马头墙、朴素的白墙、低调的
黑瓦、简约的硬山式屋顶和精致的花窗，这些元素共同体现了当地人文中的保
守与开放。西塘古镇的建筑景观主要由各种古建筑组成，包括居民故居、商
店、戏楼、牌坊、书院等。景区内大部分建筑景观的真实风貌都保存得比较完
整。虽然对建筑物的结构设计、材料和功能在原有基础上进行了修复和改进，
但均采用了古建筑的原材料、结构和工艺，有利于充分展现古城的徽派建筑风

① 王晨曦. 西塘古镇外部空间
形态的开放性研究——以廊棚为
例 [J]. 建筑与文化，2017（11）：
212-213.

格，满足旅游对象对真实性的要求。

此外，在房屋的装潢上，还运用了很多与水相关的材料，以表现出人们心中对平安、祥和的渴望。比如，在瓦片上刻莲花、芙蓉、万年青等花纹，在瓦片上刻鱼类、水草等花纹。西塘古城以"水文化""桥文化""庭院文化"为基本要素，以"水""桥""庭院"等为核心，通过"街巷"交会处和入口等结合建筑周围环境营造多处空间节点，构建具有主题特色的风景小品，实现对传统街巷空间的理性拓展。它不仅可以满足老城区居民日常交流的需求，还可以为旅游者提供一个文化体验和休闲集散地。

西塘古镇高高低低的房子鳞次栉比，屋脊、山花、屋檐和山墙形成了参差错落的特有沿河天际线。在建筑立面上，窗与墙、厅与台，虚实呼应、错落相宜，各式牌匾、灯笼或挂于建筑，或悬于空中，迎风摇曳，成为点缀河道空间的活跃元素。西塘古镇的临水建筑沿河立面组合大致分为以下两种形态。[①]

（1）连续型

建筑均靠拢布置，其轮廓线体现出了连续性。连续型立面组合是以建筑单体立面为要素，连续、重复地横向排列而成，各个要素之间维持着一定距离和关系，可无尽延长（图2-67）。

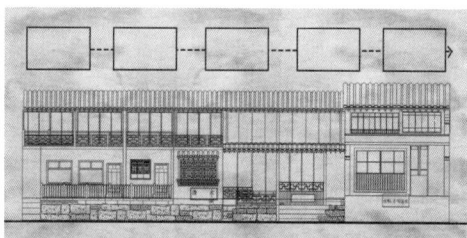

图2-67　连续型

（2）起伏型

建筑单体沿河立面时而增高，时而降低，如波浪状起伏的立面轮廓展现出一定的节奏感；按照一定的秩序而变化，例如逐渐变高或变低，变宽或变窄，变密或变稀，其中高度的渐变出现得较为广泛（图2-68、图2-69）。

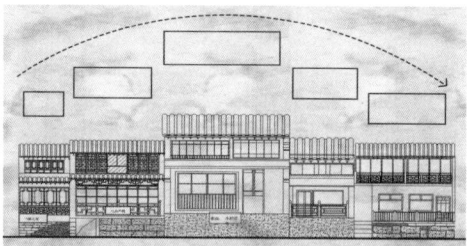

图2-68　起伏型1

西塘古镇的建筑群整体沿河立面轮廓由上述两种形态组合衔接而成。以西塘镇下西街约200米的沿

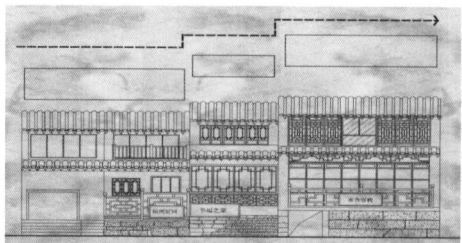

图2-69　起伏型2

① 杨伟昊.江南传统民居建临水处理方式研究[D].无锡：南大学，2016.

河建筑立面为例，临水建筑沿河立面展现出自然舒展的形态，起伏幅度大，在变化中获得统一，统一中仍然有变化，具有生动活泼的效果，体现了江南水乡的韵味（图2-70）。

图2-70　建筑群整体沿河立面图

3. 飞鸿卧波——桥

西塘以石桥多、巷弄多、廊棚多，在国内同类小镇中独树一帜，无处不体现着"小桥流水人家"的江南水乡特色。镇区河港纵横，河桥密布。桥的造型多样，主要有三种：一是拱桥，如卧龙桥（图2-71）、安善桥、永宁桥、安境桥、环秀桥；二是平桥，如狮子桥（图2-72）、戊寅桥、里仁桥、鲁家桥、五福桥、吴家桥；三是折桥，如万安桥（图2-73）、安泰桥。到1998年，西塘共有104座桥梁。从宋朝开始，先后修建了11座桥，其中包括安仁桥、安善桥、五福桥等。在清朝，还修建了卧龙桥、来凤桥等。古桥多为单孔或三孔石柱木梁桥，工艺精湛，极具观赏性，自古有"卧龙凌波，彩虹飞架"的美誉，至今保存完好。桥的出现，一方面连通了河流两岸，方便了交通往来，另一方面形成了很好的观景空间，而桥本身也成为河上的一道风景。桥头空间多连接着码头，是一个水路、陆路交会的枢纽空间。桥周边多建有茶楼、店铺，热闹非凡。

图2-71　卧龙桥　　　　　图2-72　狮子桥　　　　　图2-73　万安桥

（二）溇港明珠——义皋村

义皋村位于浙江省湖州市吴兴区织里镇，毗邻太湖，整体空间布局呈现出南太湖溇港地区传统村庄和塘浦圩田共生的典型模式。义皋历史悠久，宋代称为"义高"。宋嘉泰《吴兴志》记载："兴善院在县东北二十七里湖上义高村，钱氏建，号善庆院。"其集镇则形成于五代和宋代。清同治《湖州府志》记载："汉元始二年，吴人皋伯通筑塘以障太湖。"1928年前称"义皋里"，此后曾为"义皋镇"。义皋因溇成，溇取"皋"名，皋以"义"扬。义皋先民崇礼尚义而"民有淳风"，尚义之村民更敬重义士高人皋伯通。

义皋村地处太湖七十二溇港这一古代水利工程的关键位置，是溇港文化的典型代表，素有"溇港文化带里的明珠"之称。2014年，义皋村被列入中国传统村落名录，成为浙江省历史文化（传统）村落保护利用重点村。

1. 太湖溇港逾千年，圩田沃土养万户

义皋村代表了太湖溇港市集村落的特色，体现了"夹河而建市，沿河聚集镇落"的空间布局形式。村落地势较为平坦，高度在6—8米，起伏细微；毗邻太湖，水网密布；其中，梳齿般繁密的溇塘河道与星罗棋布的岛状圩田构成了棋盘式的溇港圩田系统（图2-74）。

在溇港圩田系统成形并发挥作用之前，太湖南岸为典型的滩涂风貌，人们很难在这里定居、生产。先人运用智慧，将软流质淤泥地进行水土分离，以竹子和木材为基材，筑出两堵可渗透的围墙，将中部松散的水流淤泥搬运到围墙外部，淤泥内的水流从围墙内的竹木

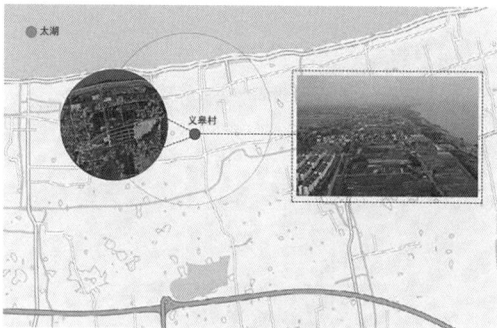

图2-74 义皋村地形地貌分析
图源：一起看地图

空隙渗透进水道，汇成一条小河（图2-75、图2-76）。于是，他们就在太湖岸边开凿了一条河湾，河水与泥土分开，形成了一片新的土地。

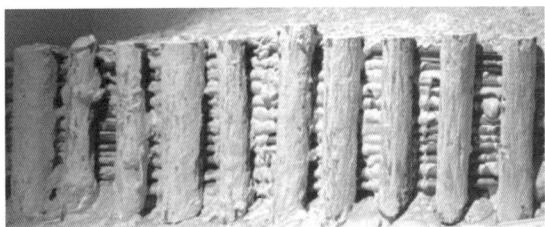

图 2-75　竹子围篱透水技术

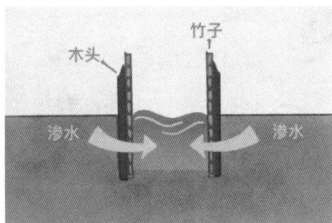

图 2-76　竹子围篱透水技术示意图

而在这段时间里，与空港相连的几条横塘也在被挖掘。挖掘出来的土壤在周围堆积起来，就像一堵墙一样，被称为"圩"。在太湖潮滩上，水在堤外流过，在堤里又形成稻田，就构成了今天的圩田。先民得到了大量的土地，在此建造了住房。从空中俯瞰，这片土地呈棋盘状分布。溇港像一条条灵动的血脉，圩田则如一块块壮实的肌肉骨骼，滋养着这方水土上的百姓千百年来的生息繁衍（图 2-77）。

溇港圩田系统之所以能流传至今，是因其具有以下四个特点：1. 规模适度，易于维护。2. 布局合理，疏密有度。3. 以闸管控，双向引排。4. 溇塘分水，各行其道。湖漾调蓄，急流缓受。杨万里曾言："江东水乡，堤河两涯而田其中，谓之'圩'。农家云：圩者，围也，内以围田，外以围水。盖河高而田反在水下。"[①]（图 2-78）意思是说溇港筑堤围田，水高而田低。人们在圩田内居住、种植，不惧水旱之灾。

溇港圩田是太湖先民利用太湖溇港将荒滩变沃土的典型案例。它是在低洼地区四周筑堤，形成"水形于圩外、田成于圩内"的农田。"深养鱼、浅种稻、不深不浅种荷花。"当地百姓因地制宜，将深浅不一的农田用于不同的农事种植，形成"桑基鱼塘""稻鱼共养"等生态

图 2-77　溇港圩田景观

图 2-78　溇港水利工程

① 杨万里.杨万里集笺校 [M].
北京：中华书局，2007：1643.

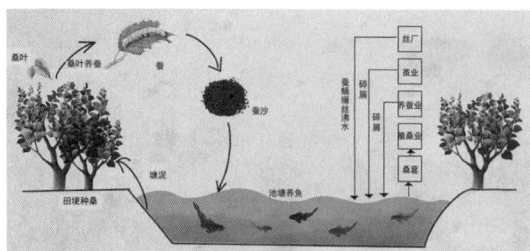
图 2-79 桑基鱼塘系统物质循环

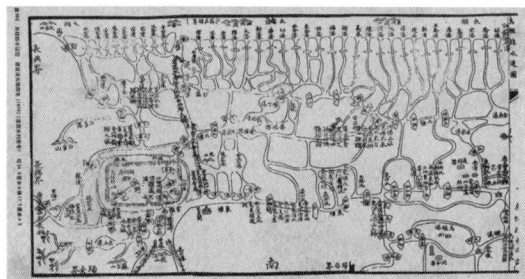
图 2-80 清代乌程县水道溇港分布
图源：溇港文化展示馆

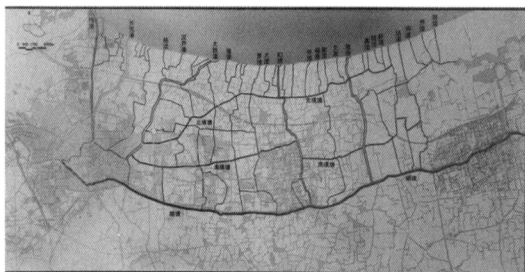
图 2-81 现代吴兴太湖溇港分布
图源：溇港文化展示馆

链（图 2-79）。溇港的圩田系统自春秋时萌生雏形，历经两千多年的发展，逐步形成了由太湖大堤、运河頔塘、七十多条太湖溇港、数条横塘及万顷圩田组成的成熟的水利系统。因其规模宏大、设计科学，水利界泰斗郑肇经教授盛赞其为"古代太湖人民因地制宜改造自然、化涂泥为沃土的独特创造"[1]。

正是这样一套庞大而完善的水利工程体系，推动了湖州地区的农业发展。其自唐宋以来就成为我国粮、丝、渔生产发达，内河航运先进和商业贸易活跃的地区，享有"丝绸之府""鱼米之乡""财赋之区"的美誉，造就了"苏湖熟，天下足"的天下粮仓（图 2-80、图 2-81）。

2. 水韵聚落传永续，诗意古迹留千年

义皋村的主要水系，分别为被列入"太湖三十六溇"的义皋溇和陈溇。据史载，义皋溇在南宋时，曾被更名为"常裕溇"。据撰写于 1994 年的《湖州水利志》记述，义皋溇长 1.517 公里，河底宽 2 米；陈溇长 1.567 公里，河底宽 2 米。

在义皋溇上有一座尚义桥（图 2-82），始建于明朝，清代乾隆年间重修，是太湖溇港上保存较好的清代单孔石拱桥之一。桥墩南有联"民有淳风称义里，流分沙漾庆安澜"。北有联"大泽南来，万里康庄同利涉；春波北至，千秋浩渺永安澜"。陈溇上也有塘桥，名陈溇塘桥，民国年间重建，系单孔石拱桥，桥型精致玲珑，两侧均有桥联，据说是寺院一位高僧所题。陈溇在清末民初为

① 郑肇经. 太湖水利技术史 [M]. 北京：农业出版社，1987:98.

繁华市镇，其楹联不仅表述了其地理位置，还包含了山水清丽的太湖风光，可谓匠心独运。在太湖溇港体系中，古桥梁以拱桥为主，拱桥的拱券收束河道宽度，加快水流速度，即"桥堤束水、逼水归槽、束水冲淤"[①]，使洪水疾趋下冲，防止泥沙淤塞水道。"义皋桥"静静地躺卧在窄窄的溇港上面，见证着寒来暑往，秋去冬来（图2-83）。

图2-82　尚义桥

图2-83　义皋村古桥分布
图源：一起看地图

村中的老街至今保留完好。老街以尚义桥为中心，桥东、桥西店肆林立，街石排列规整，街道两米宽、百余米长，老字号店铺门前都有数级石阶。位于桥东的清代民居"范家大厅"不仅是市级文物保护点，也是义皋村原生态古村落的明证之一。

3. 鱼米之乡旺兴盛，利运活流商发达

肥沃的土地，合理的浇灌，使义皋村稻谷丰产，蚕花茂盛，进一步促进了农业生产。义皋村的村民主要以种植瓜果蔬菜、种桑养蚕为业，保持了太湖南岸原有的闲适而充实的水乡田园生活状态，保留了水、渠、塘、田、村五大自然资源合一的生态体系，充分发扬水乡蚕桑文化、太湖渔耕文化、溇港遗存文化，此外还有溇港衍生出来的蚕桑深加工业、旅游服务业等。同时，太湖以其丰富的水产品资源闻名，特别是银鱼、白鱼、白虾这"太湖三白"，在国内外享有盛誉。"塘浦圩田"灌溉体系纵横交错，蓄积泄流，并向下游扩展，形成了"桑基鱼塘"和"桑基鱼田"，至今仍然在该地区的农牧业和居民生活中发挥着不可替代的功能。

溇港圩田系统（图2-84、图2-85）布局合理，纵溇（港）、横塘设置疏密有度。溇港的平均间距为501—800米，其中大钱港以东的溇港，平均间距

① 李柳意.太湖溇港系统及其对乡村人居环境支撑的研究[D].北京林业大学，2022.

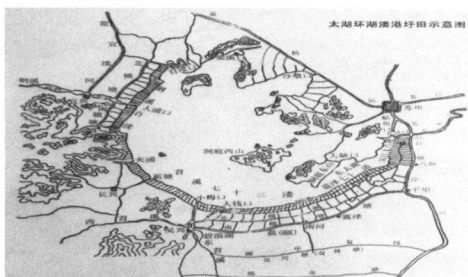

图 2-84 溇港圩田系统 1
图源：溇港文化展示馆

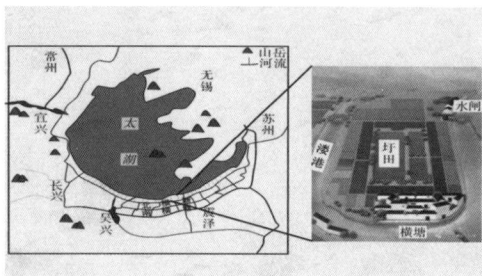

图 2-85 溇港圩田系统 2
图源：溇港文化展示馆

约 593 米。荻塘、南横塘、北横塘，以及一批尺度较小、长度较短的横塘，平均间距约 1 公里。从淡港、蟆塘到太湖，再到其他的人造河道，形成了一套完整的水路交通系统，就像现在的公路一样，把太湖周围的村庄、市镇和城市连成了一个有机的整体。这样就促进了沿途的商贸活动，催生兴旺了大量的专业市镇，繁荣了义皋商运，也繁荣了湖州的社会文化。

4. 物殷俗阜繁富足，文明传说且流传

溇港村落的民俗丰富，每年举行太湖民俗文化节，展现农耕民俗、桑蚕民俗、地区民俗等。除了三次观音菩萨生日会之外，还有"三官会""青苗会""土地会"等民间庙会，每户人家都参与，场景热闹非凡。端午节小孩子穿戴老虎服饰、六月六包馄饨、腊月廿三送灶神等传统习俗，织麻布衣、做龙头糕等传统工艺，更是体现了浓浓的乡情。义皋村民风淳朴，尚义忠厚，三国刘关张桃园结义的佳话代代流传。三道茶、龙头糕等传统饮食，蕴含着绵远深厚的文化底蕴，助力了当地传统文化的发展。舞狮、刺绣、剪纸、划菱桶等民间文化项目的开展，使古老的传统村庄重新焕发生机。在这里，耳听到的、眼看到的、手触摸到的，都是千年溇港文化所沉淀下来的独特魅力和韵味（图 2-86）。

溇港圩田创造了江南水乡"小桥、流水、人家"和"青瓦、粉墙"的特定景观，由溇闸、石桥、驳岸、埠头组成的建筑群，不仅能改善水

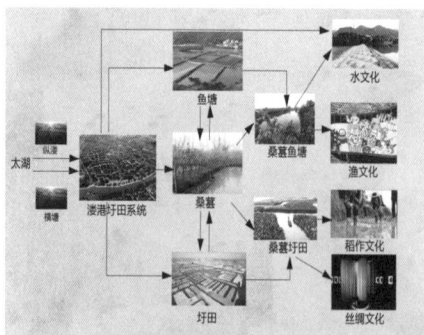

图 2-86 溇港文化

利条件，满足溇港圩田蓄、引、排、灌、降的要求，而且在太湖流域造就了独特的溇塘风光带。走进义皋村，仿佛走入了一幅美丽的江南风景画。一道流水静静穿村而过，两旁的驳岸和缆船石诉说着当年的船来客往，古老的尚义桥默默地见证着时代的变迁。村中的太湖溇港文化展示馆闻名遐迩，每天吸引着众多慕名而来的游客驻足参观。漫步在溇港边，古建筑、古桥比比皆是，无一不体现了底蕴深厚的溇港文化。

（三）苕溪渔隐——荻港村

荻港村位于浙江省湖州市南浔区和孚镇，是典型的江南水乡（图2-87）。"倚港结村落，荻苇满溪生"，荻港因此得名。村落东侧沿老龙溪，平均海拔高度在5—10米（图2-88），四面环水，溪水相抱，水中芦苇丛生；门前屋后，绿树成荫，形成鱼塘连片的湿地植物景观。荻港村自南宋创建至今，历经千年，传统格局保存完好，古建筑众多，粉墙黛瓦的水乡风貌依旧（图2-89）。村内拥有丰富的历史文化资源和深厚的人文底蕴，展现出清灵剔透的文化氛围。荻港村融合了传统民居、石桥河埠、连廊街巷、江南习俗及历史名人的特色，堪称江南水乡古村落的"活化石"。

图2-87　荻港村鸟瞰

图2-88　荻港村地理位置
图源：一起看地图

图2-89　粉墙黛瓦的水乡风貌

1. 内外巷埭，横桥卧溪

村落集古宅、古巷、古桥、古树、古寺、古浜岸、古河埠头于一体。受风水、气候、交通等方面影响，荻港村形成了内外呼应、空间融合的村落布局。外巷埭临京杭大运河而建，南北全长 500 多米，进深 15 米，主要承接村民渔业和河运业的功能需求。外巷埭的北面有一座东安桥，既是外巷埭的终点，也是里外巷埭的分界点。走过东安桥向左，就是里巷埭的长廊。里巷埭全长 600 多米，钞田弄、沈介弄、牛弄等小巷贯穿连接，既发挥了完善的使用功能，也具有商业功能。荻港村内外巷埭的设计给村民提供了休闲交流、遮阳避雨的公共空间（图 2-90）。每到傍晚，村民们集中到运河沿岸长廊纳凉。廊下空间既满足了人们的使用需求，还满足了人们的精神需求，促进了村民之间的交流（图 2-91）。

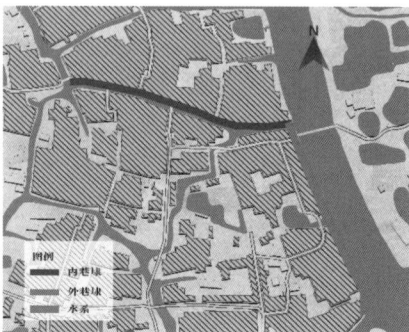

图 2-90　内外巷埭

在荻港村内，感受不到强烈的商业气氛，民风淳善，村民生活简单质朴。村内有一家家喻户晓的百年老店，四代人坚守，以剃头为生，兼营"一元茶馆"。几十年来，他们家的茶坚持只卖一元一杯。这里也是村民们日常唠家常的地方。一元茶馆内，家具陈设古朴，充满怀旧气息（图 2-92），使人一走进便仿佛回到了几十年前。由于卖茶无法维系这个茶馆的日常开销，老板在茶馆里又干起了理发师的老本行，为村民理发修面。理发设备也同样非常古老，但理发价格非常划算。在如今依靠商业旅游经济发展的古村中，很难再寻找到有如此坚守精神的店家了。

图 2-91　外巷埭廊下休息空间

图 2-92　一元茶馆

村内庙前桥、秀水桥（图2-93）、隆兴桥（图2-94）、余庆桥等31座古桥架于水上，与运河水系构成了整个村落的"骨架"，联通了整个村落（图2-95）。

图2-93 秀水桥

图2-94 隆兴桥

古桥承担的不仅是单一的通行功能，同时还具有休憩的功能，成为村落村民精神交流的文化场所，凝结着荻港独特的时代印记。村内各座桥的入口都呈八字形，方便行人下桥转弯，符合行为学的特点。桥上古朴的石狮尽显康熙时期雕刻的精湛水平；柱头作方形束腰施皮线条雕叶脉纹，或呈圆形束腰雕仰莲，无不显示出荻港村古桥的历史悠久。

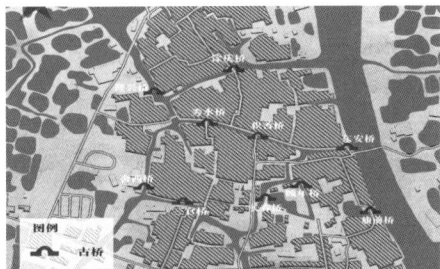
图2-95 古桥位置

2. 南苕胜境，徽韵犹存

村庄建筑吸纳了徽派建筑风格，并在发展过程中受环境、文化等影响，形成了自己的特色，具有学术

图2-96 南苕胜境入口

遗存的价值。其中以南苕胜境最为著名。该景观由荻港人朱南屏建于元代庞石舟的溪隐堂故址，后由章氏望族集资拓建。南苕胜境的入口富有民国特色，斑驳的红色五角星和"荻港人民公社小学"字样印证着厚重的历史；门楣上有一组四枚石雕图案，十分精致，有牡丹、阴阳鱼、云纹，象征着中国的儒道佛三教合流（图2-96）；大门前的石鼓雕刻精美，象征着福禄长生，体现了当时人们对美好生活的向往。在南苕胜境，可以发现嘉庆皇帝亲笔题写的"玉清赞

化"御碑亭（图2-97），以及太子少保朱珪所著《积川书塾记》的碑亭，年代悠久，具有重要的保护价值。整个园内楼台亭阁、回廊绕环、水池津梁、奇石清流、花竹幽影，极具江南文人园林的特点。

3. 千亩桑基，鱼涌蚕肥

荻港人依水而生，以渔谋生。当地村民种桑养蚕、池塘养鱼的生态模式已有2500多年的历史。勤劳的荻

图2-97 御碑亭

港人民发明了以桑为基础的鱼塘生态模式，塘中养鱼、基上种桑、桑叶饲蚕、蚕沙养鱼、鱼粪肥塘、塘泥壅桑（图2-98），并在此基础上培育并发展出鱼桑文化。"浙江湖州桑基鱼塘体系"于2017年11月被列入全球重要农业文化遗产保护名录，荻港村成为"桑基鱼塘体系"的核心保护区域（图2-99）。

以桑基鱼塘为依托的荻港渔庄，秉承道法自然、"天人合一"的理念，集观赏、垂钓、休闲、度假、娱乐、美食、示范教育等多元化功能于一体，是浙北最具特色的休闲旅游产业基地之一。自2010年起，已连续举办了十六届鱼文化节。游客们围绕在鱼塘旁，看"水上晒秋"表演，品民俗，尝鱼味，体验传统丰收场景（图2-100）。荻港渔庄利用桑基鱼塘系统丰富的生态资源，配以传统的制作技艺，大力开发桑陌系列产品，其中包含桑鱼酥、桑塘饺、桑果糕、桑黄饼等一系列美食，展现出浓浓的湖州风土人情。

隐于郊野，远离喧哗，荻港古村随千年运河流传至今。从对荻港古村的空间布局和建筑风格的考察中，我们发现，

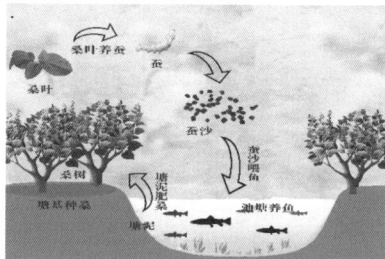
图2-98 桑基鱼塘生态模式

图2-99 荻港村桑基鱼塘

图2-100 鱼文化节
图源：荻港渔庄

这里的古代建筑都是根据水上活动和居住需要而建造的。除此之外，特殊的古运河文化还为该地区带来了一种特殊的商贸和丝绸文化。探访南浔区荻港古村，探索村中延续至今的朴素乡风，可以感受到浓郁的乡愁情怀。

（四）古韵仙潭——新市古镇

新市古镇位于浙江省湖州市德清县，处于长三角核心区域，东侧面向上海，南侧紧靠杭州，北侧与太湖相连，西侧靠近莫干山的山麓，自古就是浙北地区的工业强镇、商贸重镇、文化名镇。镇区内河道纵横交错，形成水街并行的景观，展现出典型江南水乡古镇的风貌。镇内的溪塘交织于街道旁，众多桥梁横跨其上，塘边树木成荫，船只穿梭不息，千百年来居民临河而居，傍桥而市。

1. 古韵仙潭，钟灵毓秀

新市古镇所处的自然环境决定了其独特的空间形态。古镇位于东苕溪以东的典型江南湿地，四面无山，水系纵横，以水为骨，呈放射形地理结构，如此优秀的水文条件，可谓得天独厚（图2-101）。此处地势低洼，建筑临河而建，"三潭九井"（图2-102）营造了核心的公共空间。

三潭，据陈霆《仙潭志》卷一："因地有三潭，东潭，通仙桥下，古名仙潭；南潭，米漾桥下，现称陈家潭；西潭，通济桥下。皆清冷渊静，深不见底，为神仙所游，大旱不涸。"三潭正是河道三方的交汇之处，三角形的核心区块打破了空间一贯狭长规整的布局，曲线弧形的切入使得边界有了灵活的变化。在空间体验上巷道幽暗逼仄，也正是在此处有了开阔视野的转机，一暗一明、一疏一朗，移步换景的空间体验有了收放开合的丰富性。此处船舶的停留自然形成商贸的聚合，水陆相应，行人驻足停留，亭台、廊道的形式应

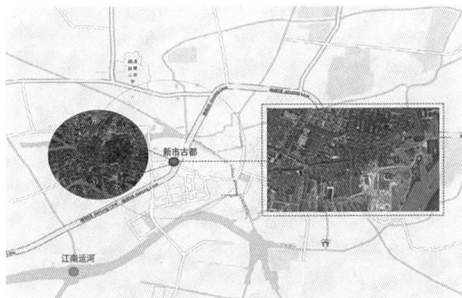

图 2-101　新市古镇地形地貌分析
图源：一起看地图

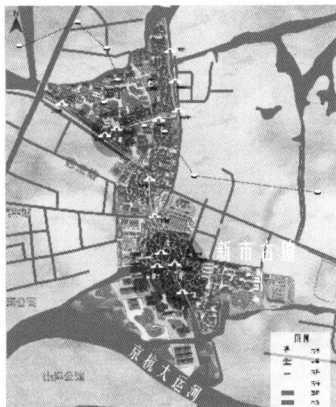

图 2-102　新市古镇三潭九井

运而生。如吟仙亭，伫立于水道交界的东潭边，其视角通透，聚焦河道，成为人们驻足休憩的重要空间（图2-103）。

九井，主要分布于人口稠密的桥梁、街巷或者寺庙周围。井的位置分布满足人群辐射的功能需求，使得人群的聚集以团状在狭长空间中展开。为满足取水这一动态行为的需求，通常在井台周围退让出一定空间。在狭长的沿河街巷中，点缀在其中的井台空间起到了丰富闭

图 2-103 吟仙亭位置

塞街巷的作用，消减了封闭感和单一感。井台也承担着促进邻里交往的重要作用，特别是在受封建礼教束缚的年代，井台空间为人们提供了社交往来、信息交流的有效场所。

"三潭九井"以道家文化天地合的理念造就了仙潭。依《道德经》所言："道生一，一生二，二生三，三生万物。"世间万物均由"三"化生。至此，仙潭用"三"及其倍数构建了整体布置。三潭、九井、十八块、三十六弄、七十二桥，这些正是道家学说的重要体现。而九井在唐宋时期是人文景观，其布局正好对应天上九皇君星象。在科技并不发达的年代，"道"犹如一剂神性的良药慰藉着两岸的居民，他们以道家文化的贯通寄托美好栖居之意，祈福消灾、趋利避害。这也成为运河文化的重要组成部分。

2. 千载运河，临水而居

新市古镇与大运河的江南运河段毗邻。元末张士诚占领湖州后，于此地开辟河道，与大运河相通，使得这条运河自塘栖境内穿过，从而改善了该区域的水陆交通状况。水路改道后，引西南之水于南栅漾依镇而出，并与市河相连，使新市在明清陆路交通不发达之际，以大运河为根基，得到了快速发展（图2-104）。

新市古镇因运河源流而形成了临水而居的生活形态。从空间布局来看，古镇整体沿河呈条带状布局。为拓宽有限的临水空间，沿河风雨廊也成为两岸重要的功能性构筑，廊棚会根据地形的变化而灵活调整：在街道临水较窄的地方，建筑会向河一侧内退，创建骑楼，使街道穿过房屋底部，成为房屋的一部分，从而扩展使用空间；在较宽敞的地方，沿河建筑的一侧会增加廊棚，形成

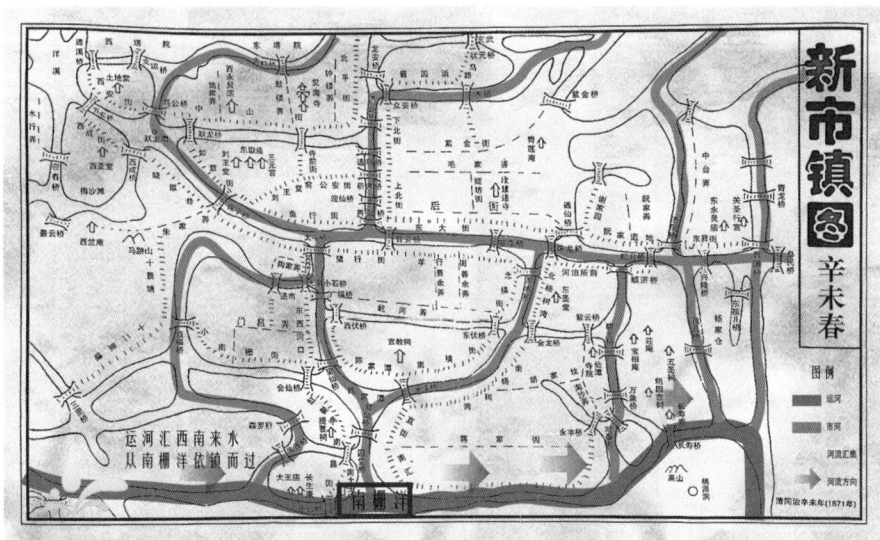

图 2-104　新市古镇河流关系
图源：新市镇志编纂委员会．新市镇新志（上），2013

廊下街，体现出空间边界和形态的丰富性和模糊性。廊下街既是面向大众的公共空间，又是作为居民住宅空间的拓展，自然而然有了复合型的双重意义。在空间的应用体验上，作为邻里交往和家务活动的场所，对于居民而言，空间有着强烈的私有感。在白天，街市两侧的店铺会把板门取下来，让店铺的一楼变为行人通行的通道，此时私有的房屋店面具有了街道的空间性质，成为街道的一部分；在夜晚，板门关闭后，街道呈现出单一的线性形态，成为单纯狭长的交通空间。

在对空间退让和加建上的灵活调整，使得建筑空间适用于各种临河地形和人为的需求，同时在空间的体验上又具有了一定的层次变化，而不显呆板，进而形成了河—街—房、河—房—街—房的空间形式。

线性分布的古镇，以桥衔接起两岸狭长建筑间的弄堂，形成起承转合的空间序列。这种空间序列在觉海禅寺一处尤为明显。在逼仄狭长的弄堂尽头，通过迎圣桥形成垂直于水面空间的观感，通过小广场衔接开阔空间，将视觉引导至寺庙主体。弄堂创造出一片阴暗空间，把光线以最自然天成的方式引导向神圣、令人震撼的部分。在黑暗中，人会产生一种最原始、最卑微的感觉，所以，人总是渴望着光明，回避着黑暗。在唤起内心本能的不安心理之后，通过视觉的纵深感，在光线的引导下，每前进一步都在积累一份敬畏与思考，终至禅寺（图2-105）。

遗憾的是，在古镇的规划保护过程中，并未关注到其与周围城市建筑群的关系，导致古镇内传统景观天际线被破坏（图2-106）。

3. 民艺发展，业态繁荣

在风雨廊的商业店铺中，当地居民出售各式各样的竹编工艺品，包括竹篮、竹筐、竹席、蚕匾、畚箕等生活用具（图2-107）。这些竹编工艺品做工精致，锯、剖、劈、抽、刮、削、磨、染、编、扎、绕、缚等每道工序，都力求精益求精。传统工艺技法与现代设计和时代元素相融合，图案、文字和不同花纹镶嵌在竹编中，形神兼备，使竹编制品在原有实用性的基础上增加了观赏性、收藏性。

蚕桑文化是新市的一大特色。新市古时商贸文化兴盛，丝绸贸易极负盛名。为更好地养蚕缫丝，祈求蚕桑

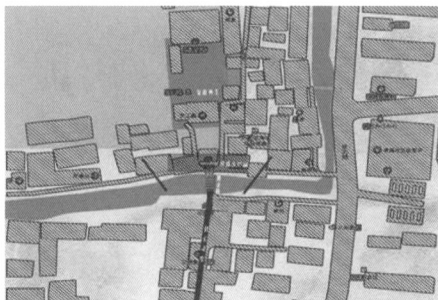

图2-105　觉海禅寺处空间序列

图2-106　新市古镇天际线

图2-107　竹编店铺

丰收，在每年的清明节前后，会举办蚕花庙会，蚕娘迎春游、寺前轧蚕花、蚕农赛蚕事、仲春祭蚕等活动在新市主道接续展开，同时带有地方特色的铜管队、腰鼓队、武术队、唢呐队、舞龙队等在千年古刹觉海禅寺进行表演，以求风调雨顺。晚间的蚕花灯会上，以"蚕桑丝织"为主题的绘画成为灯会的重要题材，其中包含浴蚕、喂蚕、摘桑、结茧、剥丝、生缫、络丝、织布等元素（图2-108）。灯火与绘画交相辉映，反映着桑蚕文化的丰厚底蕴。

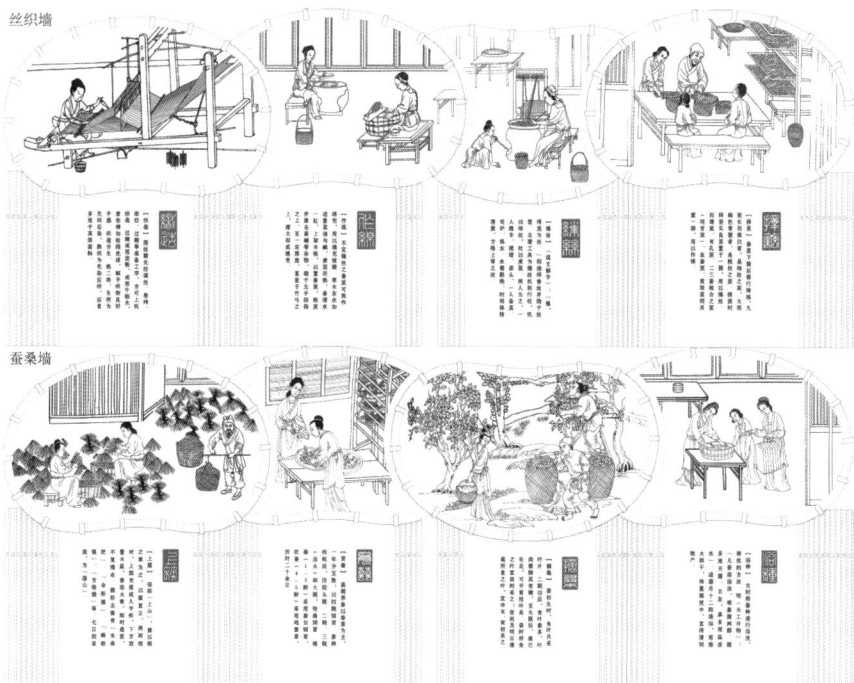

图 2-108 "蚕桑丝织"主题灯会

通过大运河诗路的现场考察，结合 2015 年笔者在意大利访学时对托斯卡纳乡村的域外思考，主要有以下感受：乡村景观营造不应只停留在视觉感官的形式中，这严重误读了地域文化的内涵，这种漂浮在外的乡村景观只会让人浮躁与嫌弃。建立在对村民人性的终极关怀的乡村景观，引导村民去真正关心一个鸟语花香的村落环境、一盆阳台上的鲜花怒放的盆景、一座微型的绿地公园、一场村民自娱的音乐聚会、一次邻里间在茶余饭后的交流休憩……让乡村景观融入艺术化的生活中。乡村景观并不仅仅是单纯且固态的图景，而是其背后无数人文社会经济机制与自然机制共同相互作用下，所产生的动态的、立体的为人们所感知的场景。乡村景观建设不能为做景观而做景观，除了考虑地方特有的自然地理因素，还要充分考虑当地的人文社会与经济发展背景，将两者有机地协调起来，从而创造出具有生命力的可持续发展的乡村景观。[①]

① 施俊天，刘益良.分益耕作制与意大利托斯卡纳乡村景观的营造[J].广西民族大学学报（哲学社会科学版），2016（2）：43-49.

第三节　钱塘江诗路乡村景观

"一气连江色，寥寥万古清。客心兼浪涌，时事与潮生。路转青山出，沙空白鸟行。几年沧海梦，吟罢独含情。"（[宋]杨蟠《钱塘江上》）这首诗是对钱塘江壮观景象的描绘和抒怀。钱塘江，作为浙江的"母亲"河，不但滋养了浙江昔日的璀璨文化，也为浙江今天的繁荣发展注入了新的活力。它的流域面积、人口、经济总量约为浙江的1/3，对浙江具有举足轻重的地位。

钱塘江诗路的规划和建设，以钱塘江为主轴，主干道沿钱塘江—富春江—兰江—衢江线路展开。此外，还包括新安江—安徽黄山市、浦阳江以及婺江—东阳江等支线，覆盖了杭州、衢州、金华、嘉兴海宁等行政区域。

这条诗路地理位置优越，具有南北通达的良好交通条件，加上山水清丽、风光雅秀，自古以来就吸引了无数文人墨客的吟咏赞叹，积淀了极其丰富的文化资源。沿线分布有盐官、杭州、梅城、金华、衢州等众多古城，西兴、佛堂、游埠、清湖等众多古镇。古村落众多，杭、金、衢三地中已被列入中国传统村落名录的达150余个。

本次调查的对象是东梓关、荻浦等11个作为钱塘江诗路节点的乡村的景观。以下先介绍各调查节点的概况，对其景观资源进行整理，进而基于"诗路"特色和性质，从四个方面（关系）展开说明和分析。

一、调查概况

（一）村落节点概况（表2-8）

表2-8　钱塘江诗路节点行政归属及其所获荣誉情况

序号	乡（镇）	行政归属	所获荣誉（含村落类型）
1	东梓关	杭州市富阳区场口镇	中国传统村落、浙江省3A级景区村庄
2	荻浦	杭州市桐庐县江南镇	国家级历史文化名村、浙江省善治示范村、浙江省3A级景区村庄、浙江省历史文化名村
3	深澳	杭州市桐庐县江南镇	中国传统村落、国家级历史文化名村、浙江省3A级景区村庄、浙江省历史文化名村
4	戴家山	杭州市桐庐县莪山畲族乡	中国传统村落、浙江省避暑气候胜地
5	新光	金华市浦江县虞宅乡	中国传统村落、全国乡村旅游重点村、浙江省历史文化名村
6	嵩溪	金华市浦江县白马镇	国家森林乡村
7	新叶	杭州市建德市大慈岩镇	全国乡村旅游重点村、中国历史文化名村、浙江省3A级景区村庄
8	诸葛八卦	金华市兰溪市诸葛镇	全国乡村旅游重点村、全国重点文物保护单位
9	寺平	金华市婺城区汤溪镇	中国历史文化名村、浙江省全面小康建设示范村
10	俞源	金华市武义县下俞源乡	国家森林乡村、中国历史文化名村、全国重点文物保护单位、全国乡村旅游重点村、中国民俗文化村、浙江省历史文化保护区
11	廿八都	衢州市江山市	国家级历史文化名镇、中国民间艺术之乡、国家4A级旅游景区

（二）节点景观资源整理（表2-9）

表2-9　钱塘江诗路节点景观资源

村（镇）	类型及具体构成
东梓关	周边现代交通：富春江航运、富阳汤横线；艺文：（明）孙谷谨《孝子故庐记》《重兴大雄寺记》，（清）高传古《百岁孝子坊记》，（清）孙鹤《重修许孝子坊记》，郁达夫《东梓关》（小说），郁华《东梓关》（诗），盛岳成《观东梓关墙头村歌感赋》；建筑、遗址：许家大院、东梓五房头、安雅堂、越石庙、大雄寺、官船埠、富春江古水道、梓缘民宿；生态：富春江、桐洲岛、姐妹山（紫薇山）、长塘、夏家塘、古樟、田园；非遗：东梓关地名传说、富阳张氏骨伤疗法、《富春许氏宗谱》；等等
荻浦	周边现代交通：桐庐320国道、横屏线；艺文：（清）赵大伦《荻浦八景诗·五绝》、（清）申屠桢《荻浦八景·七绝》、（清）凌凤鸣《荻浦八景·七律》、（清）徐曰纪《又荻浦八景·七律》、（清）洪亮吉《荻浦八景·六言诗》；建筑、遗址：申屠氏宗祠、江氏宗祠、保庆堂、佑承堂、绳武堂、日新堂、兰桂堂[（清）申屠开基故居]、孝子牌坊、牛栏咖啡馆；生态：应家溪、荻浦花园、孝义风情园、松坞生态景观区、田园；非遗：江南时节；等等

村（镇）	类型及具体构成
深澳	周边现代交通：桐庐320国道、横屏线；艺文：匾额题字（"鱼跃龙门""状元及第""丹凤朝阳""麻姑献桃""四季花瓶""文魁""进士"等）、（明）姚夔《杂咏·青云桥记》、（清）申屠梁《深澳十二景·七绝》、（清）申屠师彭《深澳十二景·七律》、申屠锦麟《深澳十二景·五律》、申屠泂《深澳十二景词》、何霞标等《深澳黄山风景诗》（8首）；建筑、遗址：深澳老街、青云桥、门楼（志承诒燕）、明清堂楼屋40余幢（攸叙堂、神农堂、怀素堂、恭思堂、怀荆堂、九世堂、儒林堂、州牧第等）、天香寺、神农殿；生态：鸡足峰、天子岗、图山、应家溪、八亩塘、田园；非遗：排水系统营造技术、江南时节、水龙会、舞狮、舞龙、传统手工艺（造坑边纸、绣花、贴画）；等等
戴家山	周边现代交通：盘山公路；艺文：杨东增《戴家山，戴家山》（组诗）、西湖女儿《夜宿桐庐戴家山》；建筑、遗址：畲族民居，精品民宿（秘境·山乡生活、云夕·戴家山、戴家山8号、独幽处等），云夕先锋书店；生态：狮子山、太平岗、山间溪流、森林、万亩高节竹基地、千年红豆杉（2棵）；非遗：畲族迎宾礼、敬酒茶、竹竿舞、长桌宴；等等
新光	周边现代交通：浦江210省道；艺文：（清）何纶锦《朱氏乡会试路费义田记》、季红胜《星光》；建筑、遗址：四进厅堂、廿九间里（灵岩古庄园）、朱氏宗祠、灵岩书院、仙音殿（淡坞殿）、胡公庙、关公庙、镇东桥、瞿岩古道、马岭古道；生态：美女峰、瞿岩山、元宝山、茜溪、金鱼山、雷公坎、山林、田园；非遗：灵岩板凳龙、朱宅谢年祭祀仪式；等等
嵩溪	周边现代交通：浦江后佛线；艺文：嵩溪诗（学）社、（清）徐子静《钱江观潮图》、（清）陈松龄《嵩溪源观打石歌》、徐品元《嵩溪笔耕集》、徐菊傲书画、徐希仁壁画、徐心炼木雕；建筑、遗址：孝友堂（徐氏宗祠）、邵氏宗祠、聚魁堂、鼎新堂、关帝庙、逸人故居、古桥（利济桥等12座）、古井（33座）、宋孝子樟墓、石灰窑、爽气来民宿；生态：鸡冠岩、前溪（明溪）、后溪（暗溪）、涵洞泉、"嵩溪十景"、古樟（19棵）、山林、田园；非遗：罗隐传说、鸡冠岩传说、杨公庙传说、潜龙阁和歇马亭传说、板凳龙、婺剧、昆曲、土法织布、石灰烧制技艺；等等
新叶	周边现代交通：建德檀新线；艺文：戏文（"百兽图""九赐言""凤采牡丹"等）、匾联书法（"万萃堂""奕叶偕依"等）、（明）叶壁《题祠堂》、（明）鲁时化《题有序堂》、（明）胡森《玉华山樵诗》；建筑、遗址：西山祠堂、有序堂、崇仁堂、双美堂、旋庆堂、永锡堂、存心堂、睦雍堂、是亦居、世美堂、柏芳宅、素标宅、良基宅、寿华宅、翠芳轩、进士第、鼓楼、玉泉寺、抟云塔（文风塔）、文昌阁、土地祠、万枝桥、石板路；生态：大慈岩、玉华山（砚山）、道峰山、石塘、南塘、席草塘、半月塘、百果园、百疎园、农耕观赏区；非遗：新叶昆曲、新叶"三月三"、传统农耕技艺，等等
诸葛八卦	周边现代交通：兰溪330国道、高隆岗大道；艺文：牌匾楹联（"进士""名垂宇宙""万世景仰"等），（三国）诸葛亮《诫子书》；建筑、遗址：明清民居群、诸葛牌坊、丞相祠堂、大公堂、寿春堂、雍睦堂、雍熙堂、大经堂、天一堂、上塘古商业街、水阁楼、隆丰禅院、石娘娘庙；生态："高隆八景"、桃源等8山、石岭溪、钟池、上塘、下塘、弘毅塘、聚禄塘、上方塘、北漏塘、西坞塘、百草生态园；非遗：诸葛古村落营造技艺、孔明锁制作、诸葛中医、诸葛后裔祭祖、元宵迎龙灯；等等

村（镇）	类型及具体构成
寺平	周边现代交通：婺城汤井线；艺文：砖雕美术、剧本《九峰娘娘》；建筑、遗址：百顺堂、立本堂、崇厚堂、洪四堂、安乐寺；生态：莘畈溪、九峰山、茶园、田园；非遗：寺平古村落营造技艺、婺剧、砖雕技艺；等等
俞源	周边现代交通：武义宋俞线；艺文：（明）俞道坚等《俞源八景诗》，（明）俞俊《俞源八景歌》，（明）俞镠《俞川十咏》，（明）罗伦等《皆山图卷》《团峰图卷》；建筑、遗址：俞氏宗祠、声远堂、裕后堂、佑启堂、上万春堂、洞主庙、七仙楼、三明楼、四星楼、六心楼、进基楼、青峰楼、罗氏膏坊、皆山书院、婺处古道、太极桥、利涉桥、梦仙桥；生态：祖山及森林、案山、朝山、银河溪、田园；非遗：俞源古村落营造技艺、刘伯温传说、昆曲、擎台阁、迎龙灯；等等
廿八都	周边现代交通：京台高速公路、山深线；艺文：门额"枫溪锁钥"、壁画、（明）徐霞客《徐霞客游记》、（清）李本楳《衢州经先文襄公故垒》；建筑、遗址：枫溪街、淘里街、门楼、孔庙、大王庙、文昌阁、万寿宫、真武庙、忠义祠、观音阁、老衙门、新兴社、仙霞古道、枫岭路、枫溪桥、水安桥、古景桥、东升桥、朱波桥、浔梦桥；生态：仙霞岭、香炉山、枫溪、山林、田园、"枫溪十景"；非遗：百家姓、方言（9种）、山歌、民舞、旱船、花灯、剪纸、木偶戏；等等

二、整体分析

（一）地理、交通与艺文

钱塘江流域位于亚热带季风气候区，降水较多，江面相对开阔。作为纵贯南北的大动脉，它在历史上发挥着重要的交通作用。经钱塘江南来北往的文人雅士、商贾官人亦不计其数，从而积淀了丰富的诗路景观文化。

交通景观是诗路景观的重要组成部分。除古水道之外，古桥、古埠、古街等都是常见的古代交通景观。这些景观是传统的，与公路、铁路等现代交通景观共同构成诗路乡村交通景观面貌。如廿八都，历史上是边区的重要集镇。这里是浙、闽、赣三省交界处，地理位置十分特殊，因此也造成"文化飞地"现象。现在则有省道山深线、国道京台高速公路从附近经过，进出此地的交通环境已大大改善。又如浦江新光村，原名朱宅，兴起于明代洪武年间，是朱氏家族聚集地；过去有瞿岩、马岭两条古道连接，现有210省道经过。该村是中国乡村旅游创客示范基地，是一个"网红村"。

而艺术作为景观存在，一是指艺术作品中对乡村景观的描写，二是指艺术可作为建筑的一部分，或者说与建筑共生的景观。如一些宗祠建筑中有大量的对联书法等。诸葛八卦村、新叶村古建筑多，保留的匾额题字、对联书法较多，甚至还有壁画，这些无疑增添了村落的艺术气息，亦是建筑景观的一部分。就艺术景观而言，它的形成主体一部分是外来的文人艺术家，一部分是本地的文人学者；它的形成方式主要是场景化的书写，即"在路上""在村中"的体验书写。荻浦、深澳、俞源、嵩溪等村都留下了八景诗（或十景诗、十二景诗等）。它的呈现方式，除诗词之外还有书画、散文、小说、影视等。如位于富春江畔的东梓关村是由古代的关隘演变而来的。这种地理、交通优势，使得它集聚了一批重要的与水相关的景观，如桐洲岛、官船埠等。而它的成名，不得不说与现代作家郁达夫的同名小说有关。

（二）山水、结构与建筑

山水与建筑两种景观是相辅相成的。山水文化是诗路文化的底色。远山与近水相得益彰，村落则是处在山水结合的最佳之地。古人讲求风水，村落的选址、布局都特别讲究。如深澳村的"韭"字形、诸葛八卦村的"八卦图"、俞源村的太极图、新叶村的"五行九宫"、寺平村的"七星伴月"等都十分典型。具体到聚落，大多保留明清、民国时期的民居，还有一些宗祠、庙宇等乡土建筑。郊外则是聚落的延伸一带，一般都有大片的田园，从而构成了一幅山水、田园、人居融合的诗意景观。如新叶村，始建于南宋嘉定十二年（1219），至今已有800多年历史。自三世祖叶克诚修建玉华叶氏的祖庙西山祠堂并修建了总祠"有序堂"以来，它的周围已形成了规模庞大的建筑群，主要是崇仁堂在内的20余座堂屋，另外还有抟云塔、文昌阁、土地阁等，规模十分庞大；加上该村自古重视教育，还兴建了书院、私塾、义学和官学堂。新叶村坐落在玉华山脚下，虽然没有大型的溪流从村中或村外流过，但村内有上塘、下塘等近10座水塘分布。新叶村是一个传统的农耕村落，拥有大片的良田，适宜农业生产。除戴家山之外，其他村落也都有相对密集的乡土建筑群，且与当地山水、田园等共处于良好的生态环境中，从而形成了众多独特的景观。

（三）生态、生活与生产

钱塘江诗路乡村，大多依山傍水，具有较为优越的山水环境，这与选址理念有重大关系。中国的传统乡村大多世代和睦相处，是典型的家族式的村落。东梓关村之许氏、荻浦之申屠氏、新光村之朱氏、新叶村之叶氏、诸葛八卦村之诸葛氏、俞源村之俞氏，基本是一姓为主。村内都保留了宗祠建筑，也保留了世代生活方式，有的成为一种重要的非遗文化，如像诸葛八卦村、新光村的祭祖仪式。当然，也有的村落有多姓共处。如廿八都是一个多姓氏的移民古镇，有百家姓，四大家族（曹、杨、姜、金），九种方言，具有鲜明的文化融合特性。与此镇处在同一诗路的另外一个节点镇清湖镇，情况也类似。清湖镇，布局以码头、作坊等为节点，呈现放射状形态，而聚落周边景观由防洪堤、码头等硬质景观组成。聚落形态均质化程度高，肌理紧凑，祠堂、寺庙等重要建筑也分布在码头附近及有利于防洪的山脚边，与民居、商铺结合紧密，融合度高。[①]建筑受徽派、江浙风格影响较大。21世纪初统计仍有130多个姓氏，"百姓镇"之称名副其实。这些也反映出了道路对于一地文化兴起的重要意义。从产业方面看，诗路乡村以第一产业为主，村民大多依靠自然资源，从事第一产业。但是随着旅游业的兴起，村内兴办了许多民宿。钱塘江诗路乡村的"三生"景观具有自己的特色，也是重塑乡村诗路形象的重要立足点。有的乡村知名度已较高，第三产业开发起步也较早，已经产生了良好的经济效益和文化效益，但仍然需要实施景观提质工程。相关的配套设施不是十分成熟，亟须加大力度进行完善。

（四）村落与村落景区

一般来说，村落作为景观单元是一个单独的实体存在。但是钱塘江诗路乡村景观，又存在群体性构成的现象。荻浦、深澳是两个相邻村，有相同的山系和水脉。这两个村与邻近的环溪、徐畈两村，现在统称"江南古村落群"。这个"江南"，既指所属的镇，即江南镇，又表示在富春江南岸，当然也指具有江南文化特色的古村落，以"小桥流水人家"为典型景观。俞源村与郭洞村都是著名的古村落，两地相距10余公里。由于地缘相近，因此保存的民俗活动或非遗情况也基本一致。诸葛八卦村是全国最大的诸葛亮后裔的聚居地。长乐村是数学家金履祥后裔的聚居地，该村现存127座元、明、清三代的古建筑，由1条横向的古驿道和3条纵向的主街道构成，呈枝丫状分布。两村相距仅1公里，现在统称"诸葛长乐村"。这种情况十分适合一体化的文旅产业发展。戴家山村是一个典型的畲族村。由于地处深山，它与周边的其他村落距离较远，自然生态资源更为丰富。山水生态、畲族文化，是一种资源优势，也是实现乡村振兴的重要基础。总之，诗路乡村景观营建亦需要"大景观"的观念和视野。

① 胡晓鸣，张锟，龚鸽.河流对乡土聚落影响的比较研究——以浙江清湖及安徽西溪南为例[J].华中建筑，2009（12）：148-151.

三、重点分析

以上从四种关系进行了整体分析，下面再选择东梓关、深澳、新叶、廿八都4个村（镇）进行重点分析。

（一）富春江上的码头村——东梓关村

东梓关村位于浙江省杭州市富阳区场口镇西南，面临富春江，隶属于钱塘江诗路，古时曾为兵家重地。东梓关背靠小山群，地理位置独特，在富春江岸侧线冲积平原上，沙性土质疏松且肥沃，村内有水塘，地表无明显径流，水文和富春江紧密相连。村落历史悠久，具有深厚的文化底蕴，是第四批中国传统村落，入选浙江省千年古村落地名文化遗产名单，也是杭州市"杭派民居"示范村。

村落内部有明清古建筑近百座（图2-109）。为保存古建筑，也为解决村民们想要重修新房的愿望，东梓关村在村子南边统一修建了46座杭派民居，以供村民安置之用（图2-110）。

图2-109　东梓关村古建筑　　　图2-110　东梓关村安置房航拍全景

1. 富春江畔，水上关隘

东梓关为原东图乡（现并入场口镇）的行政中心所在地，为古严州府（今浙江省杭州市建德市梅城镇一带）沿富春江入古杭州府（历史上包括原钱塘县、仁和县、余杭县、临安县、於潜县、昌化县、富阳县、新登县、海宁县）的第一个货运码头，属于古严州府与古杭州府的边界地带，加之又处于渌渚江与富春江的交汇处附近，具有非常重要的地理位置。江流东去，就是富阳山嘴，吴越行军，东望指关。在历史上，东梓关之所以逐渐繁荣，正因为这条大江和这个码头的存在。

东梓关是古代著名的水上关隘，早先因行人到此都要向东遥指关隘，所以叫作"东指关"；后因江边有大量的梓树，被称为东梓关（图2-111）。

2. 水乡村落，古韵老宅

具有得天独厚的地理条件，使得东梓关从明清以来便成了繁华的小集镇。清朝中叶起，尤其到民国初年，东梓关的繁荣更是闻名遐迩。由于交通便利，商贸繁华，东梓关村现存的这一时期的建筑体量较大，其中有著名的许家大院（图2-112）。许家的故事早已为人们所熟知。现在，村里还有100多座保存完好的从晚清到民国时期修建的古建筑，以及许多珍贵的历史古迹。这些古建筑都是粉墙黛瓦、雕刻精美、飞檐斗拱。另外，王家大院、越石庙、朱家堂楼等都是在嘉庆时期所建。这些堂楼的共同点是高墙黑瓦。

东梓关村现遗存清代古建筑大部分为住宅建筑，布局大多为三进三开间或两进三开间（图2-113），以砖、木、砖木结构为主。建筑装饰雕刻精美，"牛腿"上都有繁复的雕饰纹样，人物、花鸟、禽兽等栩栩如生，足以显现那个时期经济的繁荣（图

图2-111　富春江边上的东梓关村
图源：　起看地图

图2-112　许家大院

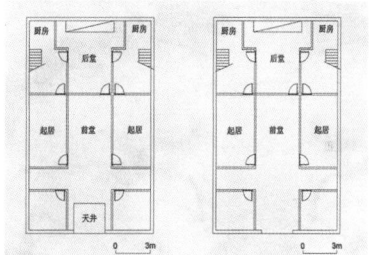

图2-113　三进三开间、两进三开间

2-114）。[①] 村落潮湿多雨，为了应对这样的气候及恶劣天气，建筑屋顶多为坡屋顶并设有"马头"；为了保证房屋柱脚、窗棂等不会因受潮而霉烂，柱脚下垫了一个圆鼓形的石墩子，在石墩子下再垫了一块方石板（图2-115）。

图2-114　繁复雕饰

图2-115　建筑石墩

3. 水墨新居，相映如画

东梓关村新农居的规划布局延续了原村落的整体布局脉络，放弃了新农居设计中常见的兵营式布局，形成一种全新的空间格局（图2-116）。比对建筑图纸，会发现东梓关村回迁房有四种民居户型（图

① 万瑾，杨京武，丁继军.富阳东梓关历史文化村落建筑风貌研究[J].设计，2018（4）:136-137.

2-117）。①

建筑赋予前、内、后院不同功能，前院比较开敞，内院相对静谧，后院较为私密，将居民的休闲空间与休息空间进行了一定的区分，使得整体的空间具有内向感。通过三个不同层级的庭院，

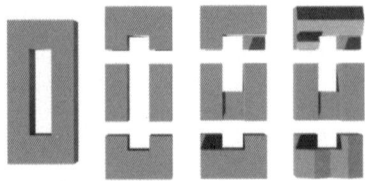

图 2-116　东梓关村农居空间格局

设计出一个从公共空间到私人空间的空间序列，组织起各种功能。利用前、内、后院的进深关系，保留了传统民居建筑中宅中有院这种院落形态特点。

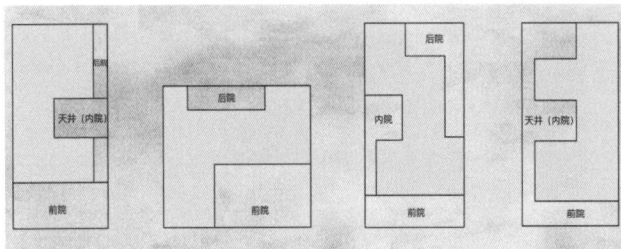

图 2-117　四种民居户型

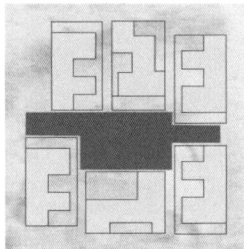

图 2-118　回迁房小组团

回迁房的设计，是通过将有限的单体建筑原型扭转、镜像等手法，以几个单体民居为单元形成一个小组团，民居之间围合形成一个庭院，以此来促进邻里间的交往并使民众产生归属感（图 2-118）。小组团进一步衍生形成更大尺度的聚落关系，这种从单体发展到组团，再到更大尺度的聚落村庄生长模式，实际上与传统古村落的自发形成的逻辑是相通的（图 2-119）。

院落的墙面运用了一定的虚实结合理念，院子的外墙以实面为主，而院内的空间墙面通过比较现代的玻璃和砖石堆砌，保证了良好的采光。住宅的外墙是高墙，一方面是为了保护隐私，另外一方面也是为了满足深宅大院的要求。在总结了江南民居基本色调"黑白灰"和常用色调的基础上，将颜色运用于回迁房。连绵成片的白色墙体既呼应了传统的江南建筑色彩，又与老村有了一定的有机融合。所有的建筑都采用了砖混的结构，大幅度地降低

图 2-119　回迁房聚落格局

① 杨培，丁继军. 浅析历史
化村落新农居设计的地域性
达——以东梓关村新农居设计
例 [J]. 设计，2017（21）:146-14

了建造成本（图 2-120）。墙面的白色和灰面砖是建筑的主要色彩，与屋顶的青灰色小青瓦共同构成回迁房的整体风貌。考虑到与木材质相比，钢材质的成本较低，耐久度较好，所以村里一些建筑的立面格栅会使用钢材喷漆模拟木材的效果。而房子的入口处运用了木材质于其中，实现建筑对于传统色彩的传承（图 2-121）。

图 2-120　回迁房黑白色调、虚实结合

图 2-121　回迁房入口处木门

　　在独特的文脉与自然兼备的环境中，东梓关村回迁民居结合了当地风俗与居民的日常生活所需，基于江南水乡的景观特色与古村落的文化印象，营造出了符合现代生活方式的乡村居住场所。[1]

图 2-122　东梓关村回迁房

　　自东梓关村回迁民居建成以来，引起了强烈的社会反响。其设计使人联想到旧时江南的景象和特有的意境（图 2-122），同时也被看作吴冠中先生江南水墨画的写实版。弯曲优美的屋檐和白色的墙壁，将国画与传统建筑屋顶造型相结合，提取解析并加以抽象重构，形成连续的不对称曲面屋顶，营造出的江南水乡意境，使人仿佛置身吴冠中先生的国画中（图 2-123）[2]。东梓关村也成了远近闻名的"网红村"。

①　沈泳男，张玉雪，杨春锁.地域材料在东梓关村回迁农居建筑设计中的应用 [J].工业设计，2021（8）：142-143.
②　杨京武，丁继军.浅析杭州东梓关历史文化村落搬迁安置区建筑文脉 [J].设计，2018（1）：150-151.

图 2-123　吴冠中笔下的东梓关村

图源：王一帆，邢加满，邢亚龙，等．吴冠中艺术特色于现代建筑的影响——以东梓关村新农居
设计为例 [J]．设计，2021（21）：28-31

（二）架在水系上的村落——深澳村

深澳村是第三批国家级历史文化名村，也是著名的钱塘江诗路沿线的重要节点。村落坐落于浙江省桐庐县富春江南岸，靠近天子岗的北麓，距离桐庐县中心 16.5 公里，与杭州市区相隔 45 公里。其地处丘陵地带，南部高北部低，村子前面是璇山，后面拥有狮岩。村庄东西方向有两条溪流穿村而过，分别是应家溪和洋婆溪（图 2-124）。村庄交通便利，有一条公路穿过，距离杭千高速公路入口约 2 公里。

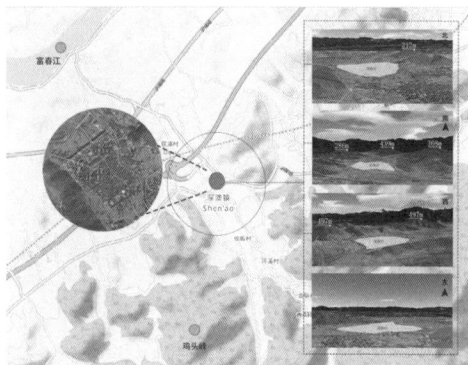

图 2-124　深澳村地貌分析
图源：Bigemap

深澳村人烟稠密，为桐庐最大的村庄，是申屠氏家族的血缘聚居地。古村落有深厚的历史文化底蕴，以古老的水系和历史悠久的文物古迹而闻名。

深澳村的整体布局为长方形，村中心有一条老街，全长超过 500 米，宽度约为 3 米，沿着南北方向延伸。这条老街以卵石铺成，下方隐藏着引泉的暗渠，

水流清澈，村名因此得来。在老街的两侧，分布着 3 条小巷，呈现出"非"字形的布局。到了 20 世纪 80 年代，北端公路两侧新建的街道与老街相接，共同形成了类似"韮"字形的独特格局（图 2-125）。

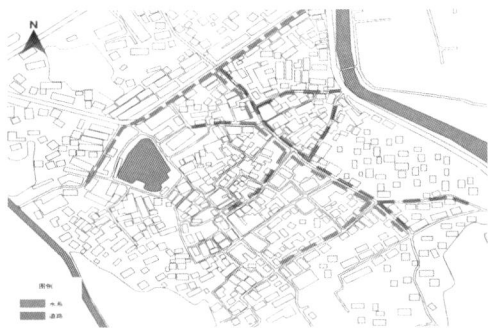

图 2-125 "非"字形弄堂及"韭"字形街道

1. 实用理水，易理深奥

一方山水养育一方灵性，反哺一方风情。而灵性所在、风情所显的，莫过于这个建在水上的千年古村——深澳。深澳古村将水利资源用到了极致，每幢四合院的天井都有排水沟，根据明清时的风水学，称为四水归一。通过天井收集的雨水被引入房屋前的水沟，有助于排走日常生活中产生的污水。全村共有 17 口坎儿井，12 个水塘，各类明沟、暗渠组成了一个网络式的水利系统，饮用水、洗涤用水、废水等各有一条水渠承担。这样的水利布局在很大程度上保护了深澳村免受水旱灾害的影响，彰显出一千多年前古村落规划时的深远眼光和智慧。

根据近代水利工程建设学者的研究，深澳水网由地下暗渠、明渠、坎儿井、水塘、小溪等多层交叉结构组成。深澳村落拥有自己的给水系统和完善的排水系统，而且将所有的给水系统分成了不同的等级，这在那个时代是很先进的规划理念。这些形成于明代的水系，已经初步具备了现代城镇的规划用水雏形。千百年来，这些水系环绕村落奔流不息，像深澳的动脉，滋养着当地的百姓（图 2-126），成为深澳村独特的文化景观。一路的考察，从水而起，也至水而止，水一直都是陪伴着我们的一个主要因素。我们在旅途中，看到水体多彩丰富而形态各异。

深澳村运用实用原则来进行理水活动，表现出功用与美学的兼得。深澳村的水系布局独特且富有层次，主要体现在两个方面。一方面是环绕村落的天然溪流，它们源于周围的山脉，流经村庄，为当地提供源源不断的水源和丰富的景观。另一方面是村落内部的自然形成与人工开凿相

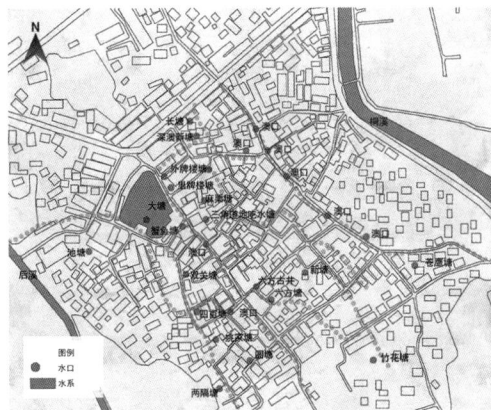

图 2-126 深澳村水系分布

结合的水系。村民根据生活需求和地形条件，巧妙地引水入村，形成了一系列的水渠和池塘。这些水系不仅用于灌溉农田，也是村落日常用水的重要来源。深澳村的自然水系和人工水系共同构成了"两溪一澳三渠"的格局。

（1）村落外围水系

深澳村位于东西两条重要水流之间，东面毗邻富春江的一个支流桐溪，又称应家溪。村庄的西侧临近源于屏源溪的后溪，在环溪处分流。后溪经历了数次人工的疏导和修建，成为深澳村主要的灌溉水源。此外，后溪还承担着泄洪、排洪和引流的重要功能。这两条溪流对于村庄的生态、生活和农业都起着不可或缺的作用。

（2）村落内部水系

申屠氏家族在深澳村的建立初期，依据该村独特的地理环境，实施了一项全面的水系规划。这个规划以深澳村的自然地貌为依托，创造出一个复杂而高效的供水和排水系统。该系统主要由五种不同形式的水体组成：深澳（较深的水域或暗渠）、明渠（开放式的水渠）、澳口（水域的入口或出口）、塘（小型的水池）以及井（用于提取地下水）。深澳村的内部供水系统采用了分质供水的模式，这在当时颇具前瞻性。

深澳。申屠氏家族的先辈为满足村庄的发展，把水源引至村内，曾在桐溪上游建造了一座坝，在坝的西侧挖掘了一条长约800米的暗渠，将水从南向北导入村落的东端。这条暗渠到达村口时，分为两个方向，其中一条继续以暗渠的形式将水引至村内。这条暗渠的设计非常独特，深约4米，宽1.5米，高2米，利用当地的卵石等材料砌成坚固的壁体和拱形顶部。这样的结构不仅保证了水流的畅通，也方便村民进入暗渠进行定期的疏浚和维护。在八房街的部分，暗渠每隔一定距离设有疏浚口，日常用石板覆盖在上方。当暗渠流入老街区时，每隔一段距离就开设水埠，供村民取水或进行其他活动。这种深入地下的暗渠被当地人称为"澳"，由于比较深，因此得名"深澳"。这个名称不仅描述了暗渠的特点，也成为村庄名称的由来，体现了申屠氏祖先对水环境的深刻理解和改造智慧（图2-127）。

图 2-127　深澳　　　　　　　　　　图 2-128　明渠

明渠。深澳村内部布置有三条南北方向延伸的明渠，这些明渠水源来自屏源溪，与深澳村的暗渠平行。在最初的规划阶段，申屠氏家族就在明渠上精心设置了控制水量的闸门，确保水流的合理分配和管理。明渠的水深 0.5—0.6 米，宽度约为 0.6 米。这些明渠穿越整个村落，流过每家每户，是过去村民取水的重要来源。此外，它们还具有收集雨水和排放污水的重要功能，对维护村庄的环境卫生起着关键作用。随着时间的推移和村庄的发展，大部分明渠已经被覆盖，转变为暗渠。这样的改造旨在为村落提供更多的可利用空间。目前只有景松堂前区域的一段明渠得以保留其原始风貌（图 2-128）。

图 2-129　村民在澳口处洗涤

澳口。深澳村至今仍保留着 11 个不同大小与深澳连接的澳口，每个澳口都是村民日常生活的重要部分，主要用于清洗日常用品和生活物品。这些澳口通常设置在房屋的侧面，为了使用方便，在澳口侧边设置台阶；水从一侧流入，从另一侧流出。这样的结构有效保证了水流的顺畅和连续。澳口的存在不仅方便了村民的日常生活，也体现了深澳村水利系统的人性化设计（图 2-129）。

水塘。深澳村的水塘大多呈畚箕形状，三面做好挡墙后用卵石砌筑，另外一面则铺设有石台以阶伸入水面，方便村民到水塘取水。水塘距离地面 2—3 米，每

个水塘都配备了进水和出水的暗渠，相互连接形成了一个复杂的水网系统。如
"八亩塘"除了有排水的水渠外，还有一条长15米、宽1.5米的暗渠，其上方
是民居建筑。这些水塘的水源主要为地下水，水质清澈，是深澳村主要的生活
用水来源。为了高效利用这些水资源，每个水塘都被赋予了明确的使用功能，
并根据这些功能被划分为不同的区域，如饮用水塘、洗涤塘和洗澡塘。这些水
塘在深澳村内均匀分布，不仅极大地便利了村民的日常用水，还起到了防潮防
火、调节地下水位和收集雨水的作用，同时还改善了深澳村的小气候，丰富了
村落的整体景观和风貌，成为村庄中不可或缺的一部分（图2-130）。

图 2-130　水塘

古井。深澳村的古井包括六房古井、九思堂边的公用井、新双井等（图
2-131）。这些古井虽然各自独立，但又通过精巧的设计和布局，形成了一个
有机的水资源网络。至今，大多数村民的用水习惯仍然遵循这一古老而高效的
体系。深澳村的饮用水和生活污水采取分开处理的方式，不仅确保了水资源的
安全和方便使用，而且保持了水流的持续活动状态。这在很多方面已经接近现
代城镇的水系设计理念。正是这种先进的水系布局，使得村落的传统建筑得以
聚集并保持完好，也是深澳村能够在数百年间持续繁荣的关键因素之一。深澳
村的水系设计凸显了我国传统"理水"的理念，它不仅反映出古代劳动人民在
水资源利用上的环保意识，而且在实践上解
决了洪水对村落造成的威胁[①]。

深澳村中有两条南北走向的主要街
道——深澳老街与后居弄。把深澳村的澳口位
置图和街巷布局图叠加在一起的话，我们可以
发现其中的诸多巧合之处，比如每个澳口的位

图 2-131　古井

① 张耀. 浙江典型地区传统村落风貌研究——以桐庐县深澳村为例 [D]. 杭州：浙江理工大学，2015.

置都能与村中道路交会点基本空间相重合（图2-132）。而且有趣的是，澳口是人们聚集最为频繁的地方，不但满足了村民的取水所需，而且为他们日常的交流提供了很好的场所。这种交流不发生在澳口空间，就发生在去澳口空间的路上，十分有趣。[①]

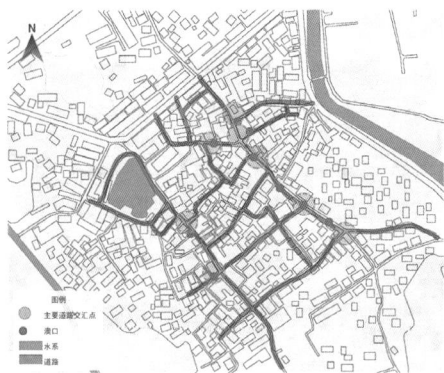

图2-132　深澳村街巷交会点与澳口

2. 青瓦粉墙，如诗如画

深澳的房子主要是木质框架，外面用石头建造。整个房子的风格一致，除了那些相对宽敞的明间之外，其他房间基本一样。深澳村民居建筑大多由两层组成，其立面为上矮下高。这种设计主要受到当地居民生活习惯的影响。由于深澳村的居民世代以务农为主，通常将二楼作为储藏粮食和农作物的空间。由于南方湿润的气候条件，二楼的位置更有利于防止湿气对粮食质量产生不良影响，保持存储物品的干燥。一楼的空间则作居民的日常起居和接待客人之用。因此，一楼的高度被设计得相对较高，既确保了空间的舒适性和实用性，又有利于空气流通和光线的进入。这种上矮下高的结构不仅是对传统生活方式的适应，也体现了居民对家居环境的精心考虑和设计（图2-133）。

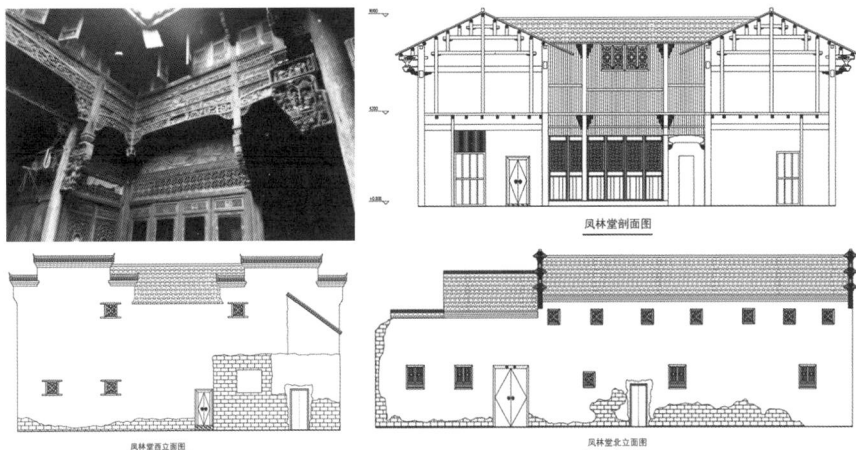

凤林堂剖面图

凤林堂西立面图

凤林堂北立面图

图2-133　典型建筑凤林堂

① 陈媛. 浙江桐庐深澳古村落人居环境研究[D]. 杭州：浙江工业大学，2014.

深澳民居建筑的色彩特点被生动地概括在这句诗中："青瓦出檐长，马头白粉墙。"这句诗形象地描述了深澳民居的整体色彩风貌，黑、白两色构成了建筑外部的主要色调。黑色的瓦片在建筑的屋檐下延伸，与白色的墙体形成鲜明对比，这种简洁而明快的色彩搭配赋予了建筑独特的美感。随着岁月的流逝，墙体的白色渐渐转变为灰色，与黑白两色交织在一起。这种自然的颜色变化，使得整个建筑群落呈现出中国传统水墨画中的渲染效果。总的来说，深澳村民居建筑的色彩设计，既体现了中国传统建筑的典雅与朴实，又呈现了随时间演变的自然美，成为这个古村落独特风情的一部分（图2-134）。

图2-134　深澳村民居

深澳村传统民居在材料选择上遵循"就地取材"的原则，这一做法既是出于对当地资源条件的考虑，也体现了对环境友好和经济实用的建筑理念。深澳村民居的选材主要考虑两个方面：首先，浙江西部地区自然资源丰富，为深澳村提供了丰富的建筑材料。这里拥有大量木材，适合用于梁、柱和屋顶结构，而当地的石料则适合用于砌墙和地面铺装。这些材料不仅方便获取，而且与周围的自然环境和谐相融，增加了建筑的自然美感和文化氛围。其次，砖、土、木材和石材在尺寸和形状上适合小规模、手工操作的民居建造。它们容易切割和加工，可进行多样化的外形处理，且具有丰富的质感。这些特点使得材料不仅经久耐用，而且易于建造，降低了建筑成本，节省了劳力。这种选择既体现了深澳村民居建造的实用性，也展现了对传统手工艺技术的尊重和继承[1]（图2-135）。

3. 以旧补旧，古宅新生

老宅檐下守清梦，闲敲棋子话三生。三生一宅民宿位于

图2-135　深澳村民居立面材质

① 陈媛.浙江桐庐深澳古村人居环境研究[D].杭州：浙江业大学，2014.

108

《富春山居图》实景地桐庐深澳古村落，是由一栋有两百多年历史的荆善堂修复改造而成的。在前期阶段，设计团队耗费了大量精力研究了房子的建构和特点，无数次到皖南调研徽派建筑。修缮工作历时两年左右。其中的雕花木梁大部分是从各地老宅拆解而来，小部分则是请专业的徽建传人手工雕刻而成。修缮后的民宿，如同一座雕刻博物馆。在传承传统古建筑的精神风貌的同时，设计时也努力克服老房子所带来的各种问题，融入了许多现代元素，赋予这座老宅新的生命。民宿重塑江南古建筑之美，让游客体验到一种全新自然的生活方式，得以逃离都市，回归乡土，身心得到宁静。

民宿占地近1500平方米，共有各类型房间10余间，配套精装会议室1间，公共咖啡吧1处，内设宾客活动区（包含酒吧、茶室、书画室、棋牌房等）多处，酒吧屋顶设有玻璃天井和鱼池，宾客抬头便可见水中悠游的鱼儿。副楼为抱屋，外有日式庭院，从榻榻米房开窗便可见庭院景观。后院设有游泳池，免费供客人使用。水边是设计师别出心裁地将传统榫卯结构与现代技艺相结合打造的阳光房，使中国古代建筑结构之美尽现于人们眼前，一目了然。

三生一宅民宿坚持"以旧补旧，修旧如旧"，以最大限度地还原古宅之美，给宾客舒适的旅居体验，同时带动当地经济发展（图2-136）。

图2-136　三生一宅民宿
图源：三生一宅

藏身于深澳老街上的怀荆堂，建于明末清初，经历了四代传承，是深澳村保存较为完好的古建筑。到了民国时期，怀荆堂的四世后人申屠辛兴办学校，抗击日本侵略者，在这个古老的地方留下了无数的传说。怀荆堂的修缮维持了前店后宅的格局，后期装修采取可逆的原则，既保存了建筑原有的风貌，又发挥出实用价值。

2015 年，江南镇政府向村民租用怀荆堂，开设了"民国记忆"咖啡馆。咖啡馆外观简朴，但室内梁架、门窗木雕十分讲究。在雕梁画栋的明清堂楼之中，游客们一边喝着咖啡，一边品味百年历史文明的风情。在人们通常的概念中，古建筑与现代无法融合，除了开设博物馆，别无他用。怀荆堂被改造为"民国记忆"咖啡吧，打破了观念屏障，实现了古为今用，让历史建筑焕发出新活力，用现代的语言吟咏着时代的新曲（图 2-137）。

图 2-137 "民国记忆" 咖啡馆

深澳村通过不断丰富旅游业态，大力发展第三产业，促进乡村旅游提质增效，让游客留下来、消费活起来、村民富起来，真正让民宿旅游市场带动经济发展，不断推进乡村振兴。

（三）耕读传家的世外桃源——新叶村

新叶村位于浙江省建德市大慈岩镇，隶属于钱塘江诗路，隐藏在玉华、砚山、道峰三座山的怀抱之中（图 2-138）。村落属于亚热带季风气候，四季分明，日照充足，降水充沛。一年四季光、温、水基本同步增减，配合良好，

图 2-138　山脉环绕的新叶村

水热同步，气候资源丰富。这个村落主要由叶姓家族构成，是一个典型的以家族血缘为纽带的村庄，入选第五批中国历史文化名村。受到当地的文风影响，村民崇尚读书，保留村谱共 21 卷，堪称古代农民重学的典范。村落现存 16 座古祠堂和古大厅、古塔（抟云塔）、寺庙以及 200 多座古民居。这些古建筑被专家誉为"中国明清建筑的露天博物馆"。

1. 团块布局，山环水抱

新叶村坐落于道峰山的正南，玉华山的正东，三者正好成为一个直角三角形，村子就在直角之上（图 2-139）。村落以道峰山为朝山，背靠玉华山，从晨至暮，终日沐浴在阳光之下。东北角的玉华山与西北角的道峰山两山山体落差不大。山体为原生自然植物。山林面积 6048 亩，耕地面积 742 亩。

图 2-139　新叶村地理位置
图源：Bigemap

流入双溪的活水，会流经每家每户。溪水最终汇聚到村内数十个池塘，其中村内南塘面积最大，而村民们将这些池塘称为泮水。数百年来，村民们在倒映着天光云影的泮水边洗衣做饭，繁衍生息，遍布全村的水系为村子提供了生生不息的源泉。村落有相对开阔的大片土地，整体地势平坦，临水而建。

新叶村的街巷有上百条之多，两边的房屋高大封闭，巷子狭窄幽深。纵横交错的街巷将各户人家和房屋相连，形成一个井然有序的整体，呈现出一幅富有中国传统乡村文化特色的诗意画面。村内的整个群落建筑，以有序堂为核心，以五行九宫布局，宗族关系决定了村落的内部结构为团块结构[①]（图 2-140）。

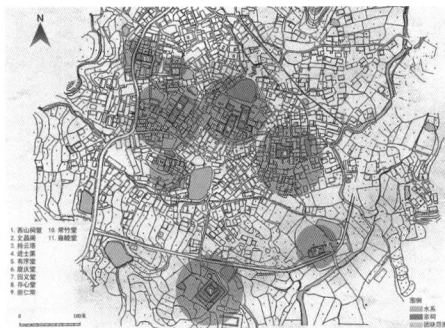

图 2-140　新叶村现有宗祠及住宅团块

① 李秋香，陈志华.新叶村 [M].
北京：清华大学出版社，2011：
52.

村落从开始营建就一直在追求各种美。在晨昏、晴雨等不同的天气及时间段，我们可以观察到水塘中不同的美——有建筑、日落、云朵的倒影美，也有雨飘洒在水塘上、动物游弋在水面中的动感美。

在古代，人们除了繁衍生息之外，最关心的就是文运。新叶村的朝山道峰山，山峰为圆锥形，风水学上将这种山峰称为"文笔峰"。在有序堂前面有村落中最大的水塘——南塘，道峰山倒映在其中，叫作"文笔蘸墨"（图2-141），玉华山倒映在塘中便是"龙池浴砚"①（图2-142）。根据风水师的说法，朝山道峰山是卓笔峰，南塘作为"墨沼"，倒映这座峰，形成"文笔蘸墨"，有利于科甲的风水。还有一层意义是卓笔峰为"火形"，道峰山体形高大，火很旺，需要一个足够大的水塘，才能消解潜在的火灾危险。

图2-141　南塘正对道峰山

图2-142　从南塘看玉华山

2. 重教崇文，造塔建阁

虽然新叶村是一个以宗族为中心的封闭村庄，却拥有一种崇尚"耕读传家"的优良氛围。为了增加文化气息和祈求丰收，新叶村的祖先们特别在村口建造了抟云塔（图2-143）和文昌阁（图2-144）。

图2-143　抟云塔与文昌阁

图2-144　文昌阁

文昌阁建造于抟云塔建成300多年之后，一方面是为了祈求文运，另外一方面是为了加强关拦"水口"。新叶村的溪河在抟云塔前面汇合，没有小山关拦水口的地方，应该有一座寺庙来拦。而现在一座抟云塔层次不够，所以需要再造一座文昌阁。从建筑功能上来说，一方面是为了祭祀文昌帝君，另一方面是作为供族中子弟读书会文的场地。在古代，只要有一点田产的人都会千方百计地供子弟读书，甚至是几家合力供养一位。读书也是百姓们改变命运的重要途径之一。

　　清代所建的文昌阁在民国部分坍塌，现在我们所见的文昌阁为1915年重建。虽然它规模不及宗祠和祠堂，却是整个村落中最华丽的建筑。文昌阁为木结构建筑，分为前后两进（图2-145）。前进为三开间，前辟门，两侧有八字墙。在明间之上建楼，顶楼采用重檐歇山式。翼角起翘高耸，戗脊前端装饰着鲤鱼，鱼首向下。正脊两端置铁铸游龙吻。鱼和龙蕴含科举制度使鱼变成龙的意义。文昌阁大门正面的木构件上都布满雕饰，"骑门梁"和牛腿尤为华丽。雕饰构图巧妙，内容丰富，主体物栩栩如生（图2-146）。后进也为三开间，但基本上没有雕饰，没有前进那么华丽。前后进之间是一个天井，用石条铺地。两进的建筑都向天井一面敞开，外部用实体砖墙封闭，形成一个内虚外实的围合式院落（图2-147）。

　　抟云塔又称"文峰塔"，是县级文物保护单位。古时候耕耘多半靠天吃饭，人们摆脱不了对原始自然的崇拜，抟云是"团云"的谐音，有祥云集聚的寓意，还有文运兴盛、扶摇直上的象征意义。这座塔抒发了村人对"读书仕进"的青云之路的向往，是新叶村目前保留的年代最早、最完好的一座古建筑。

　　抟云塔的外立面，用砖牙叠涩

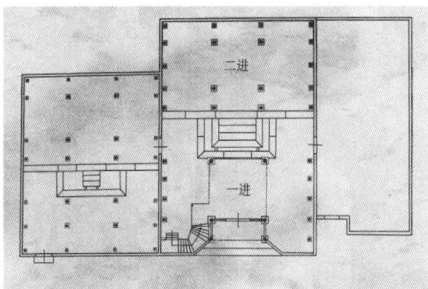

图2-145　文昌阁平面图
图源：李秋香，陈志华. 新叶村 [M]. 北京：清华大学出版社，2011：139

图2-146　文昌阁木构架

图2-147　围合式院落

作腰檐，檐角微微挑起。塔平面为正六边形，共七层。底层有三个券门，从二层以上每层有三个发券窗洞。为求塔体坚固，各层窗洞间相互错开排列（图2-148）。由于年代久远，木材质的楼板和楼梯已经全部毁坏。塔的高宽之比大约为十比一，整体高约三十米，层高逐级降低。虽然塔身上下无任何雕饰，但建筑造型秀丽、端庄，尤其是在丘陵地开阔的原野上，周围衬着高低起伏的小山岗，更显得异常挺拔精神。[①]这种塔在江浙地区比较常见。抟云塔的造型就像一支大毛笔，直耸云天，并倒映在四方塘内，与半月形像"砚"一般的南塘组合在一起，具有文房四宝的寓意，预示村里将盛文风，走文运（图2-149）。

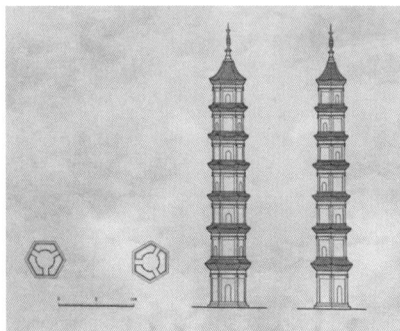

图 2-148　抟云塔立面图
图源：李秋香，陈志华.新叶村 [M]. 北京：
清华大学出版社，2011：133

图 2-149　远观抟云塔

文昌阁华丽，抟云塔高大，虽然不是建于同一时期，但两者的组合却达到了和谐的统一。文昌阁的双重檐口与抟云塔的七层塔檐相呼应，抟云塔的竖构图也与文昌阁的翼角、正吻相呼应。两者在建筑艺术上既对立又统一。文昌阁与土地祠共同给抟云塔一个十分稳定厚实的基座式的平衡，高耸的塔刹与文昌阁的飞檐翼角又很自然地赋予这组建筑生命（图2-150）。在新叶村的田野上，两座建筑都代表着新叶村百姓百年来的耕读理想。

3. 乡土传统，宗族祠堂

以血缘为纽带而建立的新叶村，宗族是最基本的也是最权威的组织力量。宗祠是新叶村中古建筑的一大特色，历经岁月变迁，至今仍保留下16个，例如村庄西边的有序堂、西山宗祠和崇仁堂等。这些祠堂各有不

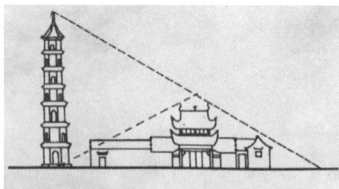

图 2-150　塔、阁几何关系
图源：李秋香，陈志华.新叶村 [M].
北京：清华大学出版社，2011：136

① 李秋香，陈志华.新叶村 [M].
北京：清华大学出版社，2011
38.

同的规模，并且都拥有独特的风格和历史典故（图2-151）。

有序堂位于村子北端，坐北朝南，是村落的结构枢纽，对于村落的规划起决定性作用。祠堂为三进两明堂结构，堂前有一水塘，倒映着村北的群山。有序堂的大门开在左侧墙，是因为在风水上考虑到朝山道峰山火力太旺，要回避一下（图2-152）。

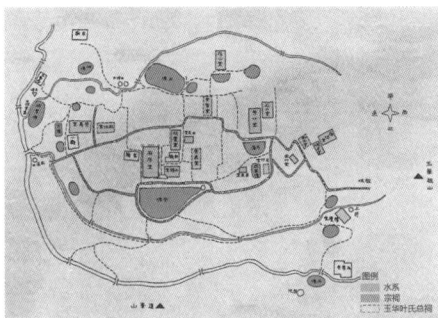

图2-151 新叶村现存祠堂位置

宗祠是宗法制度的物质呈现，被赋予很重要的意义。一个血缘聚落的发展、兴旺以及衰败，都能通过祠堂充分反映出来。而有序堂在建造的时候，村民就有意把它作为玉华叶氏的宗祠。新叶村的可贵之处就在于它清晰而完整地记录了历史的发展：从第一代到这里安居后，共计三十余代，聚落中一直没有间断地保持着血缘关系（图2-153）。

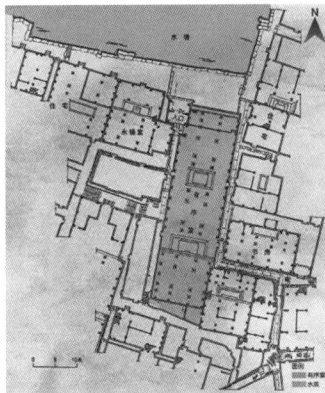

图2-152 有序堂平面图

图2-153 从戏台看有序堂

4. 手艺延续，技艺传承

随着时间的流逝，新叶村部分古建筑岌岌可危，而且有些老房子就居住着好几代人，这大大超出其承载力。所以，建筑修复迫在眉睫。乡村孕育了深厚的文化，新叶村也保留着本土工匠建房的传统。村子里的老手艺人可以将木雕修复得活灵活现。让几近消失的工匠参与传统村落的修复，利用乡村原生力量保护乡村古建筑，既能让古建筑修旧如旧，还能复兴传统手工技艺，助力新叶村历史文脉的传承和发展（图2-154）。

① 李秋香,陈志华.新叶村[M].北京：清华大学出版社,2011：134.

图 2-154　村民进行建筑木构件雕刻

（四）"遗落在大山里的梦"——廿八都古镇

江山市属衢州市管辖，位于浙江省西南部，是钱塘江的发源地之一；东部与衢州市衢江区、丽水市遂昌县相邻，西部与江西省上饶市广丰区、玉山县接壤，南部与福建省浦城县相连，北部与常山县毗邻。属于江山辖区的廿八都镇是具有历史文化价值且保存较完整的古镇（图 2-155）。它是因驻军和商贸运输发展起来的一个集镇聚落，在明清时期，成为仙霞古道上的商贸重镇和交通枢纽。

图 2-155　廿八都镇选址分析
图源：Bigemap

1. 群山环抱，山峰杰出

廿八都古镇地处丘陵山谷中，群山环抱，地势东北高、西南低。东北方向山脉最高海拔 1440 米，西南方向山脉最高海拔 856 米，周围环绕 1000 米以上山峰 10 余座（表 2-10）。

表 2-10　周边山地高度测量一览

测量点	测量项目	方位							
		东	东南	南	西南	西	西北	北	东北
廿八都镇（以中心为参照点测量海拔为 294m）	海拔（m）	637	535	297	856	673	1055	400	1440

按照传统聚落的选址形式划分，这属于"围合"态势，满足"防御安全"心理。山地到村落间有沟壑阶地，雨季可以分散来自高山上的水，以使古镇避免

洪涝之灾。"杨姑岭又南即大竿岭，突然高峙，南去小竿岭二十里，其间坡陀旷衍，平宽处可列万骑。小竿岭童然隆起，高一百五十丈，延袤十余里，北趋婺州，西达广信，皆可取途。又南五里，一峰杰出，谓之枫岭，枫岭北即为浙闽分疆处，相距不数步，而物候荣落顿殊。"[1]（图2-156、图2-157）

图2-156　廿八都古镇鸟瞰

2. 临水而建，靠水而生

水是廿八都古镇的重要资源，镇内有两条较大河流——枫溪和周村溪，两条溪流分属长江水系和钱塘江水系。廿八都古人修建了多条沟渠，从枫溪引水入镇，满足居民生

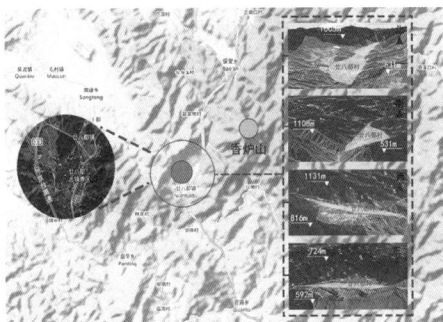

图2-157　廿八都镇地貌分析
图源：Bigemap

活用水和生产灌溉的需求。现在古镇中的农博馆里还保存有当时灌溉所用的水车（图2-158），可以反映出古时候的廿八都人民依靠水生产生活的场景。

图2-158　廿八都古镇中的农博馆

镇子的聚落建于两条溪流中间，街巷骨架排列有致。一条由浔里街、枫溪街组成的古老街道，从北到南，几乎与枫溪平行，构成了廿八都镇的骨架。"一溪两街"与江浦公路组成了廿八都的南北经线，无数条街道从骨架向两边延伸，组成了由东到西的纵线。街纵巷横，形成了一个南北长东西窄的市集。整个镇区内呈现"一主要、多分支"的叶脉空间体系（图2-159）。

---

[1]　朱屹.浙西廿八都聚落形态与文化特征研究[D].浙江农林大学，2015.

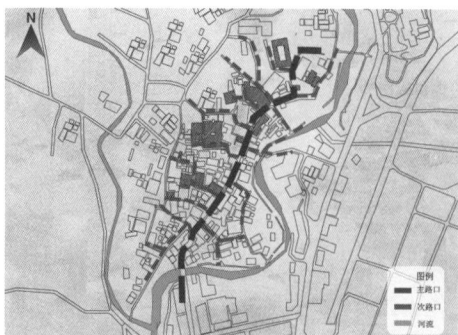

图 2-159 廿八都镇布局分析

3. 融汇四省，文化飞地

廿八都古镇保存完整，规模较大，有极具代表性的 36 幢民居、11 幢公共建筑，其建筑风格融南方情调及北方风格于一炉，集浙式、闽式、赣式、皖式为一体，是典型移民群众构建成的建筑群。南北交融的外来文化在廿八都汇聚、碰撞，并经过上千年的相互同化和扬弃，形成了奇特的"文化飞地"现象。

民居建筑入口有三种不同形式，分别为一字形（图 2-160）、八字形（图 2-161）以及 U 字形（图 2-162）。其中八字门是最主要的形式，大门门洞入口后退，两侧和外墙形成"八"字形，也有个别建筑直接在大门两侧各立一斜墙形成"八"字形。八字门形式源于皖南徽州，是富商宅邸的象征。"八"读音通"发"，廿八都大院采用这种形式，一方面是取其吉祥之意，另一方面也是扩大入口空间以壮宅邸气势。

图 2-160　一字形入口

图 2-161　八字形入口

图 2-162　U 字形入口

最具特色的是门楼，它的造型不同于周边其他地区，具体体现在材料和形式上。门楼材料选用木材，雕刻精美，工艺独特，可以很好地反映出当地工匠的工艺水平。[①]门楼的形式有别于江浙皖地区，主要是四柱三层的双层挑檐结构，由梁、枋、挂落、莲花柱等构成。门楼上覆盖青色瓦片，飞檐翘起，斜撑部分大多数使用牛腿进行装饰。雕刻内容通常选取寓意吉祥的八仙过海、卷草纹饰、瑞兽珍禽等图案（图 2-163）。门框则选取当地石材进行雕刻，底部常雕有八卦图案，寓意驱邪避凶（图 2-164）。

① 邱峰，刘徽徽.浙西廿八古镇民居建筑景观艺术赏析 [J].中国建筑装饰装修，2019（12）：118-119.

图 2-163　门楼

图 2-164　门框雕刻

　　古镇民居因村民经商、做工等不同需求，从而形成了三种不同的建造形态。第一种是住房、店铺与作坊相结合的民居形态。这种形式的民居多采用前店后宅的基本布局，铺面部分进深不等。此类型民居还分为单层结构与双层结构，单层结构一般上面做通风层，双层结构则是一层作为商铺，二层用来居住（图 2-165）。第二种是位于街巷中非商业居住大院空间，也是廿八都最有代表性的民居形式——层进天井合院式院落。民居院落主要为浙西最流行的"三间两搭厢"的三合院和以"四向明堂"形制的四合院。四合院外墙高大，内部空间私密，外部墙体建造简单，内部空间营造却较为精致，被称为传统内向型空间（图 2-166）。

图 2-165　市民型店屋

图 2-166　坊居型大院

　　第三种是远离集镇街道、主要供人们生活与农作的散居房屋，大多为单体独栋，也存在三合院式的排屋。散居房屋因受土地限制，地基不同，呈现的形态也不同，可分为平地型、靠山型和滨河型；其中滨河型房屋用鹅卵石砌筑挡墙，防止雨季河流水位抬升冲击建筑以及房屋因浸泡于水中而遭破坏（图 2-167）。

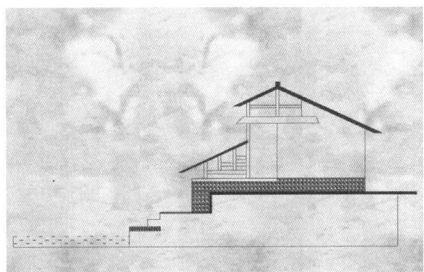

图 2-167　滨河型房屋

4. 典型建筑，独特构造

文昌宫建于清宣统元年（1909），是廿八都最具有代表性的公共建筑。文昌宫的整体建筑形态既有浓郁的地方特色，又有其独特的构造，每一座单体建筑周围都有一条长廊，长廊相连，形成一个完整的整体（图2-168）。其为三进三天井空间布局，分前殿、大殿、寝

图2-168　文昌宫

殿三大部分，左右两侧有耳房，并以檐廊联结。正殿是整个建筑的核心部分，拥有三层重檐歇山式屋顶，其平面布局为正方形。歇山顶楼阁，关键是四面飞檐出挑方式做得比较夸张，而且是两层立体挑檐，起翘比较明显，等级极高。

5. 移民汇聚，民俗融合

由于历史上频繁的战争、屯兵，来自全国各地的官兵汇聚此地，廿八都慢慢发展成了典型的移民小镇。大量移民把不同地方的方言带到这里，使得整座小镇南腔北调什么方言都有，成为名副其实的"方言帝国"和"百姓古镇"，是迄今国内发现的唯一有百家姓的移民古镇。廿八都老街的风俗习惯、饮食文化与当地的民俗融合在一起，在经历了几百年的相互同化和扬弃之后，逐渐形成了独具一格的特点。

古镇的人们一直保留着先人留下的传统民间艺术，如唱山歌、跑旱船、剪花纸、闹花灯、牵木偶、滑石头、踩高跷等。由于历史上迁徙的现象，廿八都的民风更加传统，更加淳朴，颇有几分古代战场的遗风和"异域"味道。古镇整体历史文化价值高，居民仍在古镇内居住，是一座"生活着的文化古镇"，保留着原本的生命力（图2-169）。

图2-169　廿八都传统民间手工艺

第四节　瓯江山水诗路乡村景观

"乱流趋正绝，孤屿媚中川。云日相辉映，空水共澄鲜。"(《登江中孤屿》)这是南朝诗人谢灵运对瓯江下游著名的江心岛的生动描绘。瓯江，旧称永宁江、永嘉江、温江，"绵延八百里，盘踞千岭间，气宇含宝珠，奔腾向东海"①。这条贯穿浙南山区和沿海丘陵平原山区的大动脉，具有良好的水利开发、航行条件，对于当地经济、文化的发展和人民的生活都有重要意义。规划建设的瓯江山水诗路，以瓯江为主线，同时涵盖好溪、楠溪江、温瑞塘河等多条支流，覆盖了丽水和温州两个市级行政区域。这是一条自中国山水诗鼻祖、南朝的谢灵运以来历代文人骚客不断吟咏的山水之路，积淀了极其丰富的文化资源。沿线的江心屿、雁荡山、楠溪江、松荫溪等都是重要节点。

本次实地调查对象是溪头、苍坡等 6 个作为瓯江山水诗路节点的乡村景观。以下先介绍各调查节点的概况，对其景观资源进行整理，进而基于"诗路"特色和性质，从四个方面（关系）展开说明和分析。

一、调查概况

（一）村落节点概况（表 2-11）

表 2-11　瓯江山水诗路节点行政归属及其所获荣誉情况

序号	村（镇）	行政归属	所获荣誉（含村落类型）
1	溪头	丽水市龙泉市宝溪乡	全国乡村旅游重点村、国家森林乡村、全国生态文化村、浙江省 3A 级景区村庄、联合国世界旅游组织"最佳旅游乡村"
2	下樟	丽水市龙泉市西街街道	国家 4A 级旅游景区、2016 年中国十大乡建探索奖
3	石仓六村	丽水市松阳县大东坝镇	国家 3A 级旅游景区
4	下南山	丽水市莲都区碧湖镇	国家 4A 级旅游景区、浙江省 3A 级景区村庄

① 马学强，何赤峰，姜增尧. 八百里瓯江 [M]. 北京：商务印书馆，2016：29.

序号	村（镇）	行政归属	所获荣誉（含村落类型）
5	芙蓉	温州市永嘉县岩头镇	国家 4A 级旅游景区、全国重点文物保护单位、浙江省文物保护单位、浙江省 3A 级景区村庄
6	苍坡	温州市永嘉县岩头镇	浙江省历史文化保护区、全国乡村旅游重点村、浙江省 3A 级景区村庄

（二）节点景观资源整理（表 2-12）

表 2-12　瓯江山水诗路节点景观资源

村（镇）	类型及具体构成
溪头	周边现代交通：G322 国道（原 53 省道）；艺文：（民国）吴嘉耀《溪头即景赞》；建筑、遗址：民国民居（横路 18—20 号），古龙窑群（13 座）及其作坊、水碓，村庙，宝溪亭，革命遗址（炮台、红军随军银行、红军挺进师入浙第一仗革命历史馆等），竹建筑群（16 座），浙闽古道，窑火路，德兴桥；生态：披云山、玉华山、飞云山、宝溪、耕地、毛竹林、矿土、古树群（古树名木 33 株）、彩色健康森林基地、宝溪景区、活水进村公园、山林、田园；非遗：龙泉青瓷烧制技艺、披云山（天师山）传说；等等
下樟	周边现代交通：白云路—西独线；艺文：（宋）管师复《白云》；建筑、遗址：明清古民居、白云古庙、郑氏香火堂、云坞书院、郑玉奎烈士故居、古山道、卵石村道、白水桥（钟灵桥）；生态：白云岩、岩樟溪、耕地、山林、"九潭十八弯"、古樟树、双龙飞瀑、明月潭（钓月潭）、山林、田园；非遗：古石垒传说、管师复故事、打花棍、打麻糍、请茶歌、端午节习俗；等等
石仓六村	周边现代交通：G235 国道、松阳石汶线；艺文：《石仓契约》（清乾隆至民国）、古建装饰（木雕等）艺术；建筑、遗址：清代民居、余庆堂、善继堂、阙氏家祠、乩仙坛、阙氏家风馆、契约博物馆；生态：元宝山、石仓溪、山林、田园；非遗：茶排九节龙、酿酒技艺、客家祭祖仪式；等等
下南山	周边现代交通：长深高速、53 省道（丽浦线）、南山路、下南山隧道群、大溪；建筑、遗址：清末至民国的民居（42 幢）、土地庙、瓯江古水道、杨梅文化广场、欢庭·下南山原始村落酒店、南山书吧、莲都区图书馆特色分馆；生态：龙岗山、大溪、碧湖平原、生态杨梅示范基地、古樟、山林；非遗：剪纸（非遗剪纸博物馆）；等等
芙蓉	周边现代交通：诸永高速、仙清公路、大楠溪；艺文：（宋）陈虞之《述怀》《送别》，匾额题字（"望唐青云""留田义泽"等）；建筑、遗址：溪门（车门）、寨墙、长塘街（如意街）、乐台、陈氏大宗祠、陈虞之纪念馆、芙蓉亭、芙蓉书院、耕云宗祠、清代民居、司马宅大屋、将军屋、芙蓉池、南门、谯亭、楠溪江古道；生态：芙蓉岩、芙蓉亭园、山林、田园；非遗：芙蓉古村落营造技艺、陈虞之故事；等等

村名	类型及具体构成
苍坡	周边现代交通：诸永高速、仙清公路、大楠溪；艺文：(宋)叶适文《李仲举墓志铭》、(宋)李时日门联("四壁青山藏虎豹，双池碧水贮蛟龙")、蔡心谷书法("苍坡溪门"题字)、汪曾祺散文《赞苍坡村》《初识楠溪江》、夏惠瑛诗《古村》、赵瑞椿画《永嘉旧事》；建筑、遗址：车门(寨门，苍坡溪门牌坊)、望兄亭、仁济庙、李氏大宗祠、水月堂、三份祠、东砚池、西砚池、"一泉四井"、八卦井、官厅、太阴宫(赵瑞椿画馆)、义学祠("永嘉学派"展示馆)、明代民宅、楠溪江民俗馆、男耕女织馆、"苍坡里"民宿、楠溪江古道、笔街、登银巷、鼓盘巷、三退巷、九间巷、三阶石桥、进士坛、鹅卵石小径；生态：笔架山、大楠溪、苍坡溪、古柏(2棵)、山林、田园"苍坡八景"；非遗：苍坡古村落营造技艺、李霞溪故事、鱼灯；等等

二、整体分析

(一) 地理、交通与艺文

瓯江自西向东，独流入海，贯穿整个浙南山区，是浙南的一条水上交通要道。这里山水俱美，奇秀景观也给历代诸多文人墨客以强烈的美感和灵感。瓯江山水诗路依托瓯江及其支流大溪、松阳溪、楠溪江等，是一条名副其实的"山水诗"之路。苍坡、芙蓉两村离楠溪江主干江道较近，下南山也是临近大溪，而溪头、下樟、石仓六村附近没有大型的江河，但都有溪流穿村而过。但由于这些古村落都位于山水深处，在古代交通条件受到很大限制。这种情况在艺文方面的表现是，写作主体主要是本地的文人，而外地文人的作品较少见到。如下樟村的管师复、芙蓉村的陈虞之、苍坡村的叶适，且三人均是在中国古代文化史上具有较大影响的宋代人物。他们的故事在当地流传，而且有些诗文及遗迹、遗物被保存下来。像管师复，相传隐居在村内的白云庙，白云庙现仍存。管氏一生淡泊功名，为后人所景仰，著有《白云集》。"入寺层层百级梯，野堂更与白云齐。平观碧落星辰近，俯见红尘世界低。"这首《白云》诗明显体现出他对世间万物淡然处之的态度，是隐士文化的代表之作。叶适一生著述较多，曾居苍坡村，但描写、反映该村的文字较少。他的《水心集》中的《李仲举墓志铭》是一篇重要文献，记载了与永嘉苍坡李仲举之子李深之交往的经历。其中开头一段的描写十分精彩："由永嘉泛枝港，尽汐而至楠溪，则别为聚区，风气言语殊异。其中洲四绝水，陂汇深缓，草树多细色，敞爽宜远望，旧名苍墩，溪之温厚处也。"[1]此外，这些古村由于保存了大量的从明代至民国时期的古建筑，因此匾额、题字、对联较多，增强了古村的文化气息。苍

[1] 叶适.叶适集(中)[M].刘公纯，等，点校.北京：中华书局，2010：357.

坡村的旅游开发已较成熟，兴建了民俗展示馆，还有画馆，业态已较丰富。景观类型的多样化，无疑会吸引更多的游客前来。

（二）山水、结构与建筑

瓯江山水，因中国山水诗的开创者南朝谢灵运的创作而闻名。瓯江山水诗路基本上由瓯江所贯穿，古村落也基本分布在瓯江主流及其众多支流的两岸。瓯江诗路古村落，依山傍水，掩映在优美的自然环境之中。下南山村的地理位置极佳，处于三条山脉的延伸处，面向瓯江，视野开阔。整个村依山而建，坐东朝西。郑氏始祖看中这块风水宝地也是情理之中。该村始建于明万历年间，为郑氏集聚地。现存清末至民国的民居42幢，建筑以泥墙、木结构、青瓦的三开间形式为主，布局合理，风格统一，构造简朴，与周围环境融为一体，亦颇具瓯越风情，是浙西南土木建筑的典型实例。六村，原名石仓源，是阙姓寻根地。潺潺溪水穿村而过，远处层山叠翠，完整地保存着山水、田园、村落和谐共处的格局。楠溪江古村落是体验中国传统乡村之美的"难得之瑰宝"，具有建村历史悠久、规划严谨和谐、建筑类型丰富、建筑风格朴素、环境意识较强、宗教文化突出的特点。[①]苍坡村人文特色鲜明，它以"文房四宝"的结构著名，寨墙、道路、住宅、亭榭、祠庙、水池，以及古柏、笔架山、墨池、砚台、笔街、纸村等，颇具宋韵风格。

（三）生态、生活与生产

作为一定地域内生态、生活、生产三重空间迭置而成的聚合体，乡村应当是一个有机融合的整体。诗路乡村的发展，也就是"三生"的融合发展。瓯江山水诗路让乡村走在实现全面振兴的道路上。如溪头村，原是一个十分落后的乡村，如今面貌焕然一新，走出了一条具有当地特色的共富之路，成为闻名遐迩的制瓷名村。这里是龙泉青瓷瓷土主产区。过去淘洗的瓷土直接倒入溪中，导致了严重的环境污染。在乡村振兴的使命召唤下，当地政府部门本着精准施策的思路，大力开展河道生态系统修复，进行环境整治、村庄治理，实现有机更新。另外，通过资源挖掘、游线整合、景观建设等手段，将青瓷文化、红色文化、生态文化的理念有机地融为一体，将其改造成集生态、文化、旅游于一体的新农村。其中青瓷技艺，原是当地人民世代传承的手工技艺，如今成为著名的非遗项目，通过产业化、规模化、品牌化的方式，带动了文旅的兴盛

① 叶崇凉，孙非寒. 试论古落研究向度及当下发展趋势 [J]. 四川教育学院学报，2010，（9）：1-4.

和经济的快速发展。早在 2014 年，溪头村新农村建设项目就获中国人居环境范例奖。优美的山水田园是瓯江山水诗路的优势景观，像苍坡、芙蓉等村落周围也都有这样的景致。这里需要特别提及的是松阳的山水田园景观，它是瓯江山水诗路的一张金名片。松古平原，川平野沃。流贯平原的松阴溪两岸有良田16.6 万亩，并且有着十分完善的灌溉系统。境内有古堰、古塘、古井等 200余处，至今仍然在发挥着作用，提供了生活、生产的便利。2022 年 9 月，松古灌区成功入选第九批世界灌溉工程遗产名录。

（四）村落与村落景区

以上所调查的 6 个村现在都是景区村。溪头村是宝溪乡政府所在地，拥有丰富的山林资源和人文资源，现已利用本村特色的山水文化、古窑文化、革命文化打造成以溪头村为核心的宝溪景区。除溪头、下南山村之外，其余 4村的邻近也都有著名的古村落。下樟村位于白云岩景区内。这个景区还有一个著名的古村落叫岩后村，它是南宋江湖派诗人叶绍翁的故里。叶氏的著名诗句"春色满园关不住，一枝红杏出墙来"（《游园不值》），情景交融、虚实相生，颇具境界和哲理，是瓯江山水诗路诗歌之经典。石仓六村又叫上茶排村，下辖湾里、水井头、白粉墙、洋头岗、杨柳下 5 个自然村。六村的北边是七村，又叫下茶排村。两村附近盛产油茶籽，油茶树排列成行，故有此称。[①]六村、七村，现已统一开发成石仓景区。所谓"十里古宅，百里山道，为官阙氏，闽俗闽调，山溪跌宕，石桥花轿，妙哉石仓"就是最好的美誉。芙蓉、苍坡两村相连，附近还有一批著名的古村落，如屿北、茶园坑、暨家寨、埭头等。这批位于楠溪江沿岸的古村落曾被授予"中国景观村落群"称号。

三、重点分析

以上从四种关系进行了整体分析，以下选择溪头、芙蓉、石仓六村、苍坡 4 个村进行重点分析。

（一）非遗胜地——溪头村

享誉世界的古陶瓷专家陈万里曾说过："中国陶艺的历史，有一半是在浙江；浙江陶艺的一段历史，一半都在龙泉。"浙江省丽水市龙泉市西部边陲的溪头村，毗邻闽赣。村落文化底蕴深厚，瓷土资源丰富。溪头村是龙泉青瓷传统

① 冯骥才.20 个古村落的家底：中国传统村落档案优选 [M].北京：文化艺术出版社，2016：243.

烧制技艺活态传承的基地、龙泉青瓷发祥地、国家级大师培育地、仿古青瓷诞生地，以盛产龙泉青瓷而闻名于世（图2-170）。

1. 生态为本，坚守绿水青山

溪头村的空间布局主要由经济作物种植区、村民住宅区、荷花种植区、商业区、古龙窑遗址区五个部分组成，经济产业类型丰富

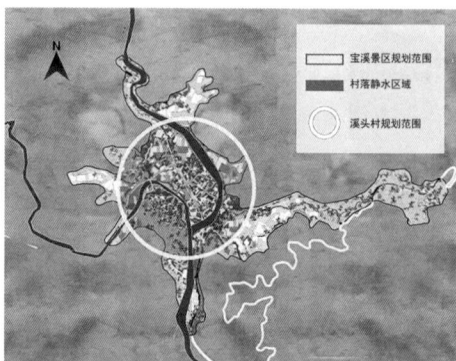

图2-170 溪头村地理位置分析

（图2-171）。第一产业包括茶、桑蚕业、水果业、山产、园林苗木种植、瓷土及瓷釉土，第二产业包括瓷土开采、瓷器制造、瓷釉制造、培育灵芝、黑木耳、高山油茶、高山野生茶，第三产业包括瓷器艺术创作及周边、瓷器鉴赏培训、龙瓷釉艺术服务、旅游服务、民宿住宿服务。

溪头村环境优美、山清水秀，山林面积12769亩，森林覆盖率89.6%，生态资源丰富，野生动植物繁多，具有得天独厚的绿色禀赋，正是这一优厚的绿色禀赋，使得这里蕴含着独特的瓷土资源与丰富的烧窑薪柴，为青瓷之都的发展奠定了基础——龙泉提供了60%以上的青瓷制作原料。

溪头人将自己门前的溪流称为宝溪。宝溪的水是能触碰人心灵的水，也是溪头最具灵魂、最永续的旅游资源。水秀是溪头的优势，这里的水被人们称为会呼吸的水，水质清澈见底，水中锦鲤嬉戏、两岸绿树成荫。小村四面环山，有宝溪和后垟溪两条溪水从这里穿过，在村头交汇成一片特有的深潭，因为潭水旁有10株百岁古木，所以得名"十树潭"（图2-172）。

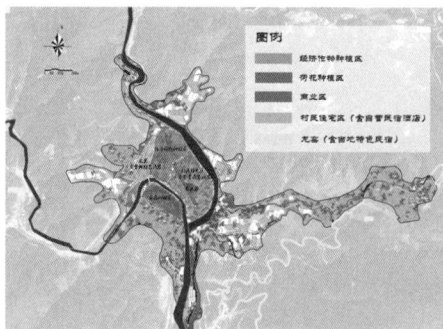

图2-171 溪头村空间布局

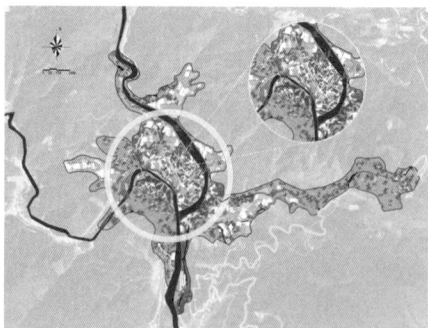

图2-172 溪头村水系分析

2. 青瓷非遗，打造特色景观

（1）青瓷元素在环境景观中的融入

在环境景观方面，村内充分利用碧潭、溪石、花墙、外挑平台、竹艺建筑等景观元素，对农户、民宿的周边环境进行艺术化、装置化的修饰；在不破坏原有历史风貌和生态景观的前提下，进一步提升建设品位，改善人居环境。

（2）青瓷元素在建筑景观中的彰显

在建筑景观方面，溪头村民居多依水而建、负阴抱阳，村内道路边处处通活水，古宅、民居古朴典雅。村内有清代水碓、瓷土矿场、原料加工作坊、青瓷手工作坊等10余处，至今仍在使用。保存完好的龙窑有7座，是现今世界上保存完好的最大的古龙窑群，构成了龙泉青瓷传统烧制技艺最真实的生态标本。

村内建筑墙面使用糙面、哑光材料，材料用色总体以弱彩色系为主，并以少量的自然色为点缀，建筑外墙上粘贴大小各异的青色瓷片以及外形各异的瓷器形状，张贴瓷器的制作工艺流程漫画，通过结合青瓷釉幕墙、青瓷构件打造特色的建筑立面肌理，实现材质的拼接。建筑外的矮院墙上多数都放着形态各异的青瓷器，一些瓷器镶嵌在围墙内，与低矮围墙融为一体，以夯土、青砖、碎石、青瓦为主要构成元素，体现乡土特色、营造乡土风貌，形成具有独特韵味的特色景观（图2-173）。

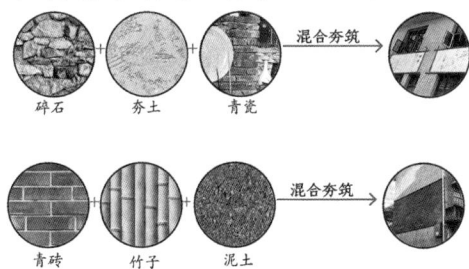

取之于乡村，用之于乡村，随着乡村的发展继续延伸

碎石 ＋ 夯土 ＋ 青瓷 混合夯筑 →

青砖 ＋ 竹子 ＋ 泥土 混合夯筑 →

图2-173　溪头村建筑材料分析

（3）青瓷元素在设施景观中的表达

在公共设施方面，村内景观构筑、细部设计同样显现出了独特的韵味，具有明显的标志性。卫生间墙面入口造型运用青瓷瓶的形态，公共设施形态也延续了青瓷的形状和颜色，包括垃圾桶的青瓷形状，街道景观灯上的青瓷形态，导视牌的镂空瓷瓶样式，店面商铺的广告灯牌也都统一为青瓷瓶的外轮廓。街道上景观灯的外形为天青色，灯柱上刻有龙的形态与"龙泉"相呼应，顶部刻有溪头村的视觉标志，充分地将文化、场地、精神融合在一起。溪头村将青瓷元素结合进花境、假山、造型树、景观石等之中，打造园林景观，

另外还有溪中拾取的鹅卵石，龙窑烧制的瓷片，设计与摆放都别具匠心（图 2-174）。

图 2-174　青瓷元素在溪头村设施景观中的表达

3. 延续文脉，展现文化之美

（1）不灭窑火

溪头村抓住发展机遇，将"非遗"的影响力发挥到最大，打造了一个活态的平台，展现了龙泉青瓷的"不灭窑火"。溪头不仅被打造成"人类非遗"的重要传承基地，而且被打造成世界陶艺界的聚集地。宝溪乡在启动非遗文化的基础上，以"春季听雨赏杜鹃、夏季嬉水观星辰、秋季登高俯云海、冬季踏雪看窑火"为主题，将"不灭窑火"和其他特色文化、产业结合起来，探索出一条注重文化体验、注重产业融合的致富之道，吸引了来自世界各地的青瓷研究者、爱好者和游客。

（2）红色记忆

与"不灭窑火"同样薪火相传的是溪头村的红色基因。中国工农红军在溪头打响了入浙第一枪，取得了在浙江的第一次胜利。这里保存着中国工农红军北上抗日先遣队随军银行、红军亭等革命旧址，其中，随军银行旧址已被列为浙江省文物保护单位。

4.资源利用，永续产业发展

（1）魅力竹韵

溪头村在不断发展特色休闲旅游和民宿经济的基础上，不断丰富业态。2013年，国际竹建筑双年展在溪头村举办。美国、意大利等8个国家的11位顶级设计师，凭借着高超的技艺以及对青瓷器的独到感悟，将本土材质与尖端技术结合，在这座偏僻的大山中，创作出一种世界性的表现形式。他们用竹子、石头、夯土、瓷片等打造出一个充满设计感的村落，让建筑本身无限接近自然、回归自然，让人深切感受到天然建筑的魅力。

（2）青瓷民宿

溪头村鼓励村民自由发展，现村内拥有多家民宿，整体设计结合当地特色，融入青瓷文化，形成独具一格的装修风格（图2-175）；获得中国人居环境范例奖，浙江省非物质文化遗产旅游经典景区，浙江省生态文化基地，丽水市新农村示范村、十大美丽生态村等荣誉。

图2-175　溪头村民宿

（二）江南秘境——石仓六村

松阳，隶属于瓯江山水诗路。唐朝大才子王维曾经写下"按节下松阳，清江响铙吹"（《送缙云苗太守》）的感人诗句；宋朝大才子沈晦第一次至松阳时，由衷地赞叹"唯此桃花源，四塞无他虞"（《初至松阳》），并在这里落脚定居。六村位于浙江省丽水市松阳县大东坝镇石仓源的中部，坐落在一片南北长、东西短的谷地上，石仓溪从谷中流过。古民居古建筑群位于石仓溪两岸的山坡地上，泥墙青瓦的宅子错落有致，鳞次栉比，每一处院落都巧妙利用山势地形布局：背山，可挡冬季之寒风；面水，可迎夏日之凉气；缓坡，可免淹涝之患（图2-176）。

1. 江南秘境，水满田畴

素有"鱼米之乡""桃花源"美誉的松阳，拥有75个中国传统村落及100多个格局完整的古村落。村落结构较为完善，基本保持了"山水—田园—村落"的基本格局；地标性历史建筑留存至今，贯穿整个古城的明清老街商肆绵延。其是"古典中国"的县域样本，被《国家地理》杂志誉为"最后的江南秘境"。

图 2-176　六村选址分析

图源：Bigemap

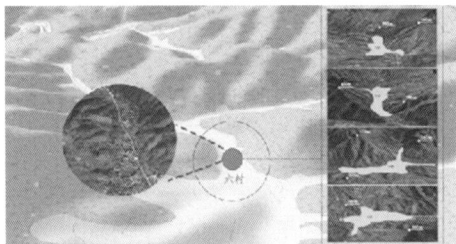

图 2-177　六村地理分析

图源：Bigemap

村落坐落于山谷之中，是两山夹一川的地貌，峡谷宽度较窄，景观视野不够开阔。东南面的天姥山巍峨壮阔，村落沿溪整体形态呈带状，溪水依村流淌（图 2-177）。村内植被呈现城市园林化，村外植物为山体自然生长植物（图 2-178）。

图 2-178　田园六村

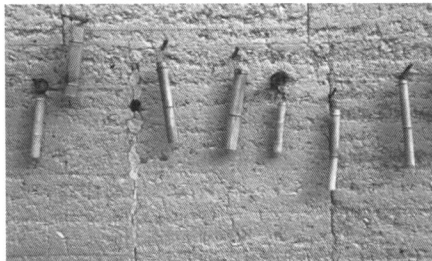

以六村为代表的石仓源，拥有丰厚的历史人文资源。乡村的发展必须扎根当地的文化之中。村内的鸣珂里民宿就是立足六村的传统生活和文化，民宿中随处可见的农耕器具，反映了对农耕文化的尊重（图 2-179）。六村两面环山，依托特殊的地理环境，形成了独具特色的梯田田园景观（图 2-180、图 2-181）。

图 2-179　随处可见的农耕器具

图 2-180　六村梯田分布　　　　　　　　图 2-181　梯田田园景观
图源：一起看地图

2. 客家同源，十八天井

六村是 300 多年前从福建汀州移民阙氏一族聚居的村落，村民至今仍保留着闽地文化和生活方式。其建筑平面布局、空间序列、文化理念均秉承客家风范，人称"江南客乡"。六村现存的 11 幢古民居，有积善堂、余庆堂、福善堂、敦睦堂、村公社礼堂、石仓古民居群等，继承和保留了许多客家建筑特点，以其独具特色的清代古民居建筑享誉海内外。

这些古民居泥墙青瓦，雕刻精细，气势宏伟，是浙江省级历史文物保护单位。其中，余庆堂面积最大，乐善堂、宁静堂雕刻最为精细。建于康熙年间的余庆堂，面积达 3400 平方米，为古民居群中面积最大的一幢。因其堂内有 9 个厅堂、18 个天井、129 间房，被称"九厅十八井"。这种建筑风格与闽粤赣等地的客家建筑相似，反映出对典型客家住宅形制的附会。这个名称成为一种客家住宅的标志，显示出阙氏住宅与客家住宅的同源关系（图 2-182）。

图 2-182　依山傍水而建的宅邸

客家民居为砖木混合结构，外部有砖石用以防卫。整座建筑就地取材，大屋的建造具有相对的灵活性与有机性[1]（图 2-183）。

① 孙福鑫，陈鸿杰，欧阳国辉. 江南客乡：浙江松阳石仓古村乐善堂的文化价值与延续 [J]. 中外建筑，2021（12）：59-66.

图 2-183　就地取材的建筑

六村的木结构民居几乎无处不雕（图 2-184），这与东阳木雕工匠源源不断进入浙西南有关。处在徽州木雕与东阳木雕辐射交织圈内，六村的清代古民居所代表的松阳木雕在融入了地域文化后，不断地兼纳、杂交、改造与渐变，成为东阳木雕割舍不断的分支（图 2-185、图 2-186、图 2-187）。

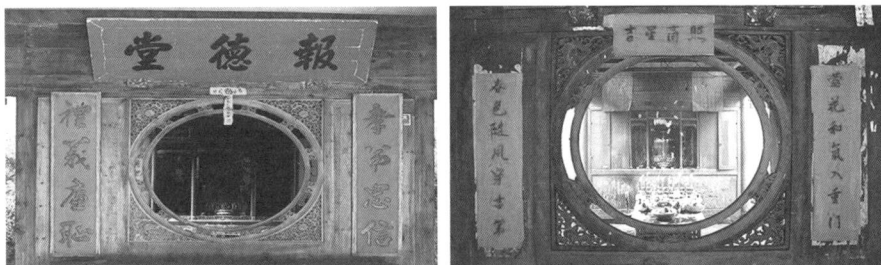

图 2-184　厅堂太师壁上方的圆形月窗

余庆堂建筑就是木雕工艺的典型代表。其内部的窗户、梁枋、屋檐都雕刻着寓意吉祥的图案，层次清晰、巧夺天工，其设计尤为精妙。"七块"为余庆堂屋檐下主要承重构件，即由连枋、卷梁、插翼、星斗、斗底盘、琴枋、牛腿七个部件组成（图 2-188）。富有装饰性的承重构件将客家人的审美展现得淋漓尽致。

3. 寓意入堂，诗书耕读

六村的原住民辛勤劳作，他们的后人积累了巨额的财富，便开始修建有福建土楼形制的"长方土楼"式乡土建筑群。当地的每个乡土建筑都有特定的堂

图 2-185　窗雕：凤穿牡丹（左上）
图 2-186　牛腿：仙人骑鹿（右上）
图 2-187　砖雕（下）

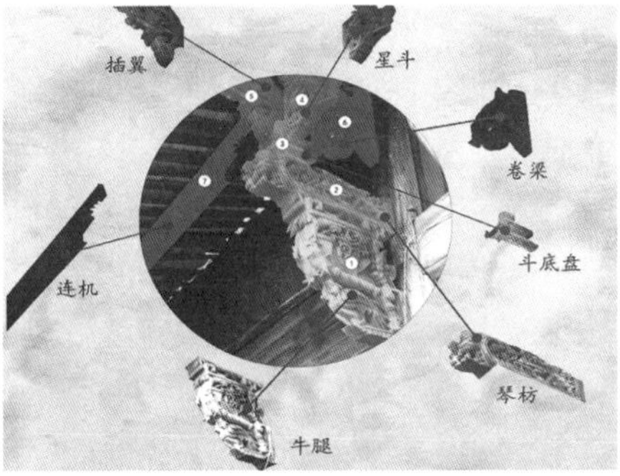

图 2-188 "七块"的组成

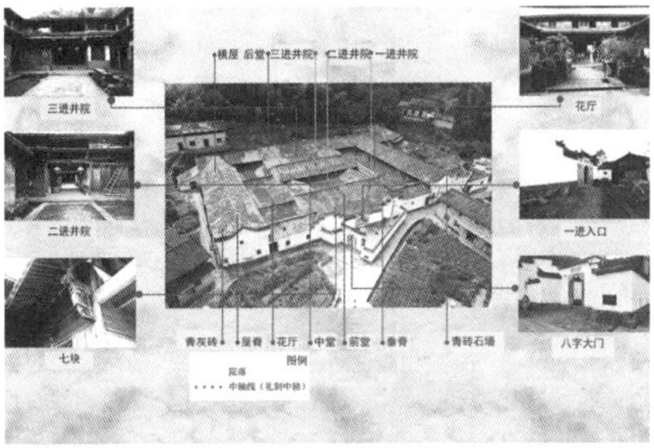

图 2-189 余庆堂索引

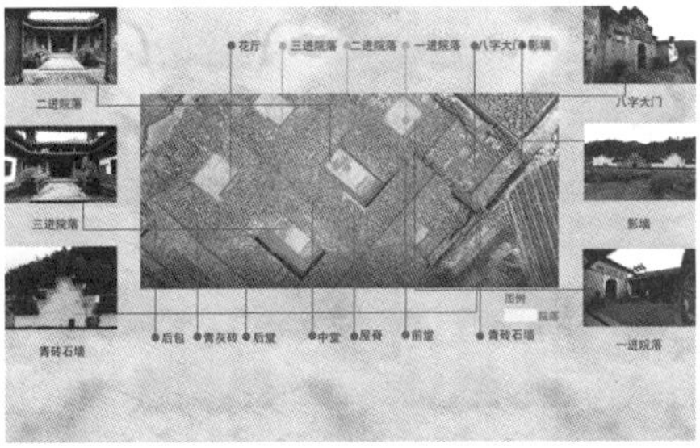

图 2-190 乐善堂索引

图 2-191 门头"威凤祥麟"

图 2-192 "羲方教子"的匾额

号，而且都有自己的意义，比如余庆堂，寓意留给子孙后辈的德泽（图2-189）；积善堂，是劝告族人要助人为乐，多做善事；又如乐善堂、福善堂、敦睦堂等，它们所蕴含的，就是传统的儒家文化。这些乡土建筑更是客家文化、耕读文化和宗族文化的宝贵建筑资料。乐善堂又被称为德琏公香火堂（图2-190），其大门呈八字形敞开之势，有着财运滚滚来之意。正门上方题有"威凤祥麟"四字（图2-191），端庄秀丽，威严肃穆。

"耕读传家"是客家人坚守不变的生活方式。乐善堂二进院落堂屋上题有"羲方教子"的匾额（图2-192），警示后辈重视对子孙的教育。在动荡的社会环境中，外来的客家人深知唯有读书才能快速地在他乡站稳脚跟，深受"万般皆下品，唯有读书高"的儒家文化思想的影响。①

① 孙福鑫，陈鸿杰，欧阳国辉.江南客乡：浙江松阳石仓古村乐善堂的文化价值与延续[J].中外建筑，2021（12）：59-66.

4. 在地重生，有机保护

六村对于各有特色的古建筑，分别采用了不同的方式进行保护和利用。如村公社礼堂、关帝庙，以及余庆堂这类古代房屋，都是古代传统建筑的代表，蕴含着历史人文价值，也彰显了古代房屋文化（图 2-193）。

图 2-193　六村古民居建筑

图 2-194　新旧建筑风格差距较大

虽然这里的古建筑群保存较为完整，但村落建筑新旧程度和风格差距较大（图 2-194）。古建筑散落于村落中，建筑与建筑的联系日渐微弱。

处在城市化浪潮中，尽管六村保留下了完整的村落结构、保存着众多古建筑，但也不可避免地出现了村落空心化现象。

如一处古民居香火堂，右厢房墙面已被水泥砖墙占据（图 2-195）。村内祠堂，物是人非，不见古人，只见来者。庞大的老宅只在民俗节庆的时候"复活"，居住其中的零星几户人家，并不能很好地融入当下的现代生活（图 2-196）。

以建筑为"针"，"灸"活乡村传统，可通过一个点去带动一个地方的复兴，用建筑实体让乡村价值显现，让当地人对自己的文化传统价值多一份认同。六村采用建筑"针灸"的方式为村庄注入新的活力，以客家契约为线，通过契约博物馆将建筑与环境、文脉与功能联系在一起。契约精神是中国传统社会发展的基础，而传说中的石仓之名，也是源自人与神灵之间所缔结的契约。契约博物馆依山坡而建，伫立在田野与村落之间。房屋墙体全部采用当地石材砌筑，从远处看过去，如河岸或山上梯田的挡土墙，与环境融为一体[①]。契约博物馆是外来者和村民们聚集、共享的场所，它不仅拥有对外展示文化的功能，同时也成为村庄的公共活动中心和村民们的文化休闲聚集地（图2-197）。

图2-195 古民居香火堂

图2-196 居民生活状态

图2-197 契约博物馆

（三）七星八斗——芙蓉村

芙蓉古村因西南方向矗立着形似盛开的芙蓉花瓣的三座山峰而得名。在温州市永嘉县楠溪江畔，散布着大大小小200余个古村落。芙蓉村近乎完整地保留了宋元以来的村落风貌，成为楠溪江最具代表性的古村落之一。《陈氏宗谱》（1497年编）载："我陈氏铁墓之后也。由颍川徙居开封，历闽浙，唐季始迁永嘉之两源。"芙蓉古村源自陈氏家族由河南开封迁至永嘉。唐朝末年，大唐王朝江山动荡，陈氏始祖为躲避战乱而择居于此，并逐步形成血缘村落。

① 王子陵.松阳建筑针灸实践[J].建筑实践，2019（8）：84-95.

南宋末年因元军南下，南宋都城临安（杭州）失守，皇室逃至温州一带。陈氏先祖陈虞之应文天祥号召，带领全族人奔赴战争前线，死守故里，最终粮尽援绝，全族殉国。而后元军将芙蓉古村焚毁。直至公元1341

图2-198 从村内眺望芙蓉峰景色

年，为纪念陈虞之忠君报国的模范事迹，元顺帝下旨重建芙蓉古村。[①]新村规划深受天人合一、五行八卦及阴阳风水等思想的影响，并洋溢着浓浓的耕读文化气息，村内至今仍保留着宋元时期建造的溪门、亭、井、宗祠等古迹（图2-198）。

1. 村落选址：前横腰带水，后枕纱帽岩

村落选址不仅关系着族群的日常生产生活需求，更关系到宗族的兴旺发展。楠溪江一带的村落选址时都经过了仔细的考虑，芙蓉村的选址就极具代表性。

首先，芙蓉村始祖为避乱而迁移至永嘉一带，他们饱经战乱，千里奔波，为的是找到一块平静的土地，封闭而安全的环境成为其首选之地。乾隆《永嘉县志》记载："楠溪太平险要，扼绝江，绕郡城，东与海会，斗山错立，寇不能入。"这即楠溪江成为其选址的重要原因之一。

其次，要满足其自给自足的生产生活需求，需要有足够的耕地及水源。芙蓉村虽四面环山，但周围地势平坦，有足够的耕地，且楠溪江提供了充足的水源。《陈氏宗谱》载："唐末，为避乱世，有陈氏夫妇，从永嘉县城北徙，沿楠溪江就到了深山坳里，至芙蓉峰旁，只见此地前横腰带水，后枕纱帽岩，三龙抢珠，四水归塘，于是在这里筑屋定居。"其中描述了陈氏祖先选择村址的原因。"前横腰带水"指的是村落所选之处位于楠溪江的一段内弯处，古人认为其形似一条朝廷官员所用的玉腰带，而"后枕纱帽岩"指的是其背后山峰形似一顶乌纱帽，这种选址能够给族人带来官运。这看似迷信，但用现代科学解读发现，因楠溪江流域属亚热带海洋性气候，雨量充沛，夏季瞬时降水量大，常暴发山洪，而芙蓉村所处位置是河流的沉积岸，不易受洪水威胁的同时，还能增加土地的肥力从而提升生产力。村落西北面靠近山峰，能够阻挡冬季的寒风；东面与南面则有宽广的平地，可以保证足够的太阳光；且夏季气候风从东南面顺势而上，给

① 陈青. 温州芙蓉古村建筑文化研究 [D]. 杭州: 浙江理工大学2010.

图 2-199　芙蓉村选址分析
图源：一起看地图

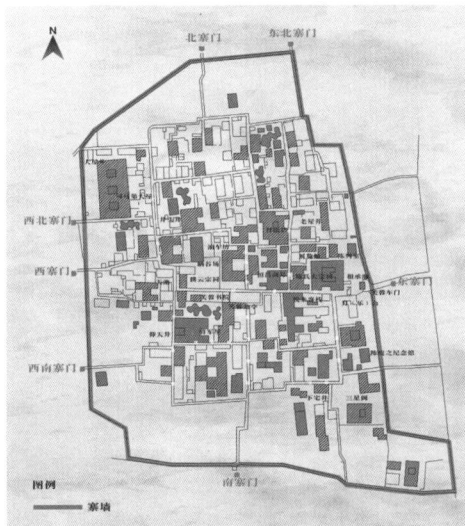

图 2-200　寨墙与寨门定位

图 2-201　东寨门（主入口）

村落带来降雨与凉爽。[1]这种环境给芙蓉人提供了一片安定、优美且肥沃的土地，为其生存与发展提供了基础（图 2-199）。

2. 村落布局：经天纬地，七星八斗

芙蓉村的布局主要受防卫需求、生活需要、阴阳风水等因素的影响。具体来看，寨墙、街巷、水系、公共空间的布置共同形成了村落的基本布局。因所在位置地势平坦，所以整体村落格局较为方正，路网交错规整，井然有序，犹如经纬线网交织而成。现存芙蓉村是经历战火焚毁后重建而成的，加之村落周围无较大的自然遮挡物，所以村内防御意识提升，使用蛮石和大块的卵石修建厚重的寨墙成为必然选择。寨墙成为村落的边界。寨墙上共开设有七个寨门，其中东面一个、西面三个、南面一个、北面两个（图 2-200）。东门朝着大路，是村内主入口，为一座三开间两层阁楼式建筑（图 2-201）。西面离耕地较近，为方便农业生产，开设了三道寨门。有趣的一点是，寨墙内的民居非常开敞明亮，令人觉得安宁与亲切，与高墙挤压下的阴暗曲折的街巷呈现出完全不同的景象。

① 陈志华，李秋香. 楠溪江中游 [M]. 北京：清华大学出版社，2010：69.

边界确定后，其内部的布局主要由街巷划分，芙蓉村街巷结构方正清晰，由一条主街（图2-202）和与之垂直的六条次街（图2-203）构成，次街之间穿插着若干小巷。主街贯穿全村，称为"如意街"，同时串联着村内最重要的建筑与景观空间，如车门、陈氏大宗祠、芙蓉池、芙蓉书院以及耕云宗祠等。次街服务于居住区，其与主街多呈现出丁字形，寓意人丁兴旺。

图2-202　主街如意街　　　　　　　图2-203　次街

同时，街巷与水渠网多数平行共轨，村内水源来自西面一条河流，进村前分为三道支流，从村西的三个寨门进村，而后沿沟渠流经全村供家家户户使用，最终从村南口流出。总体来看，芙蓉村的街巷与水网类似于农田的规划方式，方正的街巷网将村落划分为若干个地块，而后在每个地块内修建房屋，最终形成完整的村落肌理（图2-204）。

芙蓉村最具特色的规划布局就是村内散布着代表"七星八斗"的公共设施（图2-205）。"七星"指天上的北斗七星，古人认为南北斗星主持着人间的生死福祸；"八斗"象征着八卦中的三才五行，其隐喻着村寨之内可容天上之星宿，并寄望子孙后代人才辈出如星斗繁密，使村落成为风水圣地，稳定发展。

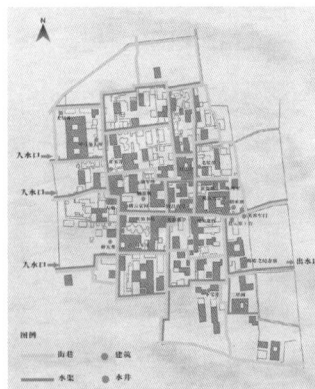

图2-204　街巷、水渠分布　　　　图2-205　"七星八斗"公共设施分布

"七星"对应着散布在村中丁字交会街口的七个高出地面的方形平台，战时可作巷战的指挥联络点，平日里则是村民公共聚会的场所；"八斗"则对应着散布于村寨中的八个水池，实际功能则是防火、抗旱、生产生活和美化村容。①其中既暗藏风水理念，也具备实用功能（图2-206）。

3.休闲空间：芙蓉中心，池亭辉映

长塘街中段西邻芙蓉书院，有一处精心规划设计的休闲空间，是以芙蓉池（图2-207）与芙蓉亭（图2-208）为核心的公共园林空间。该区域处在村内核心位置，使

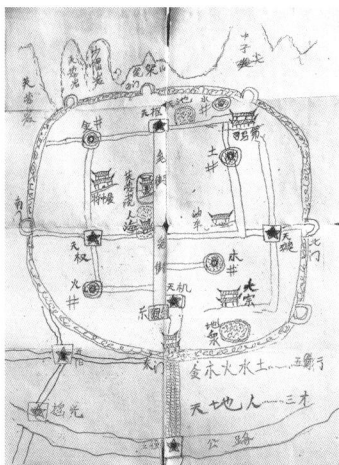

图2-206　七星八斗布局
图源：村民提供

所有村民都较易到达。芙蓉池东西长43米，南北宽13米，是村内最大的蓄水池，南北两岸设置有石板，常有女子在池岸浣洗衣裳。芙蓉亭在池中央偏东，在池子的南、北两岸都有石板桥通达亭子。芙蓉亭为两层楼阁式歇山顶方亭，设置有座椅及美人靠，供人休憩（图2-209）。芙蓉池四周均有道路与建筑环列，边界十分明确，因而空间完整、安定，气氛宁静而有向心力，容易使身处其中的人获得一种亲和感。②沿着主街由东向西行走，还未达到芙蓉池时，就能先看见芙蓉亭翻飞的翼角，给人一种游园的探索感。池北也有一条南北向的路，正对着亭子，所见景象就失于呆板。天晴时，芙蓉三岩倒映池中，池、亭、峰交相辉映，形成别样的景色。

图2-207　芙蓉池全景

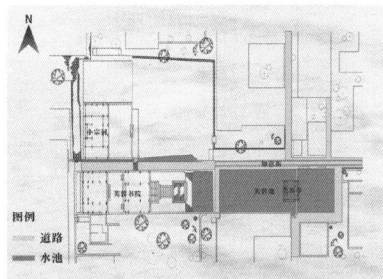

图2-208　芙蓉池平面图

图2-209　芙蓉亭内村民休憩

① 徐高峰."七星八斗"芙蓉村[J].浙江消防，2003（4）：40-41.

② 陈志华，李秋香.楠溪江中游[M].北京：清华大学出版社，2010：95.

139

4.村落发展现状及不足

（1）村落文化生态断代

在现代化、城镇化的进程中，芙蓉村原本内生稳定的文化生态遭受冲击。曾经受耕读文化与宗族文化影响的文化理想、社群意识、精神信仰、乡情民俗皆发生明显转变，传统社会形成的乡土文化逐渐淡化并消逝，村内文化空间也因传统民俗活动的消失而闲置，村民凝聚力及文化自信下降。

（2）村落风貌出现变异

在文化认同弱化以及生产技术提升及猎奇心理的影响下，村民新建房屋出现与村落整体风貌不相协调的现象。一方面是建筑高度突变，打破了传统村落均质且富有变化的天际线，另一方面是为满足现代车行需求使得街道尺度发生突变，加之新建的高层建筑不断挤压原有的街道空间，村落呈现出极不协调的风貌。

（3）村落产业发展模式单一

芙蓉村虽然拥有较好的古建筑群，但未充分挖掘其文化特点，与同类型的古村并未拉开差距，对游客来说还不具备较强吸引力；且其中的旅游设施建设滞后，在饮食住宿、娱乐购物、交通等方面都还未能很好地满足游客需要，以至于游客来访后不能持续消费，仅限于购买一些路边小吃，不足以提升村民的整体收入。正是产业发展薄弱，才致使村内年轻人均外出谋生，村落空心化严重。

（四）文房四宝——苍坡村

永嘉县楠溪江畔的古村落，像一颗颗明珠镶嵌在瓯江山水诗路文化带上，位于永嘉县岩头镇、楠溪江中游的苍坡村无疑是最耀眼的明珠古村落之一。

楠溪江历史上经历了两次人口大迁徙，第一次是晋室南渡，第二次是宋室南迁，使得永嘉地区经济和文化空前繁荣。苍坡村《李氏宗谱》记载，唐五代十国的后周时期（955年）始祖李岑由福建长溪迁移至此定居，使得此地历经千年发展成为李氏宗族聚居地。现在的苍坡村，是由九世祖李嵩在1178年聘请李时日所建，距今已经有800余年的历史。如今的村落还是那么的古朴，沿用南宋时期的布局，并且依旧可以看见古时的寨墙、宗祠、庙宇、池塘、水榭及亭廊等。

苍坡村作为传统的农业社会聚落，耕读生活、宗族文化与山水情怀是其重要特征。村落由单姓血缘构成，其内部便是一个宗法共同体，组织管理着村内事务，体现着传统中国最基层的自治单位——宗族强大的领导力及凝聚力。

因村内始迁祖和缔造者曾为中原名门后裔及文化智者，在他们主持建造下，苍坡村的选址与布局非常巧妙，其堪舆选址主要有三点考虑：一是基于客观生存环境的考察，二是对耕读文化的传承，三是宗族文化的体现，从而形成了极具特色的"文房四宝"村落布局，而这种布局所形成的独特的村落景观，也较为罕见。

1. 村落选址：空间风水抉择

宋淳熙五年（1178），九世祖李嵩与李时日共同商议村庄规划。当时正逢理学兴盛期，儒道合流，故苍坡村在规划时采纳了道家的"五行风水说"。[①]在此基础上，李时日结合苍坡村的地理环境，对村庄的"风水"进行了详细分析：苍坡以东，密布着森林，而东方甲乙木，木很容易着火，没有水压制，火很容易蔓延；南丙丁火；西方为庚辛金，而在此朝向的笔架山形似熊熊烈火；北方是壬癸水，而在苍坡北面，并没有什么巨大的河流和湖泊呼应。以李时日的眼光来看，这苍坡村实在是火气太旺，四面都是火灾之忧。为此，他向乡亲们提议，要挖沟导水，挖塘蓄水，用水克火。因此，在苍坡村形成了一条蜿蜒曲折的水沟，汇聚至村落东南角形成了东、西二池。进一步分析还可发现，苍坡村的东面和南面被平展的土地环绕，属于河谷的沉积岸，能够有效地避免洪涝灾害，并且冲积形成的土地非常肥沃，适宜耕种。楠溪江从村落东面向南流淌，夏季时东南风可以逆溪而上，带来充沛的雨量，而西面和北面是层叠起伏的山峦，可以挡住冬季凛冽的北风，满足村民的生产生活需求。[②]这表明苍坡村的先祖在选址时对生存环境的认识是全面而综合的（图2-210）。

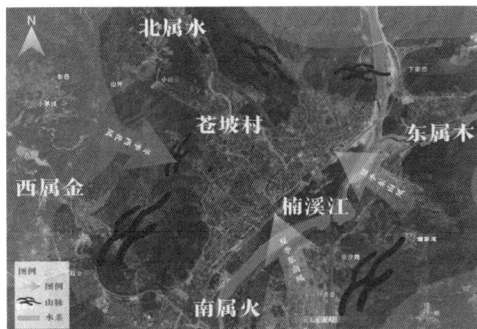

图2-210　苍坡村选址分析

2. 村落格局：耕读文化转译

在以农业为主的自然经济及宋代科举制度普及的背景下，苍坡村形成了自己独特的村落格局。从面上看，村内屋舍为坐北朝南，但村落的整体边界形态和村中的建筑并非正南正北的朝向，而是南北轴向平行于西北面的山峰。造成这一现象的原因是"耕为生存之本，读是升迁之路"的思想观念。在其村

①　林鞍钢.浅谈楠溪江古村落民居建筑及特点[J].东方博物，2006（2）：112-116.
②　范宵鹏，杨泽群.楠溪江中游苍坡村乡土聚落的田野调查[J].古建园林技术，2016（4）:76-80.

落的规划及建设当中，这体现为希望挨近被称为"文笔峰"的独立山峰，因其主文运；而如果能挨近连续的一凸一凹的被称为"笔架山"的山峰地带（图2-211），则文运更佳。苍坡村西北方向就有这种类型的山峰，村落布局以此为祖山，规划时有意识地将贯穿全村的主街直指笔架山，并将其命名为笔街（图2-212）。平坦的地势使苍坡村平面较为规整，街巷以主街为参照，排布方正整齐，以丁字形街巷为主。

图2-211 西池（砚池）倒影笔架山

图2-212 笔街

同时，因笔架山形同火焰，为防笔街引火烧村，就在它东端造了两口池塘，从西北口引入溪水，通过街巷水网管道到达东西二池，与村西的笔架山形成"文笔蘸墨"之势（图2-213）。宋代王洙等撰的《地理新书》说道："西北高，东南下，水流出巽，为天地之势也。"苍坡村水从西北角流入村子，汇聚于东南角出村的理水方式，正符合"山起西北，水归东南，为天地之势"的传统堪舆理念①。笔架山、笔街与池塘代表的砚池、石条代表的墨锭，共同搁置在整个村落形成的"纸张"上，便形成了"文房四宝"的布局（图2-214）。用这样的村落格局激励着一代代的儿孙努力读书、考取功名、走向仕途，映现了苍坡人内心精神中的耕读理想。

3. 礼制空间：园林山水渗透

在村落的东南口笔街的端头，是村落主

图2-213 笔街与石条（墨锭）

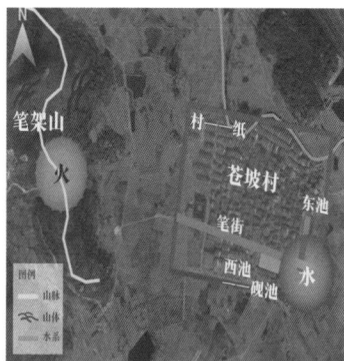

图2-214 "文房四宝"布局分析
图源：一起看地图

① 陈志华. 楠溪江中游古村[M]. 北京：生活·读书·新知三联书店，2015：92.

入口及礼制中心，由水口、溪门、东西二池、鼎香桥、李氏大宗祠、仁济庙、水月堂、望兄亭等礼制建筑和文教建筑组成。"溪门"（图 2-215）又称"车门"，表示常有官人车马进出，在封建时代，这一入口代表着权力与身份。苍坡村车门始建于南宋，斗拱硕大而精巧，撑托着三片悬山屋顶，形制质朴而刚健，柱上有题联：四壁青山藏虎豹，双池碧水贮蛟龙。车门前便是用方块石铺设而成的"进士坛"，前设三级条石砌成的台阶，叫"三试阶"，取院试、乡试、会试之意，分别代表考取秀才、举人和进士，这是当时读书人做官的必经之路。[①]进入溪门后有一甬道，跨越西池对接笔街，称为"鼎香桥"（图 2-216），桥身从平面上看分为左中右三段，中段凸起形似"虎背"，与溪门气势对应。

图 2-215　溪门

图 2-216　鼎香桥

整个公共园林分为三个部分：东池（图 2-217）、西池以及两池之间的建筑群。西池东西宽阔，倒映着笔架山，连接笔街代表砚台，并承担着供村民洗漱与交流的功能。东池南北狭长，北面为水月堂（图 2-218），而南面矗立着一座望兄亭（图 2-219），亭上的楹联"礼重人伦明古训，亭传佳话继家风"，记录着一段兄弟情深的家庭故事。

图 2-217　东池

图 2-218　水月堂

图 2-219　望兄亭

两池之间是李氏宗祠（图 2-220）及仁济庙（图 2-221）。宗祠是家族的象征，起着团结宗族、维护封建性的人伦秩序的作用。苍坡村的李氏宗祠建筑方

① 阿福，李玉祥.永嘉苍坡村：建在"文房四宝"上的古村落 [J]. 城市地理，2019（1）：116-121.

图 2-220　李氏宗祠

图 2-221　仁济庙

式非常讲究，祠堂由围绕高大戏台的院落和游廊组成。比较有意思的是，李氏宗祠的方位并不同于村内坐北朝南的民居建筑，而是坐东朝西面对笔架山。仁济庙为三进两院式建筑，东西南三面临水，与水月堂一起镶嵌在水面之上。一池静水倒映着周边的建筑与景观，并且在建筑临水面都做了连廊座椅，造就了村落中清幽雅致的空间。

西池这片村东南角建筑与景观，分别代表着耕读传家、家庭亲情、宗族兴旺的美好愿景，共同组成了中国最早的农村公共园林（图 2-222）。

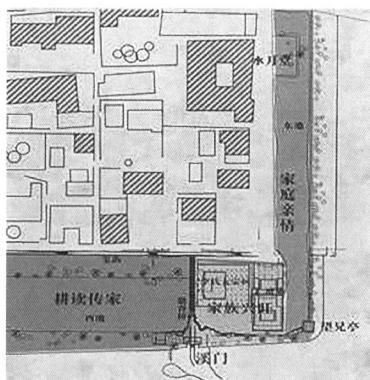

图 2-222　村落东南角公共园林分析

本章小结

此调研基于实地考察，对诗路景观资源加以整理，从地理、交通与艺文，山水、结构与建筑，生态、生活与生产，村落与村落景区的四种类型关系进行整体分析，进而选择若干乡村予以重点分析。所调研四条诗路之乡村节点 37 个，重点分析其中 17 个：具体是浙东唐诗之路 10 个，重点分析其中 5 个（安昌、柿林、华堂、塔后、后岸）；大运河诗路 10 个，重点分析 4 个（西塘、义乌、荻港、新市）；钱塘江诗路 11 个，重点分析 4 个（东梓关、深澳、新叶、廿八都）；瓯江山水诗路 6 个，重点分析 4 个（溪头、芙蓉、石仓六村、苍坡）。通过调研，发现了现有诗路乡村景观发展之不足，为提出诗路乡村景观设计策略与方法提供了现实基础。

第三章

有村之用：浙江诗路乡村景观地方化设计

诗性生长

浙江诗路乡村景观
设计策略与方法

浙江诗路文化的精义在于浙学。浙学是富有浙江地域特色的人文传统与理性精神。历史上浙籍思想家共同倡导经世致用的治学理念。汉代思想家王充，被公认为浙学的开山人物。他倡言"疾虚妄""务实诚"，提出"天道无知""破除迷信""世运进步""强力竞争""文学实用"等五大"主义"。宋代婺州学派吕祖谦提出了"求实学""用真儒"，永康学派陈亮提出了"开物之务"，永嘉学派叶适提出了"崇义养利"。清代浙东学派黄宗羲提出治史要"经世应务"，认为唯有以经史之学为学术基础，才能从事"治国平天下"的"经世"事业。"经世致用""天人合一""经史并重""和合兼容"是浙学的特质，浙学亦因此而成为最具活力的地域文化形态之一。^①开展浙江诗路乡村景观设计，务必尊重和把握浙学这一浙江诗路文化精义。本章基于"有村之用"策略，提出"地方化"的浙江诗路乡村景观设计方法，立足于"用"的观念、观点，分析其美学语法，进而将之运用到九龙、大岭、鹿田三村的景观设计中。

① 张宏敏.试析浙学与署学共同特质[J].浙江社会科学
2020（11）：124-129+159.

第一节 "用"的美学语法

　　中国传统哲学、美学中蕴含了丰富的设计思想，而这些思想往往凝练在一些关键概念之中，"用"就是如此。在汉语中，"用"的含义十分广泛。《汉语大字典》（第2版）所列的义项有20个，包括"施行、奉行、使用、运用、任用、采用、治理、处理、功用、能力、资财、费用、需要、供使用的器物、事物本质的外部表现"等等。[1]其中"施行"是它的本义，"任用""采用""费用"等皆是它的延伸义。它的深刻含义尤其体现在道家的"无用"、明末计成的"节用"、清初李渔的"适用"等观点中。将这些古代"用"的美学观进行转化，创造性地应用于浙江诗路乡村景观设计，就是"有村之用"（图3-1）。而这种实践，对于我们深入理解历史文化之于景观设计的重要意义具有积极作用。

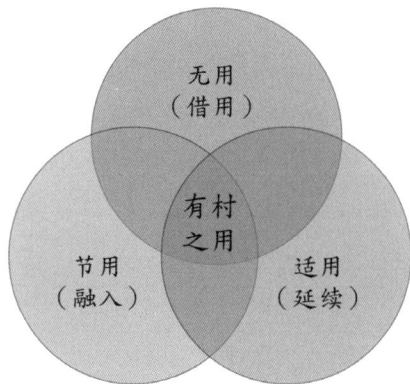

图3-1 "有村之用"设计理念结构

一、"无用"之借用

　　"用"可用于表达功利、目的的观念，所谓"无用"就是指无功利、无目的。谈起美或审美特征的时候，"用""无用"就有了可言说的空间。德国美学大师康德的观点"美是无目的的合目的性"为人所广知。此中两个"目的"针对的对象不同，前者是审美主体，后者是审美客体。审美的时候，主体不应该把主观性强加到客体对象身上，否则就成为功利性的活动。康德力求美的定义，把审美当作反思性活动，将美作为道德的象征。康德美学反映了西方哲学、美学以理性为本体的实质。与之不同，中国哲学、美学从"道"出发，强调天地

① 汉语大字典编辑委员会.汉语大字典（第2版）第1卷[M].成都：四川辞书出版社，2010：113.

人和。儒家提倡尽善尽美，道家以真为美，追求自然、朴素、无为而治，两者都要求将群体性体现在个性之中。和谐是西方、中国文化的共同主题，但西方文化是在主客二元对立中突出，而中国文化是在天人合一境界中获得。中西不同的文化、思维方式，造成了不同的审美功利性追求。

　　道家的"无用与有用"是"一个精神的两面"，都是"得到逍遥游的精神的象征"。①《庄子·人间世》云："人皆知有用之用，而莫知无用之用。"②《庄子·外物》云："知无用，而始可与言用矣。夫地非不广且大也，人之所用，容足耳。然则厕足而垫之致黄泉，人尚有用乎？……所谓无用之为用也亦明矣。"③这里说的"无用"，与"有用"相对。两者分别基于自己与世界，即有用于己而无用于世。换言之，持无用之态度可以使人在乱世中保全性命，借无用之物可以摆脱生活痛苦，达到逍遥的境界。所以，"无用"并非真的没有用处，它也是一种用处。《庄子·人间世》中的此义本起于《老子》。其第十一章曰："三十辐共一毂，当其无，有车之用。埏埴以为器，当其无，有器之用。凿户牖以为室，当其无，有室之用。故有之以为利，无之以为用。"④这段话的大意是：车轮中心的孔是空的，车轮才能转动；器皿的中间是空的，器皿才能盛东西；房屋中间是空的，房屋才能住人。故"有"给人便利，"无"发挥了它的作用。可见，"有"与"无"各有其用。它们的关系可以从两个方面进行再理解：一是形式与功能的关系，即"有"为外在存在特征，"无"为本质特征；二是事物与空间的关系，"有"乃是构成"无"的实体要素，"无"是"有"的空间表现。总之，"有"与"无"辩证统一，互为存在前提。

　　"用"之"有""无"主要基于心灵之作用而言。与实物之作用不同，心灵的作用乃是通过摆脱实体而利用了形式，因此具有超越性。道家"无用"的观点被后人关注，原因也大致在此。近代美学家王国维在《孔子之美育主义》一文中指出孔子的美育思想中也有道家的一面，并称"无用之用"有胜于"有用之用"。⑤他所说的"无用"之物，具体指的是文学、艺术。他还在另一篇文章《人间嗜好之研究》中指出，宫室、车马、衣服、驰骋、田猎、跳舞、书画、古物、戏剧（文学）、美术（艺术）之嗜好，都是为了满足人的欲望。他把文学、艺术之嗜好当作"最高尚的嗜好"，就是主张要通过教育抑制"卑劣的嗜好"，并易之为"高尚的嗜好"。⑥王国维高举"美育"旗帜，主张用美来改造社会和提升国民素养。这种美育思想包含了深刻的经世致用观，是对传统哲

① 徐复观.中国艺术精神[M].桂林：广西师范大学出版社，2007:51-52.

② 老子庄子[M].王弼，郭象注.陆德明，音义.上海：上古籍出版社，1995：63.

③ 老子庄子[M].王弼，郭象注.陆德明，音义.上海：上古籍出版社，1995：300.

④ 老子庄子[M].王弼，郭象注.陆德明，音义.上海：上古籍出版社，1995：6.

⑤ 王国维.王国维文集（下[M].北京：中国文史出版社，2007：95.

⑥ 王国维.王国维文集（下[M].北京：中国文史出版社，2007：16.

学、美学的现代阐释，具有时代意义。

　　洞悉中国传统的"无用"思想真谛，更需要从"无"的概念入手。万物生于有，有生于无。"无"与"有"相对，但后者是现象的，前者是本体的。这就要求在具体设计实践中应当充分关注和考虑这种"无"，即由实体性要素构成的空间。空间性的"无"，并非空的存在，而是具有功能性的场所、人文性的环境主体。将"无用"观念渗透到空间营造当中，需要通过特定方式的组合排列，从而完成特定的设置。借用"无之为用"的空间哲学、美学思想，可以形成传统乡村空间认知的哲理智慧，形成保护、营建思路，这就是"建乡居以为村，当其无，有村之用"。"乡居"是具体的物质形态，是"有"，是个体；"村"是反映生活共同体的抽象概念，是整体，它通过乡居之间的空间和用于大型活动的公共空间，即由"无"来承载和实现。乡居之"有"和空间之"无"共同构成"村"的整体认知，通过世代相传，构成乡村日常生活和社会文化认知中的集体意识。具体说来，传统乡村"有"与"无"的辩证关系反映，就是在具体空间布局上"建筑"与"开敞空间"的实虚关系表达（图 3-2）。互为因果的建筑与空间的图底关系，正是乡村空间布局的深刻内涵与空间魅力的反映。[1]

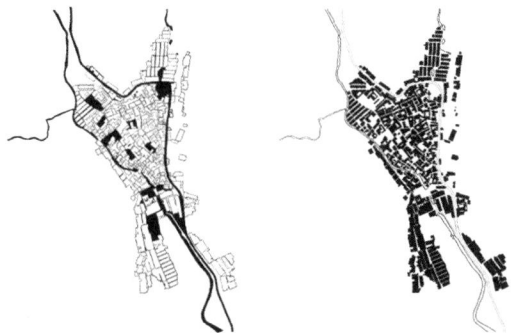

图 3-2　钱塘江诗路节点浦江嵩溪村空间布局的实虚关系空间序列

　　传统乡村形成时间较早，蕴藏着丰富的历史、文化、科学、艺术、社会、经济等信息。它体现着人与自然和谐相处的文化精髓和空间记忆，具有重要的保护价值。然而在现代化冲击下，它的原始空间格局已难以为继，建筑本身的使用功能亦逐渐退化。为了不断满足现代人的生活需要，我们需要寻求新的指导思路，实现和保证传统乡村的可持续发展。用"图"与"底"的关系转化"有"与"无"的关系，有助于加强对传统乡村的整体保护和促进传统乡村的诗性生长。这种保护对象不仅只是传统建筑，而且还有空间格局。

　　近年来，"建成遗产"（built heritage）概念在国内颇为流行。它指的是以人工建造方法形成的文化遗产，包含城市遗产、建筑遗产和景观遗产这三个

① 杨贵庆.有村之用：传统村落空间布局图底关系的哲学思考[J].同济大学学报(社会科学版)，2020，31（3）：60-68.

部分。如果将这个概念从空间范围上扩展开来，另外一种表述方式就是"历史环境"，即具有特别指定意义的历史城市与乡村建成区及其包含的景观要素，比如城市里的历史文化街区和乡村中的传统村落。除此之外，还有其他相关内容。"历史环境"概念的外延还包括那些虽建成遗产早已凋零，但历史地望影响依然深厚的地方。[1]这一概念的提出完美地诠释了遗产内涵所蕴含的多元价值属性。科学设计景观，要重视景观遗产价值，特别要激发景观空间的活力，使之得到可持续发展。

二、"节用"之融入

"有"与"无"的问题，实际上就是空间的问题。《老子》"凿户牖以为室，当其无，有室之用"中的"室之用"正是由于室中之空间。这个空间不是封闭的存在，而是与外界互通的，是可以随着心境流动而发生变化的。空间具有主体性，它是人的空间。置身其中，可以闲坐，也可以远望。在一些景观建筑中，廊、窗、楼、台、亭、阁等都是十分重要的设施，它们具有"可望"的作用，都能够使空间美感变得丰富。至于如何布置、组织、创造空间，就得采用各种手法。在这方面，中国古典园林理论能够为我们提供重要参考。

明末计成的《园冶》是一部最系统、最专业、最具影响力的中国古代造园理论著作，在世界造园史上也具有重要地位。它的篇幅不长，但对造园的原则和方法的全面总结及其各个环节的详述，在古代无同类论著可以比拟。《园冶》分"园说""兴造论"两部分，前者又分相地、立基、屋宇、装折、门窗、墙垣、铺地、掇山、选石、借景等10篇。此外还绘制了造墙、铺地、造门窗等图案235幅，图文并茂，经典论断亦迭出。该书所凝聚的传统哲学、美学思想精华，我们可以从它的"节用"观中一窥堂奥。

"兴造论"曰："园林巧于因借，精在体宜，愈非匠作可为，亦非主人所能自主者；须求得人，当要节用。"[2]这是说，园林建造的精巧在于因地互借、得体合宜，而这并非仅靠匠人技艺水平和园林主人主观行事所能做到的，需要规划得当、用人得力，更当遵从节俭利用的原则，绝不能铺张浪费。基于这段文字，再结合其他部分，我们可以把《园冶》的设计美学理念概括如下。

其一，以"天人合一"为最高境界。"因借"二字体现出辩证思维。假如"因而不借"，则是自然主义办法，"借而无因"则是主观主义造作，故只有两

① 常青.过去的未来：关于成遗产问题的批判性认知与实[J].建筑学报，2018（4）：8-
② 计成.兴造论[M]//园冶.天寿，译注.重庆：重庆出版社2009：2.

者结合才能产生自然的情趣。这要求通过合适的"人作"，即与自然有机融合，摈弃复杂烦冗的虚饰，实现自然与人文的极度统一，达到本于自然而又高于自然的造园境界。如在"园说"中提到的"虽由人作，宛自天开"就是天人合一思想在造园中的生动表达。

其二，充分发挥人的主观创造性。园林之"巧"与"精"，依赖于人之力，即设计者的主观创造性。如"掇山"篇提到"有真为假，做假成真；稍动天机，全叨人力"。天机，指天赋灵感。这是说有真的自然山水就能建造假的园林山水，而建造园林假山水则必须呈现自然真山水的神韵。垒砌假山，做到"做假成真"，呈现出自然的神韵，就需要得到灵感，即依靠人的主观能动性、创造性才能做到。

其三，在造园时一定要遵循法度。"节用"的"节"，又有节度、法度的意思。造园是一门艺术，要遵从天人合一、以人为本的原则，特别要善于使用各种技巧、方法。"借景"篇认为借景这一方法最为关键，并提出"远借""邻借""仰借""俯借""应时而借"等五种方法。[①]触景生情、目有所见、心有所思，借景时应该如同艺术创作，胸有丘壑、意在笔先。

"节用"有减省费用、节录采用、按时节利用等各种含义；其中，主张减省费用是先秦诸子学说尤其是墨子学说的主要内容。"凡足以奉给民用，则止。诸加费不加于民利者，圣王弗为。"[②]墨子认为，只要足以供给民用就可以，不能过度。徒增费用，对民生无益之事，这是圣明的君主所不为的。依据此，国家就会因节用而兴盛发达，民众也会因此而过上美好生活。他又进一步从衣、食、住、行四个方面提出了"节用"的具体内容。这种一切以民用、民利为准则的观点，体现了墨子的民本、兼爱、平等的思想。近代学者梁启超以"节用"解释外来的"生计""经济"概念，认为墨子所说的"节用"实际上就是"生计学之正鹄"。[③]可见，"节用"观体现了古人的一种节俭态度、实用精神和以俭治国的政治要求。《园冶》谈不上有什么宏大的政治理想，主要是基于园林营造的实践总结，表达的是对园林艺术的理解和对园林式生活理想的追求。其实，它的核心思想就是要求师法、融入、顺应、表现自然，而这也正是中国古典园林艺术具有影响力和生命力的根本所在。另外，"节用"观的提出对后世具有警示作用。古人在造园时也有极端化倾向，如一造多改、鸠匠动众、大兴土木、长期施工。显然，这种劳民伤财的做法非常不可取。营造的时候如果过

① 计成.园冶 [M].胡天寿，译注.重庆：重庆出版社，2009：244.
② 墨子 [M].毕沅，校注.吴旭民，标点.上海：上海古籍出版社，1995：78.
③ 梁启超.墨子学案 [M]// 梁启超全集（第 11 卷）.北京：北京出版社，1999：3168.

度人为，也就使园林丧失了艺术之美和自然品格。

美在"节用"，美亦在乡村。乡村景观在今天的园林城市、田园乡村及各种生态旅游景区建设中都具有重要的意义。之于园林城市而言，乡村景观具有城市标志、空间立体分割、突出乡村环境、立体空间引导等作用。[①]在浙江诗路文化带的建设中，应适当考虑乡村景观因素。如充分利用原有的旧民居、老桥等，保持乡土文化特色（图3-3）。乡村景观本身就是田园的，在营造过程中要尽可能结合山水、田园条件，保持整体风格淡雅、意境唯美。如同艺术创造一样，园林营造讲究方法、结构，追求简洁、有序；这同样要求乡村景观设计时时秉持"园林"意识，尊重自然、生态，竭力消除人为做作的痕迹。特别是要融入园林美学因素，把形式与意境融合起来，使得空间立体化、情境化，这样能够起到绝佳效果（图3-4）。

图3-3　浙东唐诗之路节点安昌古镇
　　　　民居再利用

图3-4　钱塘江诗路节点富阳东梓关村实景

三、"适用"之延续

适用，意即符合客观条件的要求，适合应用。"适"有适当、适度、适应、适意等各种含义。所谓"适用之美"，即承认美的东西是适用的。具体地说，凡一个对象是美的，其一定是符合主体要求的。那么对象是否一定因此才能被认定是美的呢？这是值得商榷的。认为一个对象是美的，无非认为它适应了欣赏者的审美个性。但是欣赏者的审美心态是随时随地会发生变化的，而美的对象对它的适应性其实是有限的。艺术品不可能处处都能适应需要，事实上也不需要处处都适应。艺术适应欣赏只不过一种手段而已，它的目的在于能够创造出欣赏的兴趣和能力。这就要求艺术品具有较大限度的适应性。[②]作为景观设计，也要求从欣赏者出发，充分考虑到不同游观者的需求。罔顾景观本身，只考虑到游观者住、行、观的方便，则必然使游观者减轻对景观的关注和向

①　刘云军.园林规划中乡村景观设计现状及发展趋势思考[J].美术教育研究，2019（20）：75.
②　王朝闻.王朝闻全集（第卷）[M].青岛：青岛出版社，2019：596.

往程度。因此，"适用"作为美学范畴，所应对的就是实用与审美的矛盾关系。处理这种关系，我们仍可以从传统美学思想中获得启发。

李渔的《闲情偶寄》是一部生活艺术经典之作，涵盖了戏剧与生活两个领域，体现了艺术生活化或生活艺术化的休闲趣味。该书前有凡例七则（四期三戒），主要包括词曲、演习、声容、居室、器玩、饮馔、种植、颐养等八部，内容丰富，涉及面很广。严格地说，这部书只分为两部分：前三部属于艺术（戏曲），后五部属于生活。所以，它是一部名副其实的"艺术与生活"著作。故理解它的生活部分要结合艺术部分，反之亦然。两者结合，我们仅从它的"结构"观就可以见得。"词曲部"的"结构第一"曰："填词首重音律，而予独先结构者，以音律有书可考，其理彰明较著。……至于'结构'二字，则在引商刻羽之先，拈韵抽毫之始。如造物之赋形，当其精血初凝，胞胎未就，先为制定全形，使点血而具五官百骸之势。"①这里不仅把"结构"放在第一的位置，而且使用"造物之赋形"的比喻作进一步说明。可见，李渔在"结构"问题上已经有意识地将艺术与生活融为一体。

李渔将生活艺术化，特别提出以"适用"为首要原则的造物理论。"器玩部"分"制度""位置"两部分，其前面有"小引"，中云："人无贵贱，家无穷富，饮食器皿，皆所必需。"②"几案"款云："凡人制物，务使人人可备，家家可用，始为布帛菽粟之才，不则售冕旒而沽玉食，难乎其为购者矣。"③"茶具"款云："置物但取其适用，何必幽渺其说，必至理穷义尽而后止哉！"④在他看来，是否适用是第一要求。创制品是生活必需品。但这并非意味着我们随便使用就可以，而是要以灵活应变的态度去贯彻适用原则。创制应当遵循法度，但又不能受法度所限。制作的目的是为人服务，所以在制作时要用心尽思，以期致用利人。只有知悉物之产生效用的特殊途径并针对其性能的要求，施之以行之有效的创制技巧，才能真正使之变得可用、有用。制作的功利性，也要与其外化形式相结合，即只有使良质美材与手艺技巧巧妙地结合起来，才能实现人巧、天工的完美统一。适用、经济、审美等各种价值要求统一，这是李渔对造物的基本要求。

李渔的适用观来自生活实际。"凡例"中提出崇尚俭朴的期望："《居室》《器玩》《饮馔》《种植》《颐养》诸部，皆寓节俭于制度之中，黜奢靡于绳墨之外。"⑤他认为各种生活设施的制作都要讲求节俭，切忌奢华和过分追求享受。

① 李渔.闲情偶寄·窥词管见[M].杜书瀛，校注.北京：中国社会科学出版社，2009：4.
② 李渔.闲情偶寄·窥词管见[M].杜书瀛，校注.北京：中国社会科学出版社，2009：142.
③ 李渔.闲情偶寄·窥词管见[M].杜书瀛，校注.北京：中国社会科学出版社，2009：143.
④ 李渔.闲情偶寄·窥词管见[M].杜书瀛，校注.北京：中国社会科学出版社，2009：155.
⑤ 李渔.闲情偶寄·窥词管见[M].杜书瀛，校注.北京：中国社会科学出版社，2009：1.

提倡节俭，是充分顾及贫富差距的社会状况。"居室部·房舍第一"中的"高下"款中提到"因地制宜之法"①。这个观点与《园冶》的立论颇为一致，但主要是个人体验的结晶。"窗栏第二"提出"取景在借"②。其中对扇面窗、尺幅窗、梅窗的设计介绍，完全是自己的经验之谈。他在移家过程中先后造过伊园、芥子园和层园，用实际行动遵循了造物的原则和要求。不得不指出，"心乐"是李渔对生活中的造物乐谈不止、乐做不疲的根由。在他看来，凡事凡物都要以心境来衡量，只有符合内心的快乐才是真正的快乐。双语作家林语堂十分欣赏这种生活态度，在"对外讲中"写作中多次论及李渔的《闲情偶寄》，如《生活的艺术》征引和谈论了该书的"饮馔部""居室部"。他将生活享乐家李渔和盘托出，向西方人传达了别具风格的中国休闲文化。由此，我们也可以感受到李渔生活美学的价值和意义。

图 3-5 （明）唐寅
《江南农事图》
纸本设色 台北故宫博物院

李渔提倡适用观，以艺术化、快乐化的角度进行生活美学设计，给我们的最大的启示，莫过于其对生活细节的重视和诗意经营。现代人的诗意源泉，无非是艺术和乡村。如果说艺术的诗意来自陌生化，那么乡村的诗意来自熟悉感和乡愁记忆。"那些凝聚了乡愁的古老民居、古村落有着不可替代的价值，它的存在为乡愁赋形，使乡愁有了根，文化之魂就不再漂泊。"③当代乡村景观设计，要从乡村生活本身出发，来源于乡村，展现于乡村。乡村景观整体设计，要依据自然、地理、文化条件进行规划。江南文化是水的文化、诗性的文化，我们最能从江南乡村艺术中体会到这一点。如明代唐寅《江南农事图》（图3-5）描绘了各种农事，呈现出一派江南春天景象，散发出浓浓的山水田园气息。题诗是最好的写照："四月江南农事兴，沤麻浸谷有常程。莫言娇细全无事，一夜缲车响到明。"对比当代的浙东唐诗之路乡村景观天台县张思村，我们能够发现一种延续。两者结构近似，且都十分细腻，

① 李渔.闲情偶寄·图说（下[M].济南：山东画报出版社，2003：191.

② 李渔.闲情偶寄·图说（下[M].济南：山东画报出版社，2003：203-204.

③ 范玉刚.乡村文化复兴视域中的乡愁美学生成 [J].南京社会科学，2020（1）：12-19.

图 3-6　浙东唐诗之路节点天台县张思村

整体风格优美，可谓异曲同工。曲折的道路、错落的田舍，保持了完整的田园生态。位于天台县的张思村，其设计与周边景观相协调，丰富了功能类型；所提供的田园观光、农事体验等场所功能，也满足了现代人的需求（图3-6）。

　　综上，"用"虽然是一个共享性的概念，但是在中国古典哲学、美学中具有独特的意味，"无用""节用""适用"仅是代表性观点而已。我们在感叹汉语文化绝妙之处的同时，也叹服于古人拥有的超凡的设计美学智能。即使经过历史的洗涤，这些见解在今天依然得到延续，这从当代的一些乡村景观设计中可以看出。任何的景观设计，都是具体文化的实践及其产物。意大利建筑学家维托里奥·格里高蒂（Vittorio Gregotti，又译为维托里奥·格雷戈蒂）在《建筑学的领域》一书中提出"历史是设计的工具"的观点。它虽然体现的是结构主义的建筑观念，但是对历史文化之于设计具有重要性的强调则具有普遍意义。把建筑实体作为定义空间功能的工具和手段，有助于为传统村落重新打造合适的社会结构，使之达到再"用"的目的。设计是历史文化的设计，在浙江四条诗路文化带的景观设计的实践与研究中，遵循历史有不可忽视的作用。从历史文化的视角理解景观设计，有利于摆脱外来话语制约，构建起有中国特色的设计文化，有助于更新中国本土景观设计理念。①

① 施俊天，柴鸿举，安旭.语言景观学视域的诗路乡村景观文本建构——以鹿田村为例 [J]. 创意与设计，2022（3）：12-17.

第二节 九龙村石灰岩矿坑公园旅游规划设计

钱塘江诗路覆盖杭、金、衢三地。金华是浙江的地理中心，也是浙江的"诗心"，历史悠久，诗路文化底蕴深厚。作为钱塘江诗路之构成，金华诗路向东通过金华江与浙东唐诗之路相接，向南经过武义江与永康江连接瓯江山水诗路，向西途经富春江、钱塘江，对接钱塘江与大运河诗路。历代文人雅士纵情于金华山水之间，留下无数脍炙人口的精美诗篇。位于金华市北面的金华山，闻名遐迩，是金华诗路乃至钱塘江诗路、浙江诗路之名山。九龙村即位于金华山南麓，靠近金九线（金华至九龙村），距离市中心20公里，周边交通便利。这里曾经以开发矿石为主导产业，九龙矿坑就是当年尖峰水泥厂开发的矿场旧址，如今只有采矿留下的粗犷的山体肌理层和废弃的矿机。这里也曾有剧组布景拍摄，遗留下一些道具和场景。这里因地貌特征较为独特，再加上本地多阴雨天气而时常雾气缭绕，以及有影视道具结合，常有周边民众自发前来拍摄，故拥有一定的旅游基础。

依据《金华市诗路文化带发展规划》，金华山与金华古子城遥相呼应，是金华诗路主轴线的重点构成区域。浙中生态廊道、交通廊道建设和诗路文化带建设为改造废弃的九龙石灰矿坑带来了契机。本项目在原有的地形和地貌基础上，对九龙村的历史和文化进行了深度挖掘，将原有的植物和矿产资源进行了最大限度的开发，并通过湿地、草甸、湖泊等景观要素来修复该区的生态环境和景观风貌，并在此基础上增加游乐项目，致力于打造一个集地质科普、生态休闲、摄影旅游、体验娱乐等功用为一体的矿坑特色公园。

一、知白守黑，空间无极之用

"知其白，守其黑，为天下式。为天下式，常德不忒，复归于无极。"[1]道家经典的这段话成为本研究主题的依据。知白守黑，从《周易》的阴阳角度出

① 老子 庄子 [M]. 王弼，郭象注. 陆德明，音义. 上海：上海古籍出版社，1995：16.

发，可以看到宇宙万物生命无限循环的制式，投射着一种黑白并存、黑白互构、黑白转化的中国式思维的辩证之光，进而引申出内敛收藏、大智若愚、圆融变通、美美与共的人生哲理。当代中国乃至世界，因非黑即白的价值观撕裂而凸显了"道不同者何以共处"的重大问题。任何价值共识都是以一定的缄默、妥协为前提。在不能改变"道不同"的他者时，主体向内促逼就成为重要选择，而知白守黑是最佳的实践智慧。

依照此种思维，九龙矿坑改造正是一个"知白守黑"的实践场所。沉浸于这样一个空间，我们可以浮想曾经的过度开发、环境污染，但我们也可以享受当下的生机重现、人物和谐，这种因为人类活动而被废弃的土地，就形成了所谓的"第四自然"，这样的景观我们又如何来利用呢？创伤不必遮掩，新旧可以共存，但本质已然互转。一个黑白相融的空间，试图给身临其境的人们以这样的体悟和哲思，我们就需要重新梳理景观与自然、空间与人的相互关系，使"第四自然"本身成为一种美感。

（一）虚实之无用

九龙矿的改造以石灰岩及其衍生材料为介质，以黑白灰为视觉语言，以黑实白虚为造境手法，通过设计的创意和景观的转化，实现废弃矿坑的蝶变再生；结合现代生态技术，打造以地质科普、房车露营、游玩体验为主题的多元化矿坑公园，以矿山山体为核心，用生态廊道串联，打造特色生态游乐空间，形成可赏可玩的开放空间系统，满足人们对闲逸美好生活的向往（图3-7）。

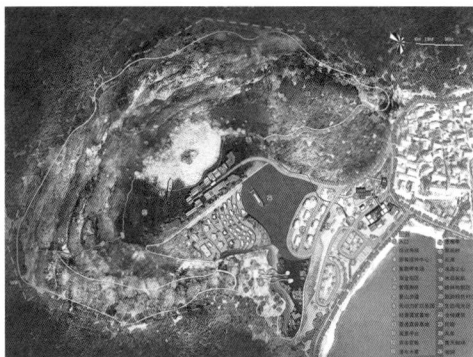

图 3-7　金华山九龙矿平面图

整个场地空间有 300 多亩，在空旷的场地上布置了有特色的景观节点：以黑色为基调的房屋建筑、船体，陡坡式的露营基地与房车，还有平静的湖泊。节点之"有"与场地之"无"共同构成了黑白空间。节点的布置遵循景观视线的虚实表达，前景与后景的巧妙搭配，视线由高到低的层级关系，给游客如有若无的特殊视觉感受（图 3-8）。

依据不同地块的功能性质不同，九龙村小冰岛设计主要分为：综合服务区、户外营地区、湖景生态区、峰林生态区、生态观光区、冰岛风光区六大功能区块（图 3-9）。

图 3-8　景观视线

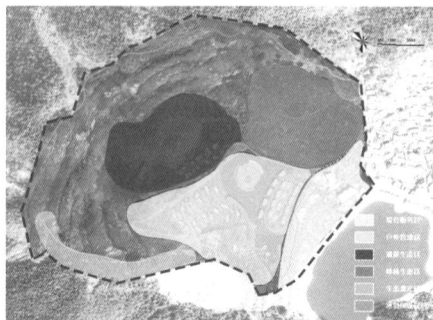

图 3-9　功能分区

（二）古为之今用

矿坑原有一艘帆船，是当时拍摄电影所留下的，经过这些年的风吹雨打，帆船破旧，更具有岁月的痕迹，给人以凄凉之感。现规划设计两艘帆船，一艘保留原先的造型，在一定程度上进行补修，保证船体建筑的安全性；另一艘以石灰岩与耐候钢结合，

图 3-10　云程万里——旧帆船效果图

打造极具现代风格的船只。两艘船，一艘以石为海，以山为靠；一艘入水而建，大有启航之势。这展现出了古与今的交汇，以"云程万里"著称，是中华文化探索精神的体现（图 3-10、图 3-11）。

图 3-11　云程万里——新型帆船效果图

二、废材再生，山石活化之用

石，是自然的产物，也是人工的巧作对象。从石器时代的工具，到宏伟的金字塔、罗马斗兽场等建筑，再到如今的高楼大厦林立，石在人类世界中无处不在。借助"石"这一古老的材料，人类创造了一个又一个传奇。在矿山中，石是矿坑的肌肤，也是骨骼。九龙山的石灰岩整体呈现黑灰色，且夹杂大量深浅不一的灰白纹理。通

图 3-12 场地建筑现状分析

过处理，可形成纹理独特的石块、碎石等营造材料。同时，过去的石灰岩开采主要是为水泥生产提供原材料。由此，在本项目改造中，需要坚守对石灰岩的尊重和利用（图 3-12）。在矿山项目的设计中，应尽量将工地上的材料加以循环使用，使其最大限度地发挥出潜能，降低生产、加工及运输的能耗，减少建设时的浪费，并保持地方的人文特征。应对基地已有的建筑及设备进行最大限度的开发，以满足新的用途。

（一）矿材之节用

导视系统是空间必不可少的配套公共设施。导视系统能让游客对场地有一个整体的浏览印象，也为游客提供必要的游览路线与特色景点，可使游客在短时间内快速掌握旅游景区的相关情况（图 3-13、图 3-14、图 3-15）。但

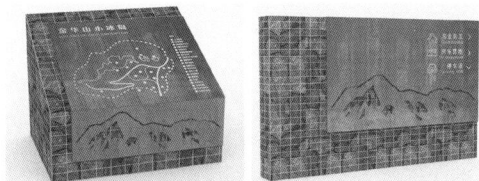

图 3-13 一级导视牌   图 3-14 二级导视牌

图 3-15 三级导视系统

是，导视系统还有着传达所属地方文化与特色的作用，为了让游客更加感受到地方文化的风采，在设计导视系统时应该使之与场地风格保持一致。因此，在本次设计中，导视系统充分考虑矿坑材料与特性，采用九龙矿的石灰岩与耐候钢作为材质，并以九龙山为元素进行设计。

（二）矿家之复用

矿坑周围东北方向的建筑主要为民房，沿矿周围有采矿遗留厂房，部分房屋年久失修，存在安全隐患。设计时对石材进行再生利用，使废弃的石灰岩融入建筑的建造，从建筑外立面到室内设计，将石的元素运用到场地之中。接待中心在原厂房基地上重建，以黑山石为主，山石砌筑墙体，水泥构造建筑；建筑内部的暖色灯光与黑白色相映衬，取名"矿野之家"（图3-16）。"矿野"代表着矿石所具有的粗犷的野性之美，而家给人以温馨的氛围，两者结合，恰如刚与柔的兼收并蓄、黑与白的对立统一。

图 3-16　矿野之家——接待中心效果图

矿山小镇在原有小木屋建筑基础上重建。材料上以石灰岩砌筑、钢架混凝土结构为主，局部搭配碳化木与耐候钢。场地位于矿坑中心位置，受地势起伏影响，小镇被隐藏在陡坡之后，在远处眺望察觉不到小镇的存在，只有靠近才能看见，有别有洞天、豁然开朗之感。作为矿坑的商业区，小镇主要以餐饮、文创经营为主，满足游客的休闲需求（图3-17）。

图 3-17　别有洞天——矿山小镇效果图

（三）就势之借用

台地露营是利用原有矿山坡地地形，将石灰岩砌筑成梯台，石灰岩碎石铺地，打造出极具视觉效果的露营基地。夜晚可坐在露营地旁，仰望浩瀚星辰

（图 3-18 ）。另设有露天剧场，可举行小型音乐节、篝火晚会等娱乐活动，丰富场地之"有"（图 3-19 ）。在剧场旁边规划设计组团式房车，为自驾游爱好者提供高品质的设施场所（图 3-20 ）。

图 3-18　浩瀚星辰——台地露营效果图

图 3-19　露天剧场效果图

图 3-20　房车营地效果图

三、吐故纳新，矿坑修复之用

《庄子》中说："吹呴呼吸，吐故纳新。熊经鸟申，为寿而已矣。此道引之士，养形之人，彭祖寿考者之所好也。"这里的"吐故纳新"原指人在呼吸时，呼出污浊的空气，吸入新鲜的空气。现在常用来比喻放弃旧有的，吸收新来的，不断进行更新。受 20 世纪经济发展的影响，采矿运动曾十分盛行。渐渐地，人们意识到经济发展不能以环境破坏为代价。如今仍留有许多废弃的矿坑，不仅导致空间利用率极低，还存在环境污染的隐患。

（一）依山之适用

九龙矿坑南、西、北三面为小起伏低山，东南侧为平地，总体形成三面环山、东南低的半围合空间。矿坑内底部相对平坦，山体前端由于矿区分级开采，石灰岩山体裸露，形成有多个落差小平台的陡峭崖壁，其倾斜面从最高点到最低点相差 216 米。矿坑东南入口处有长 280 米、高 10 米左右的挡土墙，与村落分隔。当前九龙矿生态破坏比较严重，矿山存在地质灾害隐患，容易引

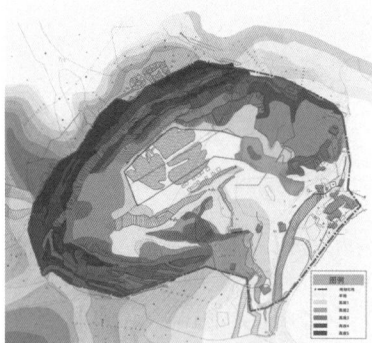
图 3-21 场地山体现状分析

发山体落石；矿山经长期雨淋或内部污水侵蚀，达到一定的程度会造成塌方或者滑坡，对周围人群的生命安全有极大的威胁（图 3-21）。为了使这个曾经破败不堪的矿山转变为一个既适合活动又适合休闲的乡村旅游目的地，现以生态修复为主，结合原有地质风貌，加固边坡、覆绿；努力将其打造成全国矿山治理的典范，"城市双修"的国家试点，生态乡村旅游的金名片和城乡统筹的样板。

矿坑作为生态破坏的印记，有独特的景观价值。所采取的改造措施是对开采的岩壁进行生态修复，设置多层级环绕式视廊，将山体周边新的自然生态和地形地貌要素纳入山体的走向和脉势；特别注意利用当地的植物，并遵循植被的自然生长规律（图 3-22）；与地点自然条件相适应，对土壤、植被等自然资源进行合理利用，体现出自然因素和过程，降低人为因素，重视对生态系统和生物多样性的保护和构建等。在此基础上，设计团队提出了一种基于生态的矿山开发与利用的设计思路。通过结合原有地质风貌，加固矿山边坡，对部分区域进行覆绿处理，并将矿山修复时留下来的废弃矿石材料进行二次加工，用在建筑基础及结构、地面铺装等地方。

山体开采后留下的矿山崖壁见证了辛勤的采石者付出智慧和心血、凝结劳动成果的活动。裸露的石灰岩层断面，也是极佳的地质科普研学基地。望壁怀远，望的是今日之九龙崖壁，怀的是古时之风光（图 3-23）。

在崖壁的对面山坡上，增设有登山步道与观景平台，位于平台之上，视野开阔，更能感受九龙矿坑的壮阔（图 3-24、图 3-25）。

图 3-22 植被覆绿

图 3-23 望壁怀远——矿山崖壁效果图

图 3-24　登山步道

图 3-25　观景平台

（二）聚水之灵用

　　矿坑西南处水坑水源由自然集雨形成，湖水清澈；东北处有一块湿地和一条自然径流。自然径流，雨季水量充裕，旱季会出现干涸；经挡土墙处流出，直至矿坑东南方向的九龙水库（图3-26）。九龙水库水量充裕，为该地区发展旅游提供了天然的有利条件。

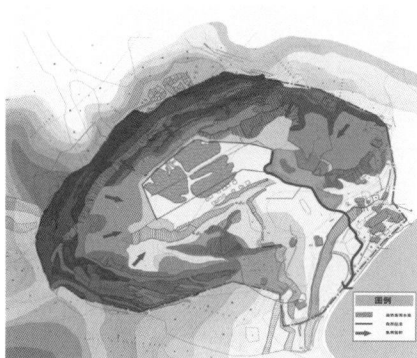

图 3-26　场地水系现状分析

　　设计时梳理和删并汇水线的层级，在此结构上，将开采时留下的水坑串联为一体。在现状水系的基础上进行梳理和整治，利用危险防控区范围，扩大湖泊面积，在生态修复的同时确保安全，实现水系与山体的"蓝绿互动"。矿底镜湖沿石矿崖壁底有三处洼地，通过自然集雨形成一湾碧水，现规划将三处洼地连成整面湖区，使得

图 3-27　心如明镜——矿底镜湖效果图

人近湖而静心，有心如明镜之感（图3-27）。

　　借助西面山体的高低错落，将其设计为人造瀑布。经考察，此处有一块平坦的地面，处于场地的最高处，是极佳的观景位置，属于整个景观的后景位置（图3-28）。瀑布之水在高处汇聚，呈阶梯状咆哮倾泻而下，极其壮观。观景平台位于最高处，在此处整个矿坑的风景尽收眼底。

图 3-28　瀑布平台效果图

　　从九龙矿的设计实践中可以体会到：场地通过对"石"材的不同运用，呈现出一种全新的氛围。与往日传统的温馨、和睦、袅袅炊烟不同，现在更多地给人带来一种萧瑟肃杀之感。然而木本色的搭配又似黑夜中的光，温暖了这份清冷，从而体现出道家黑白阴阳调和的境界。只有使村落展现出其真正的特色，才能实现真正的"有村之用"。

第三节 大岭村景观设计

钱塘江诗路文化带是规划的浙江四条诗路带之一，而金华是钱塘江诗路核心区之一，也是宋元婺学文化高地。大岭村隶属金华市婺城区罗店镇，距城区约20分钟车程，北靠金华山，南拥主城区，上连鹿女湖，下瞰芙蓉湖，对望尖峰山，有着独特的地理位置。该村枕山臂江，一排排房屋错落有致，随地形依坡而建，层见叠出，若隐若现，在群山中延绵不绝，一度被称为"金华的布达拉宫"，故可云"层楼浮翠"。村民勤劳智慧，村中盛产金华土蜂蜜，取蜜方法独特，村落形象提升和色彩规划将以蜂蜜为设计语言。村落居于山中，山情野趣，视野开阔，俯瞰金华，屋舍独具特色，适合休闲度假，未来可以发展浪漫爱情主题民宿，故可云"山墅蜜语"。

本次设计依据金华诗路整体发展需求，通过开发大岭村丰富的生物资源，充分运用突出的区域发展优势，以契合市场需求为目标，以造福村落居民为主题，整合以蜂蜜、高山水果为主的当代生态农产品产业链。凭借生态环境、田园聚落、自然景观和人文情怀等多种本土资源，结合当下人民群众的旅游需求，创制以诗意浪漫为主题的农家民宿。通过优化配置村落优势资源，完善基础设施，深入挖掘文化亮点，进行村庄整治和旅游拓展，建设良好的休闲旅游产业基础，打造宜居、宜业、宜游的景区村。

一、景观之借用

大岭村距离双龙洞景区约8公里，距离洪头山景区约3公里，距离赤松黄大仙风景区约8公里，距离山口冯水库约8公里，距离山下吴水库约2公里，距离尖峰山约5公里，距离智者寺约7公里。该村落旅游位置较佳，居高临下，观景位置独特，与周边的旅游景点结合，可以形成一个较为完整的旅游体系。本次设计充分结合当地地形、地貌及民俗文化，深入挖掘研究大岭村独特的村落特色要素，推陈出新，将挖掘与创新相结合，在保护利用的同时，不仅要满足村落居民生活需求，还要满足旅游产业发展需求，激发村落活力，振兴村落产业，重铸村落风貌。根据独特的山水格局、村落空间形态，充分利用自然优势，探究移步换景的观景位置，综合布局村落民宿建设；结合四时节气，统筹安排农业活动，使游人可观四季花草，品四时蔬果，构建可持续的产业融合发展体系（图3-29）。

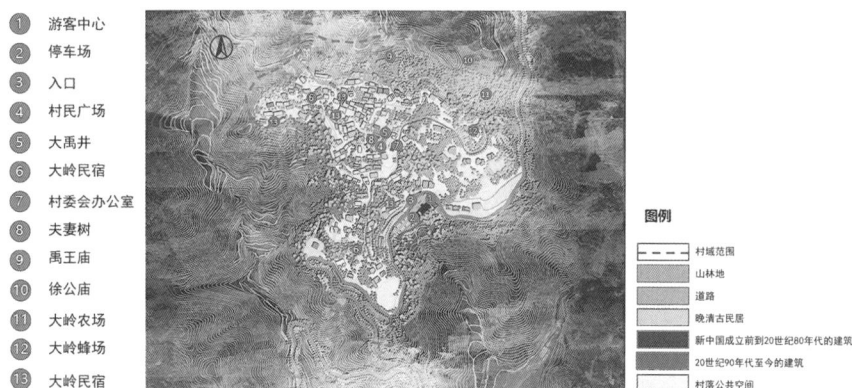

图例
- --- 村域范围
- 山林地
- 道路
- 晚清古民居
- 新中国成立前到20世纪80年代的建筑
- 20世纪90年代至今的建筑
- 村落公共空间

① 游客中心
② 停车场
③ 入口
④ 村民广场
⑤ 大禹井
⑥ 大岭民宿
⑦ 村委会办公室
⑧ 夫妻树
⑨ 禹王庙
⑩ 徐公庙
⑪ 大岭农场
⑫ 大岭蜂场
⑬ 大岭民宿

图3-29　总平面图

大岭村是新朝线的重要节点，未来必将发展成为重要的旅游村。村落的选址应该位于与金华城区相对的位置，以形成两两相望的空间布局，在设计中，应融入大岭村的传统文化和乡土记忆元素，进而达到空间和景观"相看两不厌"的效果。大岭村入口服务集散区位于新朝线大岭村公车站附近，借助此处分岔路口的地形，在入口设计中融入大岭村特有的乡土情怀，杂糅大岭村传统的建筑文化，使其具有大岭村山村特色风貌，配套以传统山城炮楼、公车站、蜂巢主题形象、花坛等，通过夯土、石墙、坡屋顶、蜂巢等自然生态和生产元素，营造最具有大岭村特色的山村文化，进一步增强与观赏者的互动（图3-30）。这有利于增加游客数量，提升村落旅游价值。

图3-30　入口服务集散区效果图

二、夯土之节用

大岭村建筑的总体层次、质量是参差不齐的。主要是新建的建筑，夹杂着一些古老的民宅。民居沿着村庄的主要道路建造，院落、道路和公共空间的划分比较模糊。村内建筑大体可以分为以下三类：一是晚清古民居，留存数量较少，大部分已经废弃。它的外观古朴，表现出村庄深厚的历史底蕴。二是新中国成立前到 20 世纪 80 年代的建筑，少量留存，夯土木构为主，仍有村民居住使用，布置紧凑，院落占地面积较小。房屋组合比较灵活，适于起伏不平的山地地形。三是 20 世纪 90 年代至今的建筑，风格多样，3—4 层为主，体量较大。房屋色彩体系繁杂，破坏了村落的古韵风貌和山体景观。

通过对建筑的分析可以得出：村落色调应主要体现大岭村土蜂蜜的色彩和夯土建筑色彩，整体呈现灰色系（图 3-31）。建筑主体以黑瓦、夯土墙构成主要特色，白色装饰线条勾勒出局部轮廓，地基与矮墙多采用山石砌筑。景区四季分明，从山水空间来看，大岭村坐落于群山之中，层林尽染，郁郁葱葱，错落有致，村落色彩在翠绿山岭间层见叠出，或隐或显，造就浪漫神秘的休闲胜地。

视觉形象设计

形象色彩

　　大岭村最大的旅游吸引点有二，一是居舍沿坡而建，层见叠出，错落有致，或隐或显，出没于翠绿山岭中，有人誉之为"金华的布达拉宫"，故可云"层楼浮翠"；二是村里盛产土蜂蜜，村落提升亦将以蜂蜜为主要色调和核心形象，而且村庄拥有优良的地理位置，极具特色的村落格局，未来可以考虑发展以爱情、浪漫为主题的民宿，故可云"山墅蜜语"。

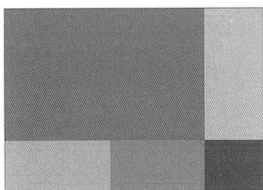

	C:46　M:65　Y:76　K:4	板栗色象征村子宏观的整体色彩，主要是房屋结构本体的夯土颜色。
	C:25　M:33　Y:93　K:0	黄灰色代表大岭村中华蜂的颜色，色彩欢快，明朗，起到了提亮、点睛作用。
	C:61　M:0　Y:100　K:0	桃红色凸显"山墅蜜语"主题。利用村落优良的地理形势，开发浪漫主题民宿，让游客在优美的自然环境中享受爱情的甜蜜。
	C:4　M:83　Y:0　K:0	
	C:73　M:66　Y:65　K:22	绿色象征当地亲近自然，绿色山水，体现了生态环保的理念。灰色是一种辅助色彩，也是村落房屋瓦楞的颜色，代表着大岭村云烟缭绕的江南村落印象。

图 3-31　本土建筑色彩提取

通过对建筑色彩的提取，统一规划村落色彩，使村落建筑既具有色彩感，又具有统一性。主体以传统建筑使用的深灰色小青瓦片为主，适当融入红褐

图 3-32　单层村落建筑色彩规划

图 3-33　两层村落建筑色彩规划

图 3-34　三层村落建筑色彩规划

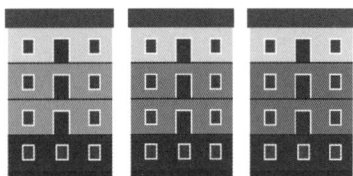
图 3-35　多层村落建筑色彩规划

色系瓦片，以达到视觉更加丰富的效果。在此基础上，以本地常见的白色墙体和黄色土坯墙体为主导。用低色彩度的灰色来配合，构成一种朴素的色彩意象。此外，采用以木本色为主的传统木构件，辅以淡色至中饱和颜色的木构件，在整个建筑物中起到装饰作用，主要是用在门、窗、门框、窗框、檐口等部位。通过有序搭配和相互协调，能够达到自然、纯净、天成的效果（图3-32、图3-33、图3-34、图3-35）。

通过前期对村落民居建筑材料的调研，发现设计时宜提取和利用当地材料元素。屋顶以传统的小青瓦片为主，适当地夹杂少量的红褐色系瓦片；墙面最好使用仿夯土质感涂料或纸筋石灰面质感材料，同时搭配适量的清水砖和块石墙面；墙体基础主要由仿条石和仿自然块石砌筑；墙壁的材料主要为夯土、砖瓦、条石、块石等，根据实际需要将多种材料混合使用；围护结构的肌理可以与主体结构相协调，或在色彩上有强有弱；粗犷的搭配和相对细腻的纹理形成鲜明的对比；门和窗框的材料主要是木质的，颜色推荐以木本色为主，黑白色、灰色为辅，塑钢、金属作为辅助材料。

（一）游客集散中心设计

大岭村游客集散中心是一个与游客进行深度交流的场所。在村落品牌不断提升的带动下，旅游人数不断增加，因此，有必要建立一个游客集散中心，它不仅起到引导游客、餐饮、购物的功能作用，而且将大岭村的传统文化与乡村记忆融入其中，展现区域特点，让游客更加深入地认识大岭村。同时，旅游资源的开发也必然会带动旅游经济的增长，从而对大岭村的可持续发展起到一定的促进作用。

游客集散中心所在的空地紧邻山崖，采用技术方法进行填筑，扩大了空地的面积。其功能区设有公共洗手间、游客中心、观景平台、咨询室、保安室、医疗室、导游室、母婴室、办公室等，可方便大岭村的接待工作，并能吸引更多的游客，展现大岭村的景观特色（图3-36）。

图3-36　游客集散中心平面图、效果图

（二）民宿空间设计

在民宿区改造中，设计团队选择了与周围环境相协调的地段进行建设，以打造与大岭村传统文化相融合的景观效果。这样设计的民宿在使用中，能够营造出"我在民宿里欣赏风景，而欣赏风景的人也在看我"的双重享受。村庄内有许多夯土房屋，地基仍然保存完好，土墙青瓦，风格简朴，森林环绕，树木葱茏，形成了一幅美丽的画卷；其具有优越的地理位置，可以俯瞰整个金华市区，这些都为发展民宿和提供高档餐饮服务提供了良好的基础。在村庄的后山有一片自然生态森林，环境优美、生态优越、清泉潺潺、绿意盎然，非常适合发展康体和休闲旅游产业，可以打造成一个回归自然、浪漫宜居的度假场所，为游客带来自然、浪漫、悠闲、生态的度假体验。

大岭村仍保存了一批民国时期老建筑，总体上建筑风貌较统一，这种情况也符合设计新要求。夯土建筑的保存适用于大岭村民宿建设，整个村落色彩体系比较统一，夯土建筑立面、白色线框和坡屋顶等建筑元素是建筑立面改造的主要设计语言。基于此，设计团队采用了传统的褐色木构件作为主要元素，并辅以中等灰度的色彩来装饰整个建筑物。这些装饰主要用于窗框、门、门框和飞檐等部分，通过相互协调和有序搭配，营造出纯净、自然的效果。

对民宿的改造主要着重于改善建筑外立面，而其所处位置拥有极佳的观景效果，可以俯瞰整个金华城。故在民宿的二楼，设有一个宽敞的平台，可供游客欣赏风景、休息和进行社交活动（图3-37）。

图3-37 民宿设计

当地农产品丰富，以覆盆子、柿子、佛手、橘子、板栗等为主要特色。可将它们制作成果酒，供游客按照自己的爱好随意搭配并品尝。鲜果品制成果酒，既延长了它的保鲜期，也带给游客不一样的感受。同时，野果园可以作为具有观赏性的生态果园和体验生活的好去处。此地还盛产香薷，可以将这种特色植物进行加工，做成香薷饼。以上述这些农产品为特色，乡村游憩经济可以得到发展。在此，游人赏美景、尝美味，悠然自得，不仅可以体验田园的质朴生活，还可以将特色食品带给亲朋好友分享，并一同感受独特的山乡味道。

（三）公共设施设计

在大岭村内部，木制的蜂箱分布在各处，如路边、树林、篱笆墙边等，里面装满了中华蜂。深棕色的蜂箱上，用黑色毛笔字写着蜂箱主人的姓名。每到年中和年尾，蜂箱就会开启，蜜蜂在这片天然的森林和田园里，采各种自然生长的野花的花蜜。当地百姓酿制出来的百花蜜，具有绿色天然、香甜味鲜、营养价值高等特点，因此，它也成为一种被人们争相抢购的绿色有机食品。设计团队通过将蜂巢图形与花朵元素有机组合，对蜂桶进行再设计，使其在外观上更具有统一性与审美性（图 3-38）。

图 3-38　木制蜂桶设计

三、生态之适用

景区规划以休闲养生为目的，让游客体验农事劳作、农产品及果园采摘等自然旅游资源，与石灰窑遗址相联系，可以让游客感受到不同的村民劳动的过程，以及传统的民俗文化等人文旅游资源，从而忘记繁杂的都市生活，做最本真的自己。以生态为本，发展原生态的旅游文化特色产业，要注意人文环境与自然环境的协调，不能因追求经济利益而损害生态环境，要突出"自然山居，休闲小驻"的理念。此外还要遵从自然与社会运动周期：四季有不同温度、不同风向、不同植物景象等自然的周期，还有固定的节假日活动、季节性的节庆活动等周期。

（一）生态观光区设计

生态观光农业是一种新兴的生态旅游形式，以乡村和农业为依托。随着农业产业化的推进，现代农业不仅具备生产功能，还改善了生态环境质量，为人们提供了观光、休闲和度假等生活性服务。大岭村是一个典型的山区村庄，资源丰富，没有太多污染，地势起伏很大，景观设计也很有特色，具有发展生态观光农业的有利条件。而且大岭村的大部分居民都是老年人，其主要收入来源并不是农业，因此，发展生态观光农业是一个很好的选择。

"生态山居"理念源自对山乡特有的情怀与乡愁，并与乡土气息完美地融合在一起，从而形成一种独特的旅游活动，使游客得以真切地感受当地的人文情怀。城里人的祖辈来自乡下，身为乡下人的后代，对先辈的生活场景有所认识是十分必要的。在这里，游客可以品尝有机茶，在山间小径漫步，在果园里赏玩。

大岭村后山林有一个自然村落遗址。这里风景秀美，溪水潺潺，设有游步道及车行道。从水库迎溪流而上，可见丰富的景观资源，如石涡、自然村落遗址、古石灰窑遗址、果林、枫林、竹林等等。它们风景秀美且各具特色，有的岸洲争秀，有的历史感浓郁，有的苍翠如海。游客走在游步道上，可以在绿林中休憩、摄影、采摘和探险，感受一地数景（图3-39）。

（二）老水口休闲区设计

村落老水口休闲区位于大岭村腹地，是村民生活起居、休闲活动的重要空间，也是游客了解大岭村生活的重要平台。大禹井是大岭村的文化遗存，也是村民赖以生存的重要水源。这里不仅是村落的洗衣场所，而且是游客休憩的重要临水观景空间。在功能上既要保证村民的生活用水，又要保证游人的休憩功能，并对大禹井文化遗产进行传承（图3-40）。综合休闲区是大岭村风貌的重要展示，也是旅游价值的重要体现。

图3-39　大岭村鸟瞰

图3-40　大禹井设计效果图

原有村民宅基地位于大禹井下方，为了营造老水口空间，建议将宅基地改建为村民广场，使之具备村民闲暇活动空间和游客活动空间，并且延续大禹井空间序列。在进行设计时，提炼出大岭村的宗氏文化，以大岭村丰富的文化内涵为基础，对村寨广场入口进行了充分的设计，并做大量的"留白"处理，以适应大岭村居民喜欢跳广场舞的生活习性，体现了"相见恨晚"的生活哲学，富有乡村人居环境建设理念中的人文关怀。此外，还可以考虑在广场上种植一些树木，如香樟和桂花等，它们不仅能提供阴凉和休闲绿地，还能调整广场的微生态气候（图3-41）。

旅游公厕作为旅游村落的重要服务设施，与大岭村建筑风貌协调统一，功能齐全，方便游客使用（图3-42）。

图3-41　村民广场效果图　　　　　图3-42　旅游公厕效果图

（三）山地交通设计

大岭村因为地理位置的关系，很多地方坡度大而且转弯处多。村里的路不仅仅是为了运输，更是为了沟通。因此在大岭村，村内道路成为人们方便出行和"相看两不厌"的日常交流空间。因此，有必要采取科学合理的理念来规划未来村落道路。

在大岭村的道路设计中，首先，需要增加主要道路的宽度，并对主要道路进行合理的疏通，以确保每户人家都能与主要道路相连。其次，要完善步行道的联系网。因为步行道是村民出行的必经之路，所以需要对步行道的线路和路面宽度进行合理的设计。在此基础上，有计划地规划了大岭村的主干道、支干路、游步道和停车场等方面。

在原有山地空间结构的基础上，由上而下对大岭村的主要交通干道进行了规划，路面宽度7米左右，分为车行道、人行道。大岭村的次干道也按照原有的村庄布局，把每户人家门口的道路串联起来，与主要道路相连。此外，还规划了几条通向村庄内的绿地、风景点的游步道。支路的宽度应大于3米，游步道的宽度应为1.5—2米。主干道路都是用沥青路面铺成的，这让大岭村的地面颜色更深一些，给人一种厚重的感觉；游步道则主要是以老石板为主，给人一种历史沧桑感，形成了大岭村特有的交通道路网络（图3-43）。

图例

···· 村外主干道

☐ 村内游步道

···· 村内主干道

图 3-43　大岭村道路设计

　　结合大岭村道路规划及用地布局，在村口以外的一块空地上进行停车场的规划。大岭村的停车场以老石板为主体，地面采用水泥地基，并在每一块停车场中添加绿化，将其打造成一个生态停车场。以桂花、橄榄树、柿子树等乡土植物为主体，将其与大岭村的特色产业相结合，构成一个既可使用又可欣赏的生态停车场，增强了其功能性和与游人的互动性。

　　"山观城万家灯火，城望山人间仙境。"大岭村地理位置十分独特，整个村落建筑盘岭而建，可以从空中俯瞰金华城区，因此本身具有景观的优势和特色。在景观改造过程中，尽可能地利用地理、生态景观，维护原有建筑风貌，利用本地材料，从而保持了乡土特色。改造后的村落，道路平坦有致，两侧绿植小景点缀，一路皆景，赏心悦目。在营造诗路乡村景观时，善"用"村落文化和乡土记忆，同时对它们进行梳理提炼并设计到合适的空间中，可以大大增强村民对乡村的认同感，留住浓浓的乡愁。

第四节 鹿田村景观设计

鹿田村由浙江金华市婺城区罗店镇管辖，地处著名的国家 5A 级景区双龙洞景区内，距离金华城区的八咏公园不足 15 公里。两大景区都在钱塘江诗路文化带东源线覆盖的范围内，也是宋元婺学文化的起源地。擦亮这颗诗路明珠，对于促进金华山文旅融合，打响"江南邹鲁，八咏金华"诗路文化品牌具有重要意义。但是在过去，囿于传统偏见，对于鹿田村及其周边环境的改造属于"零敲碎打"，缺乏综合性的考虑，致使乡土性日渐消失，文旅产业渐失气候。钱塘江以及金华市的诗路文化带发展规划的制定，为鹿田村的振兴带来了新的发展机遇。

浙江诗路乡村建设要求融入诗路文化因素，营造出既能彰显区域文化又能满足人们美好生活需要的乡土景观。一般来说，乡土景观是乡土使用主体在特定的时空维度中，通过长期的社会实践，自发、自主选择适合当地条件的生产与生活方式所创造的，并且在大地之上遗存下来的深刻持久的文化印记。它是建立在当地资源之上的，传承着深刻的记忆与本土知识，能够应对气候限制和不断变化的现实世界。诗路乡村景观则是对传统意义的乡村景观的扬弃。正如俞孔坚指出的，"乡土景观是乡土经验的记载"，"寻常景观是充满诗意的，就像白话文可以写出最优美、最动人的诗歌一样"。①

早在人类学会用语言描述语义以前，人类已尝试讲述自己居处的景观，甚至可能在表意符号产生之前，人类景观即已成了人类最早的教材，如同文学作品一般，也可以言传、书写、阅读和想象。从这种意义上说，乡土景观是语言景观的一种，于自然及人文空间共同作用下形成，成为空间变迁和可以被解读的"文本"。因此，乡村景观设计要考虑特定区域的自然环境与文化语境，既要了解该地区气候、地质、地理和地形，也必须与所在地的文脉建立联系，并对当地的生活语境做出反映。这样的实践以多种形式表现出来，比如"如画

① 俞孔坚. 回到土地（第 2 版）[M]. 北京：生活·读书·新知三联书店，2014：204-205.

式"风格、地域景观、地域建筑等。①此处则将这种语言景观学的"文本"逻辑，投射到浙江诗路乡土景观"文本"建构之中，下面以钱塘江诗路名村鹿田村为例，从语境、语汇、语法、语义四个维度展开讨论。

一、地域性语境的领会理解

文本建构需要考虑研究对象的历史存在形态和当下的社会背景，其中涉及社会、历史、文化、技术等诸多要素之间的协同整合。地域性语境是由乡土景观使用主体在时空中建构而成的，又对后者具有反作用。它的书写是将实体、时间、现象等具有实在特性的存在视为相互关联的表述。然而，时间的进程不可逆且难以还原，需要通过乡土遗存的现实内容来领会其语境的建构过程，力求历史语境的真实可靠。新构鹿田村景观"文本"，首先就是要领会理解它的地域性语境，具体表现为历史、现在和未来三种时间指向。

（一）回应历史滥觞

鹿田村是一个承载着乡土记忆的传统村落，积淀了深厚的历史文化。历代游历鹿田村的文人墨客甚多，如潘良贵、方凤、谢翱、王柏、金履祥、戴良、黄溍、王士性、胡应麟、徐霞客等。其中谢翱的《鹿田听雨记》、徐霞客的《徐霞客游记·浙游日记》皆对其有所记载。

在鹿田村的历史文化长河中，形成了融合儒家文化和道家文化的乡土文化。前者以宋元婺学文化重要遗存鹿田书院为代表。该书院旧址是鹿田寺，是南宋理学大家朱熹讲学地。清光绪二十四年（1898），金华名流在鹿田寺旧址建鹿田书院。从宋代以来，吕祖谦、何基、王柏、金履祥、许谦、宋濂、章懋等一批儒学先贤，在此传道授业解惑，鹿田书院成为婺州学派发展和儒学传播的重要阵地。1997年，鹿田书院被列为省级重点文物保护单位。因此，在领会地域性语境的过程中，将鹿田书院标记为儒学文化的载体。后者以朝真洞、黄大仙祖宫等为代表。鹿田村所在地金华山，溶洞较多，著名的有朝真洞，被誉为三十六洞天福地。金华山是名副其实的道教名山，尤其盛行黄大仙文化。东晋葛洪的《神仙传》中就有关于黄大仙的记载。从五代钱武肃王建造赤松庙开始，祀奉黄大仙蔚然成风，至宋代皇诰屡封，香火愈发旺盛，绵延不绝，在南亚地区也十分有影响。黄大仙在百姓心目中是健康、福气、智慧的化身。吸收了老庄哲学精髓的黄大仙文化，则是承载了人们的美好生活愿景。

① 丁俊，过伟敏.建构建筑"新地域主义"[J].南京艺术学院学报（美术与设计版），20（5）：92-99+210.

（二）响应时代主题

自党的十九大报告提出"实施乡村振兴战略"和印发《国家乡村振兴战略规划（2018—2022 年）》以来，我国的乡村建设步入了一个新的阶段，以不断满足人民日益增长的美好生活需要。作为"重要窗口"，浙江省近年来就美丽乡村建设制定了一系列规划和措施，大力推进"美丽浙江"建设，实施大花园建设工程。而 2019 年 10 月发布的《浙江省诗路文化带发展规划》又为乡村建设注入了强心剂。金华山是钱塘江诗路名山，鹿田村则是金华山的核心景中村。擦亮这颗诗路"明珠"意义重大。鹿田村文化底蕴丰厚、生态环境优美，枕山、环水、面屏，是宜居宜游之地（图 3-44）。然而，这些资源禀赋未能与生活、生产有机互联。浪石、举岩贡茶、朝真洞、鹿女湖等旅游产业资源和书院贡稻、玉女驱鹿、鹿田听雨、点将比武等民间传说，亦未能形成有效的产业化发展，加上混乱的村容村貌、羸弱的空间功能、薄弱的基础设施，这些无法使村民、游客有"获得感"。因此，科学地进行景观设计也是现实所迫。

图 3-44　鹿田村航拍全景

（三）呼应未来发展

乡土景观设计并不是一时之计，而关乎一乡一村的可持续发展。这就要求在自然生态方面加强环境系统的更新能力，尊重自然、保护自然。在社会生活方面，要以提高生活品质和生态系统的容量为前提；在产业生产方面，要求产业发展与自然生态的和合共生。生态文明在未来可持续发展进程中将更为重要，尤其是在乡村建设中，生态文明时代将再度从乡村文明中复兴起航。生态文明所需的无论是物质形态层面的新能源、生产及生活方式，还是精神与文化层面的自然观、价值观和思维方式，均与乡村高度契合。在未来发展的指引下，诗路文化带建设应该对以生态文明建设为重点的可持续发展予以呼应，因为它关乎未来我们去向何处这一重大命运问题。鹿田村的未来发展，需要延续地域历史文脉、促进产业升级转型、集聚资源禀赋，特别是要将自身优势资源所具备的文化、社会、生态等价值与产业价值进行转换、叠加和融合。

二、地域性语汇的描红临摹

地域性语汇是乡土使用主体通过整合深化乡土资源形成的文化符号载体，是构成乡土村落历史形态的元素单位或空间单元。在新乡土景观"文本"建构中，对地域性语汇进行描红、临摹，既能守护地域性乡土文化遗产，也能拓展地域性乡土文化价值。其中，描红是对地域性语汇的"描写""复刻"，从而保护、保留地域性语汇；临摹是对地域性语汇的"对临""背临"，从而认识、熟知地域性语汇。描红、临摹的过程，是对地域性语汇内容的学习过程，亦是弘扬地域性语汇价值的重要途径。鹿田村新乡土景观"文本"建构，要从守护文化遗存、拓展文化价值两方面展开。

（一）守护文化遗存

守护文化遗存，是建构鹿田村新乡土景观"文本"过程中地域性语汇的描红步骤。在鹿田村乡土景观形成的时空之中，地域性语汇承载了乡土使用主体的美好的希冀和现实生活的需求。建构鹿田村新乡土景观"文本"的过程中，应该顺应、遵循原有语汇内容，即"对临"。描红具有直观性，对于守护鹿田村地域性乡土文化遗存有现实意义。鹿田村西南临近鹿女湖，有玉女驱鹿遗存。元代诗人戴良《登鹿田》诗曰："鹿耕事固远，仙化迹还存。"这里长期流传着玉女驱鹿和仙鹿耕田的故事，也的确有圈养梅花鹿用于耕田、运货的历史。鹿田村原立有一座玉女驱鹿雕塑，但内涵较浅，且因年代久远失于维护。结合这些情况，需要在遵循鹿田村地域性语汇的基础上，对"玉女驱鹿"进行描红式设计（图3-45）。"仙鹿"雕塑描红式设计成"三五成群""三三两两"的组合；对"玉女"

图3-45 玉女驱鹿图

雕塑的描红式设计，增加了与访客之间的互动性。"仙鹿"雕塑成为鹿田村新乡土景观"文本"的地域性语汇，散落在鹿田村的各处；"玉女驱鹿"雕塑再现了"鹿耕"场景。

（二）拓展文化价值

在乡土景观形成的时空之中，地域性语汇表达了乡土使用主体对乡土文化一以贯之的共同认知。在建构鹿田村景观"文本"的过程中，应该熟悉、熟知原有地域性语汇内容，化虚为实，并将之物化在现实生活场景之中，此即"背临"。通过实践性的临摹，可以有效拓展鹿田村地域性乡土文化价值。鹿田村分布着诸多形态各异的瘤状灰岩块石。明代旅行家徐霞客的游记曾载："大者如狮象，小者如鹿豕，俱蹲伏平莽中。"[①]这些被命名为"比武岩""举岩"等的岩块石，显然是地域性语汇的组成部分。然而在过去，它们并未能与鹿田的生活场景有机关联，目前也处于无人管理状态，散落在荒芜的杂草之中，缺乏妥善保护和有效利用。改变这种现状需要对鹿田村地域性语汇进行"临摹"。鹿田村东侧毗邻黄大仙祖宫，道教文化便是其"临摹"的重要内容。而参照的"范本"，有东晋画家顾恺之的《黄初平牧羊图》、晚清画家任伯年的《黄初平牧羊图》、近代画家黄宾虹的《黄初平叱石成羊处》等。"临摹"历史"范本"，旨在把握这些画作之中的意象、意境，从而为营造生动的鹿田故事场景提供借鉴。

三、地域性语法的格物写生

地域性语法是"文本"在历史的基础之上向未来发展演变的规律性结构，同时是基于现实场景内容的格物写生。这就要求对既成乡土景观"文本"的地域性语法进行扬弃和传续。格物即穷究事物原理，在建构新乡土景观"文本"时研究地域性语法的时空映射，即乡土景观"文本"形成的规律性结构内容，建构亦是需要顺应该内容的；写生即以实物为对象进行描绘的方式，在建构新乡土景观"文本"中则应该运用地域性语法，满足时下需求对现实生活、生产场景的写照。格物写生是建构新乡土景观"文本"规律结构的准确概括。鹿田村新乡土景观"文本"建构，要从顺应时空映射、延续时空秩序两方面展开。

（一）顺应时空映射

地域性语法表现为时空映射，即聚落空间适宜，乡土使用主体通过时间域借助空间域的具体经验来完成，具体的对应关系为：择取生存环境时对应的

① 徐弘祖.徐霞客游记校注[M].朱惠荣，校注.昆明：云南人民出版社，1985：128.

图 3-46　鹿田村整体布局
图源：一起看地图

相地选址，改善生活条件时对应的建筑布局，提高生产效率时对应的采摘种植。聚落空间适宜，是乡土景观"文本"语汇组织的内在逻辑，也是实现随机调整、自适应并维持暂时平衡的一种内在动力机制。建构新乡土景观"文本"的过程中应该对当今现实场景中的需求进行格物，顺应时空映射的地域性语法内容，将之应用到乡土空间之中，力求满足适应时代发展的需求。鹿田村聚落空间适宜，在山地爬坡地形上选址建村，面水背山。为了满足防洪、防风等需求，乡土使用主体巧借山脉走势汇聚水源，进而营建鹿女湖。自上而下形成的沟涧，为灌溉山脉植被提供天然水源，同时为汛期泄洪、枯水期蓄水提供条件。鹿田村的房屋建筑，竖向变化丰富，局部位置落差过大，不利于汛期排水。因此，在鹿田村新景观营造计划中，在原址原建的基础上更新了建筑布局，对建筑间距进行了调整（图 3-46）。为了应对南方多雨，尤其是梅雨季节降水量大的问题，保证鹿田村汛期安全以及水资源的有效利用，对雨水管网进行了布局。

（二）延续时空秩序

将乡土空间之中的客观实在物写生出新意，使之承载乡土使用主体的诗意生活、诗画生产，将其有机浸润在乡土记忆之中，从而延续乡土景观"文本"地域性语法的时空秩序，确保乡土空间在建构过程中的有序展开。鹿田村延续时空秩序，其契合之处具体体现在对自然资源禀赋的写生处理。

鹿田村面积约 11000 平方米，南北长约 460 米。许多大小不等、形态各异的"浪石"呈带状分布，成为鹿田村独特的自然资源禀赋（图 3-47）。

图 3-47　鹿田村"浪石"资源分布

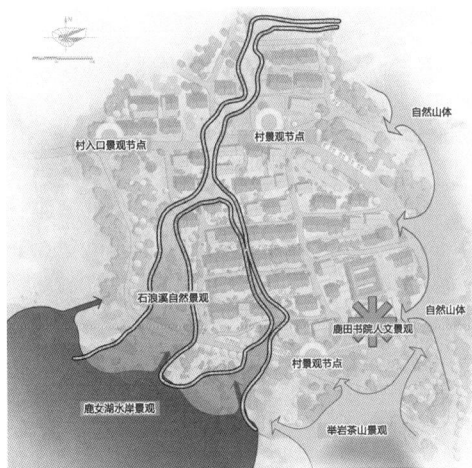

图 3-48　鹿田村"浪石旱溪"布局

为延续时空秩序，将鹿田村村域范围内的"浪石"详细测绘，经整理标号选取 12 组浪石，并依照道家文化及《徐霞客游记》内容进行命名：共生岩、悟道岩、青牛岩、雄狮岩、卧象岩、仙剑岩、长寿岩、生肖岩、逐鹿岩、黑虎岩、静修岩、养生岩。鉴于大体量"浪石"分布在鹿田村低洼处且相对集中，将鹿田村地域性语法运用到"浪石"的有机更新之中。以"浪石"为真实写照，应用地域性语法内容，将其写生为"浪石旱溪"（图 3-48）。宋代罗大经《鹤林玉露》载某尼《悟道诗》："尽日寻春不见春，芒鞋踏遍陇头云。归来笑拈梅花嗅，春在枝头已十分。"在悟道岩前布置单面云山亭、金华山石铺地、石桥横渡、仙鹿呦呦、碧溜斜通、桃杏争艳等景观（图 3-49）。宋代诗人陈著《示梅山弟八句》曰："笑傲溪山如故旧，招邀云月共生涯。"在共生岩前布局烟锁远山、月桥横卧、枕溪宿石、游鹿鸣野、赏石观趣等景观（图 3-50）。

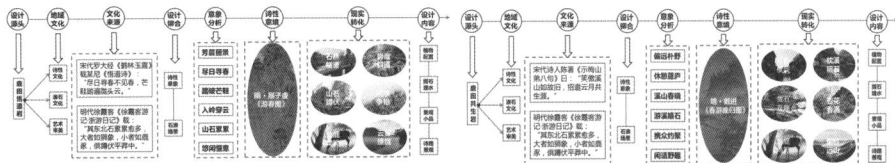

图 3-49　鹿田村悟道岩景观　　　　　图 3-50　鹿田村共生岩景观

四、地域性语义的创作升华

语义是语言形式所表达的内容，地域性语义是景观文本秉持的中心思想。建构新乡土景观"文本"的地域性语义应遵循效用价值，并在符合当下时代需求与未来发展的基础上实现创作升华。该过程围绕乡土使用主体切身体验展开，与乡土使用主体生活、生产息息相关。创作升华是对新乡土景观"文本"中心思想的表达。空间形态成为意义的载体、文化的阐释者。鹿田村的新乡土景观"文本"建构，要从修复生存空间、营造生活空间、引导生产空间三个方面展开。

（一）修复生存空间

景观文本创作是造型综合能力与艺术创造能力的集中体现，既有主观动机，又是客观原因决定的。鹿田村位于双龙国家级风景名胜区内，以优美的山水风光和溶洞奇观为特色，与源远流长的道教文化相融合，具有观光游览、宗教朝圣、科普科研、休闲健身等功能。鹿田村因为集道教文化（毗邻黄大仙祖宫）、科普科研（浪石）、山水风光（四面环山、鹿女湖）为一体，成为重要的旅游目的地和服务地。伴随旅游产业发展，鹿田村狭小的生存空间已经无法满足现实需求。村庄道路、景观等需要拓宽和改善，以满足旅游旺季的需求，同时也考虑到产业发展与自然生态之间的平衡。由此针对生活生产出行布置道路系统，针对生态景观结构布置功能组团（一心、一带、三组团）（图3-51）。

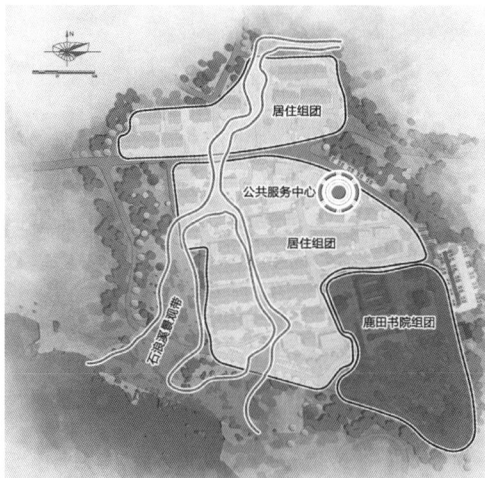

图 3-51　鹿田村功能组团

（二）营造生活空间

创作是"内化于心""外化于行"的过程，前者指向创作对象或是被作用主体的审美经验与审美意象的生成，后者指向创作主体或是表达主体的审美经验与审美意象的表达。新乡土景观文本建构中亦需要生成审美经验与审美意象，从而营造出富有诗意的生活空间。其表达的构成方式是对乡土生活的物化，涵盖乡土使用主体对"过去"的记忆、对"现在"的感觉、对"未来"的希冀。鹿田村的乡土景观文本建构奠基于该村的资源禀赋，通过融合，营造生态自然的空间体验、格物闲适的生活体验、圆融和美的文化体验三种体验方式。

（三）引导生产空间

升华是提高和精炼的创作过程，具体指向对创作对象符号的模态、形态方面的提高，以及对创作意义的提升。引导生产空间的升华，需要对资源禀赋进行转译拓展。鹿田村目前产业定位明确，然而客观存在产业发展粗放、单一的情况。我们必须意识到，传统产业应该在提供生产场景与产品以供第三方服务的状态中获得生命力，它的进一步释放，需要与地域资源禀赋的深度结合以及市场需求的促动。对鹿田村地域文化、自然资源进行深耕发掘，可以从三方面引导产业升级转型：第一，以"文化 + 遗存"乡村产业模式，深入利用鹿田书院等历史遗存，通过系统保护利用历史文化遗存，促进产业发展；第二，以"文化 + 农业"乡村产业发展模式，塑造并深耕"玉女驱鹿""仙鹿耕田""涌泉古井"等旅游产业名片；第三，以"文化 + 艺术"乡村产业模式，重点开发浪石景观资源，重视其科研艺术价值，通过建设科普园的方式进行传续。

以上基于语言景观学视域，通过对鹿田村新乡土景观"文本"建构的探讨，主要得到如下经验。

其一，地域性语境的领会理解是建构新乡土景观"文本"的整体观照。领会理解地域性语义需要回应历史滥觞、响应时代主题、呼应外来发展，系统地把握地域性语境在时间维度上的变化。对于乡村景观设计方而言，领会理解是对建构对象的主要特征以及话语背景的研究，亦是建构新乡土景观"文本"的切入点。

其二，地域性语汇的描红、临摹是建构新乡土景观"文本"的具体把握。描红、临摹地域性语汇，需要守护文化遗存、拓展文化价值，细致地把握地域性语汇在空间维度上的变化。对于乡村景观设计方而言，描红、临摹是对建构对象字里行间以及局部刻画的研究，亦是建构新乡土景观"文本"的立足点。

其三，地域性语法的格物写生是建构新乡土景观"文本"的准确把握。格物写生需要顺应时空映射、延续时空秩序，结构性把握地域性语法在时空维度上的变化。对于乡村景观设计方而言，格物写生是对建构对象既成结构以及方法应用的研究，亦是建构新乡土景观"文本"的着力点。

其四，地域性语义的创作升华是新乡土景观"文本"建构意义的突出体现。创作升华需要修复生存空间、营造生活空间、引导生产空间，目的是把握地域性语义在时空维度上的变化。对于乡村景观设计方而言，创作升华是对建构对象价值意义及提升精练的研究，亦是建构新乡土景观"文本"的落脚点。①

本章小结

浙江诗路文化的精义在于具有"经世致用"特质的浙学。而"用"又是中国传统哲学、美学思想精华，包括"无用""节用""适用"等美学观。九龙村矿区设计，通过对"石"材的不同运用，呈现出一种全新的氛围，体现出道家式的黑白阴阳调和追求。大岭村景观设计借助地理地形优势，利用原有的夯土建筑等，充分依托本村特色农林资源，保持了原生态面貌。两村景观设计皆就地取材，为我所用。鹿田村景观设计，基于语言景观学视域，以地域性之语境的领会理解、语汇的描红临摹、语法的格物写生、语义的创作升华建构新乡土景观"文本"。基于"有村之用"策略的地方化设计方法，赋予了诗路乡村景观个性与诗意。

① 施俊天，赖勤芳."用"美学观与当代中国乡村景观设计创新 [J].南京艺术学院学报（美术与设计），2022（1）：1143.

第四章

诗性生长：浙江诗路乡村景观活态化设计

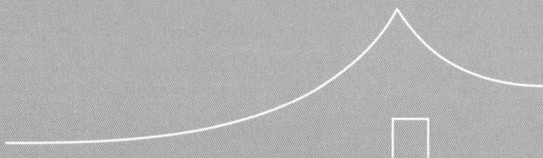

　　浙江四条诗路的规划主要以钱塘江、江南运河、浙东运河、曹娥江、瓯江等大型的古水道及一些相关的古陆道为依托。古道串联起浙江的山山水水和广大的城市、乡村。而由四条主干诗路及其分支线共同组成的浙江诗路，也具有连接浙江的历史和未来的重要指向。它犹如一棵不断生长的"文化之树"，通向"诗和远方"。从这方面说，浙江诗路文化具有明显的诗性、生长性。这要求无论是在诗路城市还是诗路乡村的景观设计中都要融入和凸显这样的特点。与城市相比，乡村具有更为朴素、本真的一面，因此也更具有诗性。可以说，展示乡村诗性，促进其"成长"，是解决现代乡愁问题的现实需要，对于诗路乡村建设而言同样是重要指向。本章基于"诗性生长"策略，提出"活态化"的浙江诗路乡村景观设计方法，立足于"诗性"的观念、观点，分析"生长"的四种方式，进而将之运用到嵩溪、罗店镇两地景观设计中。

第一节 "诗性生长"内涵

　　"诗性生长"中的"生长"是一个有意味的概念。它的普遍含义有出生、生活、生育、滋长、长大，等等。一般来说，它是指生物体的体积、重量、细胞数目等增加的过程。在这个过程中，生物体各个生长部分会执行不同的生理功能，能够自我调节生长速率。人的生活的一大特性就是生长，即持续发展性，按美国教育学家杜威所说，就是"朝着后来的结果的行动的累积过程"。①而"诗性生长"中的"诗性"，则指艺术感染力、穿透力，"融入血液和灵魂的力量"②。把"生长"和"诗性"两个概念结合起来，则保有了丰富的内涵和指涉性。它可以体现在时间和空间上，对基因传承进行不断的优化和扬弃，也可以体现在主体选择中，是物质空间和精神空间的交替变化。

　　至于何种概念能够传达乡村的建设蓝图，同时较为准确地映射乡村的在地性特色，本研究认为"诗性生长"概念较为贴切。诗性如同自然物的生长一样，乡村诗性亦如此。世间万物不断在兴衰更替。"生长"的主题蕴含三重境界：一是生命，二是生存，三是生活。对于诗路文化带上的乡村而言，生长性意味着它不只是静态的标本呈现，更是活态的场景传续，始终是活态的存在。

它是在地的、原生的，也是生长的。乡土文化在今天越来越成为诗性的文化，乡村景观营造更需要一种"诗性生长"的理念。让生长的基因真正融入村落的生命之中、村民的生活之中。生长的可再生核心仍旧能够支撑村落生长的过程，且被村民自觉地纳入其朴素的生活中。将"诗性生长"的规划设计理念，运用在乡村景观设计过程中（图4-1），也就是

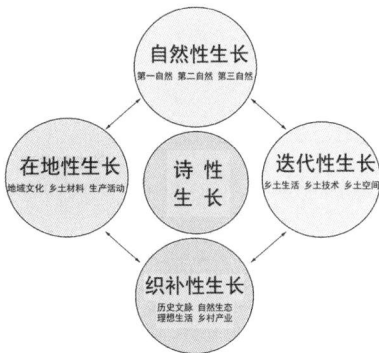

图4-1 "诗性生长"生长方式结构

① 施建英. "生长德育"在思言 [M]. 上海：同济大学出版社，2017：19.
② 杨吉成. 灵心诗性——诗性的中国文化 [M]. 成都：四川人民出版社，2008：8.

自觉地将"望得见山、看得见水、记得住乡愁"进行了具体的物化，使得抽象的非物质文脉转化为具体且富有诗意性的乡村人居现实。

一、自然性生长

"自然"一词是多义而复杂的，在不同的学科层次之中有着不同的内涵。而在景观的研究范围内，早在《西方现代景观设计的理论与实践》中就整理出了"第一自然""第二自然""第三自然"的概念。"第一自然"是原始的自然景观，一般指未遭受人工改造的原始自然；"第二自然"是在第一自然基础上，增加了人类劳动生产活动而形成的景观，受人类社会发展的影响；"第三自然"则是一种充满美学性与人文性的自然，增加了美学涵养；而随着人类社会的发展，原始自然遭到工业破坏，这种不再使用而被废弃的土地景观，成为新的"第四自然"。

乡村景观是建立在乡土文化资源与特征之上，村民通过长期的实践劳动，自发、自主选择适合当地条件的生产与生活方式，并且经过长期积淀遗留下来的一种文化印记。从总体上来讲，乡村景观以第二自然为主体，它是村民生活的延伸，又是原始自然的补充，兼有其他三个层面的自然景观。在乡村之中，第一自然便是村庄周围的自然山水景观，第二自然是村民生活及生产的建筑、林田、鱼塘等，第三自然就是具有美学色彩的传统园林，第四自然则是村中受污染和破坏的土地；这四种自然不能完全割舍分离开来，而是相互交融在一起。事实上，乡村本身就是景观。我们在研究乡村景观时，不能忽略这四种自然的存在与关系。在这种自然观的视角下，我们更需要重新梳理诗性景观与自然、空间与人之间的关系，让乡村能够自然地诗性生长。

浙江地形以山地和丘陵为主，呈现出"七山一水两分田"的地貌特征，村落大多位于山体地带并呈带状分布，所以第一自然景观在乡村景观中占比较大。其中依山而建的乡村面对的是连绵起伏、峰峦叠嶂的山体自然，临水而居的乡村面对的是水波荡漾、小桥流水的水体自然，渔村海民面对的是惊涛拍岸的海岛自然。总览浙江诗路文化带，它的不断演变过程总体上是自然性的生长。浙东唐诗之路留存着诗人行迹过程中对自然山水的真情描述，诗中描述的自然场景大部分还可以在现实中得到验证，部分节点则需要用科学的方法推演复现。整体的诗路带山水空间格局并未出现重大改变，属于第一自然。浙江诗路上的传统乡村，大部分也保留了自然最原始的状态，未经过度开发。因此在乡野调查期间，更能感受到第一自然具有的诗性生长。

通过调研我们发现，诗路上的乡村多沿水系或地形建造，走向取决于山体的变化，线性特征尤为显著，如天姥山（图4-2）。浙东唐诗之路节点新昌县班竹村也是这样，呈现一个东西窄而南北宽的格局，景观视线就呈线状逐级向上（图4-3）。在村内向左右两侧观看，依次是水系—梯田—树木—山体，视野一步步向上抬升，呈半包围的形态。

图4-2　浙东唐诗之路节点天姥山鸟瞰　　图4-3　浙东唐诗之路节点班竹村鸟瞰

乡村的日常生产生活以农事为主，农田、果园、鱼塘等是村民接触最多的场地，其在一定程度上与人类的生产发展有密不可分的关系，这种自然被称作"第二自然"。它是村民与自然在长期的发展中互相适应的结果，具有深厚的文化内涵，所以也成为人文景观。浙江位于中国的东南方，东南临海又多江河，自然条件优越，农业生产也十分多样。在调研诗路乡村的过程中，圩田景观可以作为浙江乡土文化景观的典型代表。圩田，也称作"围田"，是在低洼地区四周筑堤，形成"水行于圩外，田成于圩内" [①]的农田。这是浙江劳动人民为了在与自然相适应的过程中更好地生存，从而创造出来的最为重要的农业景观形式。由功能外化于形式的做法，也正是圩田的文化价值所在。

图4-4　浙江大运河诗路节点溇港鸟瞰

太湖溇港是诗路乡村圩田景观最具代表性的灌溉工程遗产。从空中鸟瞰溇港，一条条南北向的"溇"和"港"伸向太湖（图4-4），一条条东西向的横塘相间其上，如梳齿般繁密的人工河道构成棋盘式的溇港圩田系统。如此规模宏大的

① 范成大．吴郡志卷十九·水利上[M]．陆振乐，点校．南京：江苏古籍出版社，1999：267．

圩田景观，又催生出稻文化、鱼文化、丝绸文化等特色文化景观。

第三自然是一种充满美学色彩的自然，是人们心中的"桃花源"。对于乡村来讲，乡村园林指的是供村民休息娱乐的一种公共场所，一般位于村中心或者村入口处。村落当中最主要的建筑就是宗祠。宗祠是村民供奉祖先以及祭祀的场所，是一个宗族的象征，往往是一个村落当中规模最宏伟的建筑；而宗祠前通常是宽阔的广场或者池塘，搭配以书院、戏台、庙宇等；在此基础上建造的园林，布局规整、肃穆庄严，更加强调宗族关系。

张思村人文资源丰富，拥有14幢保存完好的古建筑群，具有江南民居的典型特征。村内宗祠有3座，即上陈大宗祠、陈氏下祠堂和龙光陈公峏祠。上陈大宗祠内部设有月洞、天井、厨房、两横箱与戏台，祠堂十分注重雕饰，木雕、石雕、灰雕都能看到，门楼宏伟，重檐翼角，气势非凡（图4-5）。除此之外，廊桥、亭子、水井、牌坊等也往往和村落风水相结合，具有改善村落小场景气候环境的功能。

图4-5　浙东唐诗之路节点上陈大宗祠

二、在地性生长

乡村文化的物质性外貌及形态是乡村景观，且此种物态亦荷载其在地性的历史文脉，以及这些历史文脉所能够传承的民风民俗或生产生活常态。新中国成立后，生产力大解放导致城镇化率大幅度增长，乡村公共空间地方性缺失，乡土景观的原真性遭到破坏，乌托邦式的美丽乡村设计，虽然能够高效快捷地使乡村焕然一新，但违背了传统乡村的自由生活原则，乡村文化难以继承和延续，从而导致村民缺乏对于乡村生活价值维系与文化的认同。将乡村景观与在地性联系在一起，就是要有效地延续乡村的土地情感，有力地传承乡村场所世代凝练的地方特色，有序地启动乡村的新兴产业业态活力，乡村经济基础反哺与促进乡村文化良性活化及再生，更好地实现乡村场所文化的在地性表述。

在地，英语"in-site"，有现场制造之意，后来延伸到建筑领域，强调建筑本身与其所在场域的文化、乡土等特性的依附关系。在地性并不是乡土场域特性的普遍表达，也不是简单的"因地制宜"。在地性的设计理念打破了单一风格的局限性，突破了场域特性的传统表现形式，主张乡村景观设计应当从乡村的土地环境出发，充分挖掘与利用乡村当中存在的乡土元素，创造出符合当地特征的诗性景观，更强调对村民生活生产活动与场地的尊重。因此乡村的在地性设计，主要由三个层面构成：地域文化的在地性、乡土材料的在地性、生产活动的在地性。

地域文化的在地性。乡村诗意的本义就是乡村美，乡村景观的营造需要文脉延续。我国的大部分自然村落，尤其是传统文化村落、历史文化名村历史悠久，族群脉络分明有序，均具备一定的文化肌理，在物质与非物质两方面均有较为深厚的积累，它们事实上也成为地区性的文化触手和承接载体，是中华文化之树的某条支脉或"叶片"，说是"活标本"亦不为过。规划及设计师需要尊重当地的文化与风俗，与场地相融合，更要突出乡村的文化内涵，营造出既能彰显区域文化又能满足人们美好生活需要的乡土景观。建筑、美术、雕刻等民俗艺术应当是鲜活的，保留乡村民风民俗的原真性，并活态化融入乡村景观之中，从而引起乡民的情感共鸣。缸窑村，是一个因烧窑制缸而兴起的历史文化村落，缸瓦泥房，窑火千年，缸窑制陶手艺传承了千百年。缸窑村以制陶文化为核心，以"窑、陶、酒、戏"为主题；将废弃的缸窑、陶片用于村庄建筑与景观打造。黑橙色的瓦片镶嵌在墙中，一个个陶缸罗列其上，将现代农业与陶文化相结合，呈现出特有的文化性和感知性（图4-6）。而石塘镇作为浙东沿海的渔民小镇，一直延续着"小人节"的习俗，村民们在七夕这天祈求七娘妈保佑孩子

图4-6　钱塘江诗路节点缸窑村建筑
图源：http://news.qq.com/rain/
a/20200924AOG1A100

们平安健康成长，代表了温岭特色，被誉为我国民间乞巧文化的"活化石"（图4-7）。

图4-7　浙东唐诗之路节点石塘镇小人节

乡土材料的在地性。要保持乡村的原真性，景观设计采取就地取材原则，充分考虑将当地乡土材料融入景观之中，还原乡土建筑，积极利用地方传统制造工艺，这是乡村特有的制作方式，将传统工艺运用到设计之中，不仅减少了材料成本，更是对传统制造工艺的传承与发扬。比如中国首个普利兹克奖的获得者王澍，他就始终秉持着中国本土建筑的思想，主张就地取材、旧料回收、循环建造。他认为中国乡村的住民不但将自然景观纳入自己原生的生活中，改造并达成了某种程度的顺应性契合，同时也类似于画论的"图底关系"，将真实的自然人为地转化为赖以生存的必要性元素。在王澍的设计中，"瓦爿"是最具特色性的设计元素，这种由砖、瓦、石料和陶瓷片等不同类型的材料组成的当地传统建造形式的"瓦爿"墙，充分体现出乡土的生命力。这种"瓦爿"墙的工艺是浙东民间的一种纯手工艺技术，从远处看青灰色中渗透着白，是浙东古朴的乡土记忆。

生产活动的在地性。除了文化与材料的乡土元素之外，还应当在风貌营造中关注适用人群的需求。乡村是乡民长期生产生活的地方，景观的设计要注重乡民在生产过程中的真实场景、活动方式等动态场景的再现，增加乡民对乡村的认同感和归属感。四川美术学院研究员张颖提到，乡土文化资源，就是在景观、产业、生活中的创造性再生产。水稻在弥生时代传入日本，稻田艺术也逐渐自江户时代发展起来。稻田艺术，就是村民事先设计好图案形式，并在播种作业时用木框圈出不同类型颜色的水稻种植范围，不同的水稻最后生长出来形成一幅幅美丽的图画，被称作"东方的大地艺术"（图4-8）。田舍馆村稻田艺术的发端是极为朴素和生活化的，是基于历史和前人所构筑起来的传统，这种将农耕生产活动与日本艺术特色相结合的景观风貌充分体现了在地性生长的内涵。

图 4-8　日本稻田艺术
图源：http://www.meipian.cn/009919a

三、迭代性生长

"迭代"是数学和工程领域的用语，一般指重复回馈过程的一种活动，其目的是逼近所需的目标或结果。在景观场景中的迭代，则更多的是讲述新旧事物的一种更替，是在顺应现有场景风貌的基础之上进行新的创造。迭代不是全部的舍弃，而是原有景观的再创造，在进行乡村景观设计之时，将村落的历史肌理与新理念、新技术有机地结合在一起。乡村本身就是活态化的，传统村落的迭代是一个漫长而又艰辛的过程。传统乡村作为一个独立的社会文化单元，其文化资源的缺失、景观环境的破坏等问题，都需要通过更新迭代来实现可持续发展。乡村只有不断地迭代更新，才能与时俱进，让空间与人的关系更为密切。

（一）乡土生活的迭代

乡村振兴的发展，对乡土文化产生了一定的冲击，但乡村的本质没有发生变化，乡土文化并没有消亡，而是以一种新的形式呈现出来，其文化内涵与核心也随着时代的演变而更迭，这就是迭代。乡土文化的改变必然伴随乡土生活的改变，更新迭代是乡土生活营造的关键。乡土景观的营造，应该主动适应村民群体不断提升的对生活水平的要求，动态地实现乡村格局、街巷肌理、建筑形式以及景观环境等多个方面的创新与迭代，重塑乡村传统生活。其中，建筑形式的创新迭代尤为重要，需要处理好传统建筑与村落地域传统文化的关系。传统古村落的建筑难以适应当代人们的生活方式，新的乡村建筑在具备基本的居住功能之外，更应该传承中华文脉，不能完全照用传统建筑形式，也不能远离村民的真实生活，应该给乡民更强烈的归属感。

犹如吴冠中笔下水墨江南的东梓关村建筑群，更彰显出这种随生活而改变的迭代创新。东梓关村在进行设计改造时，专门邀请浙江绿城建筑设计有限公司等多家知名设计公司入驻村内，让设计师们真切感受乡村生活与村民活动。村内建筑设计一改原有单调乏味的点状布局，回归传统院落式组团布局，通过建筑组团与单元的有序排列，形成一种多层次的风貌场景，在延续传统农居整体性方式的同时，提升村民整体的生活水平，呈现农民新时代生活样貌（图4-9）。

图 4-9　钱塘江诗路节点东梓关村鸟瞰

（二）乡土技术的迭代

乡村的景观设计中更多地需要将新旧材质、新旧形式、新旧工艺进行融合迭代，实现景观功能、形式与记忆的多方面创新。在规划设计乡村建筑时，如果有必要或必须进行一定程度的创新，那么创新主体便必须知道以何处为抓手进行突破，把乡土图景表达和乡土建设技术有机地融合，打破之前的构建局限，形成造物方面的乡土建筑更新迭代。杭州国家版本馆（图4-10）是王澍设计的又一个迎合了时代的建筑。基于"宋代园林背景的藏书建筑"的主题，对于杭州国家版本馆的建造，王澍并没有一味地仿古，而是提出打造极具中国气派和浙江辨识度的"现代宋韵"，为宋韵注入现代设计的思想与语言，这是对宋韵文化的传承与迭代。

图 4-10　杭州国家版本馆

王澍在富阳区洞桥镇的文村村设计建造了14栋农居房，改造后的新民居既有传统化、本土化的承袭，亦有对现代生活方式的响应体现。从传统化、本土化承袭方面看，整体形态呈现自然生长的秩序。单体房屋的排布与沿溪的原有秩序相协调，特别在融入村落集体、协调邻里关系（如入口空间适当地退让）、公共空间营造等方面体现尤佳。传统村落的建筑多是就地取材，并在长期的发展中形成独特的构筑审美。王澍在设计上延续了村落历史遗留下的建筑特色，其建筑材料上也选用杭灰石、夯土墙、青砖墙等，结合抹泥墙、斩假石等（图4-11）。为了维持村落简洁淳朴的特点，在改造建筑的色彩上也是从传统建筑中提取出灰、白、黄作为主要色调，只是在色彩的应用位置上有所创新，呈现的是体块外围及顶部颜色较重，立面中间部分颜色较轻，具有聚合包裹的收缩感。这样处理，在形成建筑的自我场域的同时，也协调了近邻空间感知关系，使得临路整体立面密立而不显拥挤。

图4-11　钱塘江诗路节点富阳文村村建筑

（三）乡土空间的迭代

乡村不断发展和演变，从最开始遮风挡雨的避风港，到如今形成高质量的居住空间，乡村一直在顺应时代发展潮流，适应人们的生活习惯，一次次地改良和重塑。我国乡村的变迁是迭代而不是换代，乡村既需要原乡人宜居，也需要外乡人宜业、宜游，需要具有文化、生态、生活及生产等多种功能。其中文化功能、生态功能是乡村有别于城市而具有的独特价值，特别是具有历史底蕴的传统村落，不能一拆了事，也不能盲目创新。乡土空间的迭代，应该重视乡村所体现的历史，延续场所文脉，深入挖掘乡土特色，呈现出不同乡村的独特空间。

乡村的生产生活方式改变，导致乡土空间的功能也发生变化。以乡村公共空间为例，原先的祠堂供奉祖先，是一个宗族的家庙，寄托其精神信仰。现存的祠堂在乡村历史的发展过程中遭受破坏，大多已失去了原有的功能，同时被赋予了新的功能，更多地转换成文化礼堂、老年活动中心等休闲场所，以及作为村落的旅游资源为人们出游提供场所，成为一个村落宗族文化传播的场所。乡民日常进行活动的庭院空间，承载着浓厚的乡土气息和文化积淀。从形态和功能上看，原本的功能注重交流，具有封闭性与围合性，虽然其设计具有一定的美学特征，但更强调经济性和实用性。而随着乡村发展的更迭，如今的庭院空间在兼顾活动与交流功能的同时，设置小型水景、栽种花草果木、铺设小径等，使庭院更具审美性与趣味性。

四、织补性生长

织补的含义是"仿照织物的经纬线把破的地方补好"，原本指的是一种缝纫技术，是修补破损衣物的手段。[1]美国柯林·罗（Colin Rowe）等学者在《拼贴城市》（*Collage City*）一书中提出了织补理论[2]，面对现代城市中源源不断出现的景观片段化、分离化问题，提出"文脉主义"的思想主张，并以此来解决这一现状问题。其主要内容是：对于破碎的城市肌理与生态景观环境，可以用文脉来对其进行"织补"，将景观空间和人居环境串联起来，吸收有利条件，以达到吐故纳新的"织补"更新目的。乡村的织补性生长可分为四个方面：诗性织补历史文脉、诗性织补自然生态、诗性织补理想生活、诗性织补乡村产业。

诗性织补历史文脉。乡村的"织补"首先要以乡土文脉为核心。乡土文脉是乡土社会形成的动因与内核，它赋予乡村整体以特定含义和价值。乡村体系是一个有机的生活整体，是历史沉淀的集中反映。但文化底蕴深厚的中国乡村却逐渐走向没落，不知不觉从人们的记忆中慢慢远去，城市居民的乡村记忆慢慢变淡。"乡愁"是一种集体记忆，在中华民族的传统诗歌中，在中华民族的传统剧目中，在中华民族五千年深厚的文化底蕴中，人们的"乡愁"记忆一直都未曾消失。[3]所以乡村传统文化的可持续发展，对唤醒人们的"乡愁"显得极为重要。诗性织补历史文脉是村落规划建设的核心要素。因此传统村落的"诗性织补"应该首先围绕织补乡土文脉展开讨论，深入、全面地了解村落人

① 臧佳明.基于嵌入式城市设计理念城市中心区复兴研究 [D].大连：大连理工大学，2010.
② 罗，科特.拼贴城市 [M].童明，译.北京：中国建筑工业出版社，2003：93.
③ 刘丹阳.集体记忆的激活与重构：纪录片中的"乡愁"研究 [D].苏州：苏州大学，2018.

文、自然、农业等各方面文化资源，再将文化内涵进行传承与提升，将挖掘出来的村落文化作为主旨，围绕此主旨对村落规划建设进行创意设计，激发出当地村民的文化自信，加深村民对村落文化的认同感，同时用村落文化提高对外来游客的吸引力，打造出一张独特的村落名片。

诗性织补自然生态。乡村注重与自然的融合，村民的生产生活方式以及由此产生的乡土文化通常都与自然密不可分，是自然美与人文美的有机结合。村舍通常依山而建，村民傍山而居，小桥、流水、人家，呈现出中国传统风水文化和乡村审美观念。从美学角度来看，乡村其实是一片充满诗意的美丽土地。相比都市，乡村在与大自然的交融中，也表现出了人性化的一面。回归人类的本质，让我们完全忘记自己，沉浸在一种愉悦、陶醉、自由和幸福之中。庄子"忘坐"的思想在此得到了充分的表现，人处于这种心灵的世界中，就可以超越自己，从而与天地融为一体。诗性织补自然生态是村落规划建设的根本内容。传统村落的"诗性织补"应该将织补自然生态作为立根之本，以师法自然为宗旨，对村落的生态织补建设要源于自然而高于自然，对其进行生态弥补，对自然山水采取"织补"的手段，对自然环境格局与场景空间中的不利因素进行剔除优化，营造出诗性的自然生态景观。

诗性织补理想生活。中国人对诗性生活的向往，蕴含着独特的情感表达。这种情感在历史发展进程中，推动了中国特有的乡村现象的发展。在中国，诗人们表达情感的最优空间就是在乡村。陶渊明的"采菊东篱下，悠然见南山"（《饮酒·其五》），王维的"清川带长薄，车马去闲闲"（《归嵩山作》），孟浩然的"露气闻芳杜，歌声识采莲"（《夜渡湘水》），这些诗作无不赞颂着乡村淳朴的生活环境，表达着对回归心灵的向往。乡村与自然的关系更为紧密，对于任何观赏主体而言，林、田、水、湖、草、沙、建筑、动物等要素形成的图卷，让人形成有别于城市景观的情愫。近年来，美丽乡村建设也在热火朝天地进行，这表示我国对乡村美学的重视程度在不断提高。越来越多的人想要逃离城市的喧嚣，追求乡村生活的怡然宁静，在乡村生活中寻找文化本源，企求得到心灵的升华，与大自然和谐相处。诗性织补理想生活是村落规划建设的向往目标。传统村落的"诗性织补"应该将理想生活放在重要位置，通过诗性织补引导人们追求美好的乡村生活。具体是指对乡村生活的各方面进行人性化的设计，以此来满足人们的日常生活需要；除此之外，更要关注当地村民的精神生活，要将传统乡土文化渗透进乡村景观设计的各个层面，满足村民日常生活中对文化的需求；最后还要创设出一种饱含独特魅力的、诗性的生活方式，以此来彰显诗性的生活氛围，进一步满足人们精神生活的需要。织补乡村的生活美，展现乡村的乡土美，打造诗意乡村，这样的乡村生活才是人们所追求的。

诗性织补乡村产业。"靠山吃山"的农业生产方式是乡村生存的基础，但这种原始的乡村经济受制于干旱、洪涝等自然灾害的影响，具有极大的不稳定性。同时在城市快速发展的影响下，大量乡村青年移居到城市，追求更稳定、更好的发展，导致乡村年轻劳动力越来越少，造成"老人村"的现象。因此，要振兴乡村，首先就应丰富农业生产形态，提高生产效益的同时挖掘农业生产的其他价值，为乡村经济产业赋能。乡村产业是一切村落规划建设的基础。传统乡村的"诗性织补"应该将乡村产业发展作为重点内容，以生态绿色发展为基础，促进农业产业与自然生态条件的和谐共生。再对本土产业特色进行挖掘提炼，打造出一个品牌力强、独特性高的农业产业链，绘就一幅产业兴旺、持续发展的诗画图景。在村落建设中，织补农耕文化可以丰富乡村产业形态和种类，讲述乡村自身文化故事，使其文化魅力更具独特性，让乡村文化产业一脉相承，实现可持续发展。

综上，诗路乡村景观设计并非对传统乡村景观之废弃，而是让其"生长"。这种生长的内涵包括以下四个方面。

一是让乡村自然生长。从自然的角度来讲，乡村是自下而上地自发生长的，乡村景观必须保持自然景观的完整性和多样性，充分尊重乡村特有景观对乡村风貌的影响。既不能激进地改造，也不能一味地依赖旧有，而是应该跟随时代呈自然生长的趋势。

二是让乡村在地生长。要充分利用乡村的乡土元素，展现乡村文化，展现乡村之美。任何乡村设计服务的对象都是村民，在设计实践的过程中，应从村民的需求出发，保证村民的便利，了解他们的生产、生活方式和状态，营造舒适的环境，有效处理实用与审美的关系。因此需要设计师扎根驻点，深入乡村生活，把自己当作村民，理解村民需求，为生活而设计。

三是让乡村迭代生长。乡村的兴衰发展是一个必然规律，而诗性生长体现为地域文脉有效传承、生态环境良性循环、农业产业可持续发展、现代科技造福于人类、生活方式丰俭有度。保护传统乡村，不仅要保护传统建筑，而且要保护空间格局。总之要立足现实，延续过去，指向未来，才能让乡村实现真正的"诗性生长"。

四是让乡村织补生长。乡村重塑需要用"织补"理念来填补空白，"织补"理念也与乡村发展相适应。实施"织补"战略，修复局部空间，实现村内新旧空间融合，保存固有文明。同时，为融入现代文化生活，传统乡村需要梳理适合现代价值观和技术数据的空间，将织补生长融入传统村落。

此外，诗路文化带形成的自然核心要素是水。自古以来，乡村水系空间作为人们从事与水相关或相连的活动场所，在人类社会的发展历程中、乡村变迁过程中发挥着特殊的作用。村落水系周边更是万物竞生、品类繁多，是保证生态平衡的重要因素，而村落里的滨水空间也成了村民与自然环境结合最为紧密、最为重要的区域。因此，诗路文化带上的乡村景观建设要秉持"五水共生"的理念，就是要把"江河水、溪流水、湖泊水、池塘水、沟渠水"这五种有形的水，转化为能为人感受的"动态之美、生活之美、田园之美、生态之美、和谐之美"，最终达到"流动性共生、生活性共生、生产性共生、精神性共生"。在观念上，要树立人与自然和谐的乡村水景观设计基本主题，遵循并利用水资源的规律来理水，从而获得水景观的可持续发展模式，进而创造出洁净、优美和舒适的人居环境。[①]数千年来，诗路文化带以水为主题，实现了自然性的共生共长，体现和谐永续发展之美。

① 施俊天."五水共生"视域中的浙中乡村特色景观设计理路[J].新美术，2016（4）：86-93.

第二节　嵩溪村景观设计

在今天，乡土文化越来越成为诗性的文化。城市化如同一把双刃剑，促进了城市的发展，却使乡村陷入消亡的危险境地。但是，没有乡村，何来城市？当乡土成为一种乡愁式的存在，其特别意义就显示出来了。文化是乡村振兴的重要内容和途径。如何使乡村成为文化的乡村，这里的关键还是对乡村文化的理解和认同。诗性，正是一个可以用来反映乡村乡土的特色、表达乡村建设前景的有用概念。刘士林曾创新性地用它来概括江南文化特征，这早已为人所知。其实，诗性如同自然物的生长一样，乡村诗性亦如此。对于历史文化村落而言，生长性意味着它始终是活态的存在。保护历史文化村落，就是要传续活态场景，让生长的基因真正融入村落的生命中、村民的生活中。以"诗性生长"的理念进行乡村景观设计，也就是把"望得见山、看得见水、记得住乡愁"的乡村愿景化为真切的诗意人居现实。嵩溪村山清水秀，犹如一个世外桃源。特别是它深厚的人文资源禀赋，为"诗性生长"景观营造提供了可靠基础。

一、激活诗性因子

作为一个诗性的存在，嵩溪村必然有其诗性因子。所谓"诗性因子"，是指使之成为"诗性乡村"的基本元素，即那些能够触发诗情、启迪诗思的自然地理和历史人文元素。在设计之初对这些方面进行整理是十分必要的，通过提取其中的特色元素，融入景观设计中，不断彰显其活力。在嵩溪村的景观营造中，对于整体的标志形象的重塑是首要的。

（一）溪·脉

村以溪名。嵩溪源出高峻的鸡冠岩，有两条分支，一条是从北面到南面的大源，另一条是从东面到南面的东坞源。小河四季潺潺。村前的是明溪，村后的是暗溪，两条溪流最后在村头的桥亭处汇合在一起。四周群山环绕，峰峦叠翠，给人一种与世隔绝的古朴感觉。山势险峻，鸡冠和狮子石峰巍然耸立；崖壁奇秀，青龙和白虎石刻栩栩如生；山峰雄伟壮观，大青和小青两座山峰巍峨挺拔；山谷幽深宁静，东坞和西源两处景致令人陶醉。这些特色景观共同构成了嵩溪的十大景点，包括鸡冠望潮、嵩麓灶烟、东壁石斧、屏山拱翠、石潭龙映、西岭秋阴、溪桥月色、燕饴春诵、庵岩晴雪和样畈禾浪。村内百年以上古樟 19棵（1 棵已死），羊角、万安、万庆、忠义、利济、太平等古桥 12 座，上田、挑水、塘头、秧田、大园、下坑头、涵洞泉等古井 33 座。另外，嵩溪村还流传下许多故事传说：罗隐秀才与嵩溪石灰、鸡冠岩的传说、鸡冠岩顶杨公庙、嵩溪石灰的由来、潜龙阁和歇马亭、仙画徐子静、连夜求联的孔方先生等。这些逸闻趣事与当地的自然环境、家族历史有很大关联，具有历史文化价值。

　　暗溪是嵩溪的历史文脉、生态绿脉、记忆（技艺）思脉，是最为珍贵的文化遗产（图 4-12）。暗溪是一条石涵道，始建年代不详，据现涵道和建筑关系推测应在清早期。现存较完整的部分，长约 380 米，其中 200 米左右为历史上原有，其余 180 多米为 20 世纪五六十年代修建及其后连续修建。石涵道全线开五口，其中一处被后期修建民居围进围墙内。这条石涵道充分体现了嵩溪先民高超的石砌技术。在保护设计上，基本保留原有建筑结构和风貌，营造内部空间神秘和幽静的氛围，同时挖掘暗溪文化。针对目前存在的一些问题进行整改和修缮，尽可能恢复其原有的功能和风貌。同时，通过命名，增设暗溪探秘、涵道茶室、休闲体验、儿童水上乐园特色功能，修建嵩溪历史文化博物馆等，"活化"暗溪，多角度彰显暗溪的魅力。

图 4-12　嵩溪村暗溪

（二）窗·椅

　　在村入口处增设"窗·椅"的艺术装置，能够很好地表达、体现嵩溪的文脉特色。该设计的灵感来自在村落中发现的一把高古文椅。通过挖掘、提炼，赋予其文化内涵，让其承载功能属性，"嵩溪椅"由此而生。嵩溪椅是嵩溪文化脉络的承载、延续与发展，是嵩溪人情感的寄托与身份的认同。对长者而言，一把老椅子能唤起儿女孙辈在椅边成长的记忆，感受儿孙绕膝的幸福温暖。对年轻人而言，一把老椅子可勾起对长辈的思念和回忆。其造型源于嵩溪的文椅，即太师椅；又取嵩溪的"嵩"字，"嵩"字别有意味，从文字造型看就犹如一把太师椅；其下方的双拱形设计，暗喻明暗双溪的交汇共融。另外，太师椅产生于宋代，与嵩溪建村时间相近。将"椅"与"窗"进行结合，"窗"外轮廓抽取村内典型老建筑的形态，寓意家的概念。从村内往外观望，是对未来的期许，对亲人的守望；从村外往村内看，是对家的回想，对亲人的守候。将整组装置立于村口，以框架镂空的形式呈现，起框景作用。同时它又像一个窗户，可以摄入实景，也可以窥视过去与未来，虚实相生。游客可以合影留念，感受嵩溪椅所承载的内涵和文化。同时它又具备很强的广告功能，是对外宣传的"窗口"（图4-13）。

图4-13　村入口艺术装置

二、培植诗性空间

村落是一个建成空间，有它的生命力，但是在历史过程中，由于经济的发展需要，其生态环境出现了不同程度的破坏，原有的空间格局也由于人为的因素而遭遇变形。其实，村落如同人一样也需要"健康生长"。培植诗意的空间，需要用诗境生态的方式去"愈合"那些历史留下的创伤。这要针对不同的现实状况，采取不同的营造方式。嵩溪文化以宗祠文化（建筑文化）、书画文化、烧制文化为特色。此次设计的重点是选择徐氏宗祠、艺术中心、断山进行空间培植。

（一）复原宗祠建筑

如同大多数山地村落，嵩溪村的民居建筑亦据地势而修造，舒缓密集交替，平整地块上的建筑密集紧凑，微山地形上的建筑错落有致。房子的朝向和外形随着地形的改变而变换，让整个村子的风景更加生动。祠堂、大殿、台门、厅堂和戏楼等装饰有漆画、彩塑、雕刻，都体现了江南地区的独特神韵。有些富绅大户的清朝旧屋，保持粉墙、黛瓦和青砖的建筑风格，显得优雅、精美和古朴。各种类型的建筑物，都有其独特的构造和装饰，山墙、门楼、窗檐、横梁、天井和壁画等，都显示出了古代匠人的创意和精湛的技术。具有800多年历史的嵩溪村，就是一个建筑文化的展览区。据统计，现存古建筑1560余座、54600平方米，以清代建筑为主，其中又以徐氏宗祠孝友堂保留最完整、最有气势。保护好这组建筑十分重要。但在历史、社会发展过程中，它的空间却不断被压缩，不仅建筑本身遭到破坏，而且外围环境也今非昔比（图4-14）。

两棵古树　西北侧辅房　　晓窗故居　孝友堂　四教堂　牌坊田，现已修建成居民区　万庆桥及嵩溪
现存一棵　近年烧毁

图 4-14　20 世纪 70 年代末嵩溪村全貌（根据村庄老照片绘制）

徐氏宗祠孝友堂的前面，如今是一大批建筑，原来则是一片牌坊田。门楼题字"爽气西来"（图 4-15）。一般来说，门楼题字或是寓意吉祥，或是宗族家训，或是说明祖先迁徙来源。像这样的题字并不多见，即使站在现场也未必能理解其意，因为现在四周已被新建筑围住。理查德·豪厄尔斯指出，图像可以运用"三步分析法"获得初级的、深层的、潜在的意义。[①]这四个字的表面意思是凉爽的风（气）从西边吹来，体现出宗祠建筑与自然山脉之间的互动关系，也很好地传达出此宗祠建筑在整个村落中具有至高无上的权威地位。如此看来，其一，宗祠前的一大片建筑都应该尽早进行拆除；其二，要协调周边建筑，将宗祠两侧已经被改建的建筑进行复原。

图 4-15　宗祠门楼

（二）增设艺术中心

艺术文化是嵩溪文化的一大特色。康熙年间徐敬臣创立嵩溪诗社，以后徐思祚、徐思琛等人邀约诗人友好赴会，相互之间吟咏揣摩成为佳话。再后

① 黄建军.视觉文化的研究方法探析[J].现代远距离教育，2009（4）：78-81.

来，徐宗义、徐宗璧、徐宗泮相继主其事，使嵩溪诗社延续了120余年。尔后，又有徐谢卿、徐玉成、王碧玙、徐子刚、邵孔方等或写诗或填词，继续嵩溪诗社遗风。[1]到了20世纪80年代中期，又成立嵩溪学社，涌现了一批像徐千意这样的农民诗人。除诗文之外，书画也极为繁盛。清代徐子静善人物花鸟；近代徐菊傲专写意墨梅，徐心灯擅书法竹菊，徐察人工书善画，徐心泉长壁画雕刻；当代徐天许为潘天寿、李苦禅入室弟子，擅长花卉羽毛，尤精于鹰鹜。代代相传，文脉一直不曾中断。[2]

嵩溪村书画名人辈出，是名副其实的"书画之乡（村）"，建设一个能够承载艺术展览、学术交流等多种功能于一体的艺术中心十分必要。位于村中心的嵩溪厅及其周边围合形成的四房里建筑群可作为改造基础。该地点位于村中心地带，均为清代建筑，其中嵩溪厅为省级文保单位。南侧建筑群已经改造为会议中心、书吧，东侧建筑群已经改造为国际青年旅社等。作为文化设施，此处是一个比较理想的选择。设计的总体原则是传承建筑原有的历史，整体上不破坏周边的风貌，用尽量少的新元素对功能进行改造。同时要满足多种功能需要，使得艺术中心能够承担艺术展览、文化交流、艺术培训、休闲消费等诸多功能。四房里建筑，坐北朝南，三进三开间，由正厅、堂楼、厢房组成。正厅明间中柱不落地，七檩三柱，次间山墙墨绘梁架图案。堂楼三开间二层，明间七檩五柱，前檐为廊。

（三）织补更新断山

嵩溪又以盛产石灰石而闻名于周边，生产最盛时曾是浦江东部客流、货流、物流的集散地。它的烧制历史长达上千年，各时期留下的石灰窑已成为历史见证和特色遗迹。石灰产业在直接带动经济发展的同时，也带来了严重后果，形成了创伤性的断山。这个断山所在的山谷，当地土语叫作"穗窦"，与土语"水稻"同音。根据前期调研，我们绘制了石灰遗产分布情况图，并规划了未来村落的发展诗意居住之地，取名"明日去山谷"（图4-16）。

图4-16 "明日去山谷"矿山规划

① 郑殷芳.浦江嵩溪村风貌色分析与保护初探[J].古建园技术，2017（3）：54-58.
② 徐笑挺.浙中古村落空间化及其重构研究——以历史文名村嵩溪村为例[D].杭州：浙农林大学，2019.

三、呵护诗性生活

景观是一种诗性的存在。景观的存在只有融入乡村生活之中才具有真实意义。日常生活，包括食、住、乐等都是景观营造的切入点。只有以一种用心呵护的态度才能打造出诗意的乡村景观。嵩溪村村民得到潺潺溪水、郁郁青山的哺育，用自己的勤劳双手创造了丰富多样的生活文化。延续这种本乡本土的文化，并加以传承、利用，自然是景观营造中应着重考虑的部分。在嵩溪村的设计中，主要利用一些闲置空间，比如建筑空地、民房等，结合现代技术，运用一些乡土材料进行改造，并把一些乡土文化元素融入生活细节当中。通过点面结合的方式，展示乡村的诗性生活。

（一）梁架茶室

苏轼《次韵曹辅寄壑源试焙新芽》有云："从来佳茗似佳人。"饮茶品茗早已成为一种生活艺术。品茶之美，美在意境，它可以使人跨越时空、摆脱人生烦恼，获得一份闲情雅意。[1]为了提供一个更好的品茗环境，我们规划设计了一处茶室。所在之地原为颓塌建筑之空地。东西厢房山墙颓而未塌，观之有湖石之气势，其东侧一路之隔即为嵩溪，细察其基屋架，为旧制七间头民居，明次三间，中为厅，东西厢房各两间，中为天井，南侧东西各一门，为围合式三合院。屋架两层，屋顶采用五步七架抬梁式结构。此地久空，为整个村子建筑肌理之残缺之处，进村数米即可见此。为补全其建筑，遵循院落式建筑旧样，用钢结构做主体框架，保留原有两侧山墙，仍旧做坡面建筑顶，基本覆瓦，局部覆钢化玻璃，增加采光量，新造建筑，墙体基本采用石灰石废料，采用三合土古法建造，其余墙体均为钢化玻璃。方案一，用五架抬梁带前后双步，虾背梁样式。村中抬梁做法的虾背梁作，其功能为公用之建筑，主要用于较大型展览及会议、茶室等（图4-17）。方案二，严格遵循原有建筑样式，钢结构二层合院式民居建筑，改良采光，室内空间符合现代人使用需求，基本为茶室与咖啡空间之用，附带1—2间卧室，预留未来改造为艺术家个人工作室的可能性（图4-18）。

① 吴华.品茗文化及其美育功能[J].茶业通报，1997（1）：45-46.

图 4-17　"梁架"嵩溪茶室外观

图 4-18　"梁架"嵩溪茶室内部

（二）休闲民宿

闲置的民房，适宜改造成民宿。爽气来民宿原是一处旧宅，早已无人居住。通过门面的改造、装饰，增加了一个民宿品牌"遇见你"，效果完全不同（图 4-19）。

before：爽气来

after：遇见你

图 4-19　"爽气来"民宿

"入嵩溪饮"民宿以建筑外观、室内改造为主，集餐饮、休闲、娱乐等功能于一体。设计理念源于嵩溪古朴悠然的历史感，材料的选择以石灰石为主，注重嵩溪本身乡土元素的运用。设计原则上遵循小众理念、地方特色理念和环保理念。在建筑结构和表现形式上寻求突破和创新的艺术效果，着重采用石材、木材、玻璃、混凝土、不锈钢等材质，形成强烈的对比效果。设计上下两层，两个出入口。平面组织上设有餐饮、阅览、观景、交谈、会议等功能区。以灰色调为主，加入少数木色进行调和，营造典雅自由的休闲氛围（图 4-20）。

图 4-20 "入嵩溪饮"民宿中的餐饮中心

（三）手作新生

与机械工艺不同，手工艺是手与心的完美结合。手工艺品不仅实用、美观，而且能够传达出丰富的文化内涵，别具特色和意义。因而在设计中，注重将民艺融入乡村生活，以增强文化自信。所谓"手作新生"，就是要发挥手工艺技术的魅力，彰显其"新生"的意义。所做的设计主要包括以下两方面。

一是"归园"陶瓷餐具设计。回归家园、田园，表达地道的饮食文化。嵩溪的麦饼、馒头、粽子、麻糍、夹粿、观音豆腐等众多美食，都可以作为"乡村早餐"在民宿餐饮中体现（图 4-21）。同时，借器物来增强嵩溪美食的仪式感，器形以斗笠与豆为亮点，形来于乡村用在乡村；釉色是根据创作意图自主调制的亚光白，意在体现乡村的淳朴和艺术的审美；视觉上无图案修饰，用最纯粹的方式表达对于食物的敬畏和克制。

二是"木有温度"几案创意（图 4-22）。回收设计、重塑旧物并赋予新生的理念，使弃木得以利用，老木得以重生。由传统工艺制成的桌椅，采用木质的榫卯结构，可以拆卸，不需要钉子。台柜表面嵌有暗溪形态，上开下合留出溪谷神韵，蕴含潺潺流水纳清凉的意境。"罗锅枨"形似明溪群山，意为明溪与暗溪一起汇合成嵩溪。侧向支撑板立面勾画出暗溪的神韵，拱形大跨，巍峨挺拔。在将支板与横枋进行连接的过程中，使用了半弧形凹槽插榫进行镶嵌咬合，同时还设置了一个锥形的小木方块来插入榫进行锁定，环环相扣，精谨秀劲。这一创意代表的是万物生命力的延续，更是对美好生活的憧憬和诗意栖居。

图 4-21　嵩溪特色美食

图 4-22　木质几案

综上，基于"诗性生长"的嵩溪村设计实践，我们对诗性乡村景观营造有了更深的体会，主要有以下三点。

一是化静为动。传统村落文化底蕴浓厚、景观资源丰富，设计过程中需要尽可能保存和还原，化静为动，以诗性方式唤醒、激发乡村景观活力。

二是空间关切。每一个传统乡村都是一个整体，各种景观要素相互联系，在空间格局当中落位、统一。设计过程中需要尽可能保护空间格局，传承文脉。

三是未来指向。每一个乡村都有它的个性，都有它美的一面。设计过程中在考虑实用性的基础上，展示它的美，尽可能满足村民和游客对美好生活的需求，使之成为诗意的、令人向往的栖居地。①

①　施俊天.基于"诗性生长理念的乡村景观营造——以嵩村为例 [J].山东工艺美术学院报，2023（4）：51-55.

第三节　罗店镇景观设计

　　诗路文化带建设作为高质量发展建设共同富裕示范区的重要载体，是打造新时代文化高地的重要标识，也是"诗画浙江"大花园建设的重要内容。[①]而金华山地处浙中金华市，是钱塘江诗路文化带的核心区块。[②]作为金华山入口的景区镇，一头连着城市、一头连着乡村的罗店镇，是"双龙风景旅游区"与罗店、竹马"花卉之乡"共同富裕示范带的中部力量，肩负实现中心镇崛起、推进共富带建设的使命，是打造高质量发展建设共同富裕示范区的美丽城镇样板。

一、现状条件分析梳理

　　罗店镇，位于浙江省金华市婺城区北部，有着"婺城北大门"与"金华城市后花园"的别称。罗店村与前店村、童仙村三个村共同组成罗店镇中心特色小城镇。罗店村作为镇政府所在地，是整个罗店镇的政治经济文化中心。近年来，在婺城区"十乡百村婺城乡创"项目与小城镇环境综合整治建设下，城镇建设呈稳步上升的态势，以"统筹城乡融合发展、兴盛文旅走好'共富路'"为目标，大力创建省级美丽城镇样板镇。

（一）优势特色条件

1.深厚的诗路文化积淀

（1）独特的地域文化传统

　　文化是罗店镇旅游发展的根脉，依托于有着"神居奥宅、赤松真源、侨仙祖庭、人文圣山"之称的金华山，可谓"三源汇流""五圣鼎立"，其物质与非物质遗存丰富（表4-1）。

① 张秀梅.深刻把握文化建设成果 加快打造新时代文化高地[J].浙江经济，2023（10）：32-33.

② 文娜.浙中文化标杆地添彩钱塘江诗路[J].浙江经济，2023（7）:60-62.

表 4-1　罗店镇历史文化概览

文化资源	名称	详细介绍	照片
历史文化	宋元婺学文化	宋元年间，婺州人文肇兴，贤哲辈出，吕祖谦、陈亮、唐仲友各以其学术而名动天下，形成婺学的第一次高峰。此后，北山四先生何基、王柏、金履祥、许谦在婺州大地高举朱学道统，传承程朱理学，形成婺学的第二次高峰。	
	黄大仙文化	2008 年，"黄初平（黄大仙）传说"被列入国家级非物质文化遗产名录。2009 年，金华市提出要"确立金华在全世界黄大仙文化信仰起源地、发祥地、标志地地位"。	
	抗战文化	1937 年 12 月，杭州被日军攻陷，国民党浙江省党政军机关从杭州撤离到永康方岩和金华。国民党浙江省政府主席黄绍竑在罗店建造了"黄公馆"（黄绍竑别墅）。	
	大头娃娃舞文化	罗店村的大头娃娃舞，就像历史的缩影，经历了漫长的发展。罗店村"大头娃娃"舞蹈队的队员们是自豪的，因为他们几乎没落下金华这些年来的重大庆祝活动。	

（2）丰富的诗路文化资源

历史上，李白、孟浩然、杨万里、沈约等历代文人都曾到过镇域内的金华山，写下了诸如《对酒行》《寄赤松舒道士二首》《下横山，滩头望金华山》《游金华山三首》等 2000 余篇诗文。明代大旅行家徐霞客曾游历金华八洞，对双龙洞最为赞赏，写下《浙游日记》。在近代，叶圣陶在《记金华的双龙洞》中描述了游览金华双龙洞的情景；郁达夫、郭沫若、艾青等人，也都为双龙写就了脍炙人口的名作。近现代著名国画大师黄宾虹是山水画一代宗师，6 岁时拜李灼先为师，在罗店憩园学习书画，并在晚年画下《狮子山图》，还为金华山画了诸如《金华山色图》《金华山中图》《金华赤松宫图》等佳作。

（3）突出的历史文化名迹

作为国家首批 4A 级旅游景区的双龙洞（2024 年 12 月，被评为 5A 级旅游景区），冬暖夏凉，是避暑胜地。智者寺则是双龙景区内的著名佛教历史文化遗存，是历史上金华山儒、释、道文化和谐共栖的佛教代表。鹿田书院始建于宋，修复于清，内供奉金华自宋至清的所谓"七贤"，是金华地区儒家文化的代表性遗迹。霞客古道系徐霞客由此登金华山游历科考（表 4-2）。

表 4-2 罗店镇历史名迹概览

文化资源	名称	详细介绍	照片
历史名迹	双龙风景旅游区	是一处以山岳森林为背景，地下悬河、岩溶奇观、赤松祖庭为特色，以观光度假、康体休闲、海外朝圣等为主要旅游活动的国家重点风景名胜区和国家 5A 级旅游景区	
	智者寺	是金华历史文化名城及双龙国家级风景名胜区内的著名佛教历史文化遗存，是金华山儒、释、道文化和谐共栖的佛教代表	
	黄大仙祖宫	坐落在双龙风景旅游区内，居鹿田湖畔，坐北朝南，枕山襟湖，气势恢宏，终年云雾缭绕，呈现道教特有的神秘气氛	
	霞客古道	以智者寺为起点上山，经白路下村，至羊甲山，而后再折向东北，经弹子下村的斗鸡岩北上至鹿田	
	鹿田书院	金华八县名流在此建鹿田书院。浙江省级文物保护单位，被誉为"八婺儒宗"	

2. 良好的公共资源基础

（1）交通设施较为完善

罗店镇集镇区块东至智者街、南至金兰北线、西至花果路、北至智者寺，距离金华市中心约5公里（表4-3）。在公共空间上，在镇区设有集中式停车场，缓解集镇停车压力；在公共设施上，进行了拓宽道路、配套信号灯、标志标线、道路监控安全防护等交通基础设施建设。

外部区位交通：罗店镇距离金华站近，周边资源丰富，包括周边的竹马花卉市场、浙师大片区等优势资源，为罗店老镇区未来发展提供了协作联动发展的机会。

内部区位交通：镇内主要依托八一路、北山路、镇府街、水厂路、花卉街、菜场路、大操场路和花果路联系新老镇区和行政村，智者寺、尖峰路和S313道路主要联系对外交通。

表4-3 罗店镇道路情况概览

方向	路名	路宽/米	路况	现状照片
南北	智者街	11	一级道路，为通向智者寺及双龙景区道路	
	北山路	9	城镇内主要道路，车辆较多	
	八一路	6	城镇内主要道路，路两侧有人行道，受停车位影响，行车道较窄	
	花果路	4.5	水泥路面，一般为行人、非机动车通行	

方向	路名	路宽/米	路况	现状照片
东西	水厂路	7.5	道路两边有绿化空间，路边设有停车位	
	景观路	7.5	与水厂路相连，通向城镇外交通，车流量较大	
	镇府街	5.5	镇政府所在街道，路边设有停车位，车流量较大	
	花卉街	3	由府前街更名，修整后道路较为整洁，路边有绿化	
	菜场路	7.5	道路较为整洁，路边有绿化	

（2）建筑风貌相对统一

罗店镇分新老城区。老城区建筑时间可追溯到清代，多为两层木结构或砖砌建筑。新城区多为新建建筑，主要位于集镇中部与东部，其建筑多沿北山路、八一路布置，以多层建筑为主；北山路南部工业厂房较多，个别厂房建筑保持较好，具有时代特色。

根据集镇风貌改造要求，生活区街区建筑通过统一设计，运用构件、装饰元素，对建筑立面进行改造和局部美化；增设背街小巷景观小品设施，完成多条道路"白改黑"工程；对干道线路实施自来水、路灯、人行道景观改造工程；镇区内的居住片区的整体风貌已经得到极大提升。镇府街、花卉街、北山路、八一路沿街立面基本实现外立面、空调机位、防盗窗户的统一；同时公共空间新建了绿地广场、街角小品、滨水游步道等；北山路和金兰公路交叉口处借由石笋景石打造罗店镇入口门户，周边场地绿化覆盖茂密。

3. 独特的产业资源地位

罗店镇是"中国花卉之乡"，据史料记载，其花卉栽培可以追溯到南宋时期，距今已有700多年历史。花卉产业是其农业支柱产业。2021年，罗店镇参与承办第十二届中国茶花博览会，进一步擦亮"中国花卉之乡"金字招牌。

罗店镇的特色农业产业有举岩贡茶和高山蔬菜。婺州举岩茶，源于秦汉，兴于唐宋，盛于明清，皆为贡茶，也是中国贡茶历史上最久远的茶种之一。婺州举岩茶制作技艺先后被列入金华市、浙江省和国家级非物质文化遗产名录。罗店镇因海拔高、昼夜温差大，所种植的高山蔬菜也颇受欢迎，成立北山蔬菜专业合作社，进行规模化种植、标准化生产、品牌化建设。

罗店镇有丰富的旅游产业。金华山雄踞浙中大地，人文积淀深远厚重，自然风光秀美奇绝，千年古刹智者寺、黄大仙祖宫、鹿田书院、何氏祠堂、黄宾虹读书处——憩园、霞客古道等文化地标都坐落在罗店镇。罗店镇坚持"旅游立镇、旅游兴镇、旅游强镇"的发展定位，加快推进"云想尖峰·花享罗店"旅游品牌建设，推动乡村旅游"一村一品"差异化发展策略，实现业态发展与村庄繁荣良性互动。

（二）现状及主要问题

1. 文化空间内涵有待深挖

依托于双龙风景区，罗店镇有着丰富的文化资源，但还缺乏对自身文化自信的宣传与弘扬，从而导致镇区道路地域文化展示不明显，文化礼堂处于半闲置状态，没有发挥其文化普及的作用；作为城镇特色的大头娃娃舞，也很少出现在镇区内，传统习俗没有进行有效开发。整个城镇内空间与文化的结合需要更加深入。

2. 公共空间特色有待强化

在小城镇环境综合整治建设下，罗店镇公共空间的风貌有所改善。镇区在医疗、教育、商贸等功能上均能满足当地居民的日常需求，但在细节方面仍需强化。目前集镇内缺少真正意义上的公园，公共休闲空间较少；缺少具有明确指向的罗店镇主题门户形象；公共厕所和停车场布置不足，不符合合理性原则；交通驿站设置较为陈旧，室内空间利用率不足。

3. 商业空间活力有待激发

生活街区与商业街道之间缺少过渡，商铺店面形式缺少当地特色。八一路是按照民国风格对原老旧房屋重建改造而成的一条商业街，但是缺少功能的植入和业态的引导，缺少集镇自身的旅游业态，并且车辆的乱停使原本不宽的道路更加狭窄，目前使用率不高，无法发挥出其最大的价值，城镇吸引力较小。北山路作为餐饮商业街，特色不明显，整体性不足，且餐饮多为对内餐饮，缺少对外的旅游型餐饮店面。在整体上，两条商业街缺乏数字化的运用。由于没有数字化的赋能，商业街较为萧条，缺乏作为景区型特色小城镇的新颖性和活力。

4. 生活空间风貌有待协调

虽然之前的小城镇综合整治行动取得了非常不错的成效，但是其所覆盖的区域有限，镇区内仍旧存在着需要进一步提升的区域。村镇内新旧建筑不大协调，建筑与景观融合度不足，并且新建筑存在外墙褪色、结构脱落等问题，不仅不美观，还存在安全问题。

公共设施较为薄弱，虽然在镇区内设有导视标牌等系统，但其整体性不强，缺少城镇特色，公共配置体系不完善，需要构建完善的公共设施体系；公共绿化设施不足，绿化配置较乱，花箱特色不明显，整体性不足，并且作为花卉之乡缺少当地特色的花卉种植。

综上，位于浙江金华的罗店镇，中心镇区作为配套的旅游服务区与镇政府所在地，未来需要完善镇区生产、生活服务功能，为周边各大功能区块做好配套服务，梳理出城镇内的空间，做好未来"文化下山""旅游下山""居住下山"的空间准备，成为金华山脚、景区及片区以旅游服务接待为主的特色诗性城镇。

二、美丽城镇诗性生长

罗店镇景观空间改造区域属于罗店镇中心镇区，位于 S313 道路以北，智者街以西，主要以罗店镇人民政府所在的集镇建成区为对象，涵盖罗店村、前店村、童仙村三个行政区域，总规划面积约 137 公顷。

罗店镇的景观空间改造设计依托"自然性、在地性、迭代性、织补性"四种"诗性生长"的设计理念，通过文化空间、公共空间、商业空间、生活空间四个方面，富有针对性地进行景观空间营造，致力于打造出文化富足、环境富美、产业富兴、宜居富家的诗性生长城镇（图4-23），成为人人满意、人人舒心的城镇，使每个人都能享受到诗情画意，使罗店镇成为"诗性生长"共同富裕城镇景观建设的新坐标。

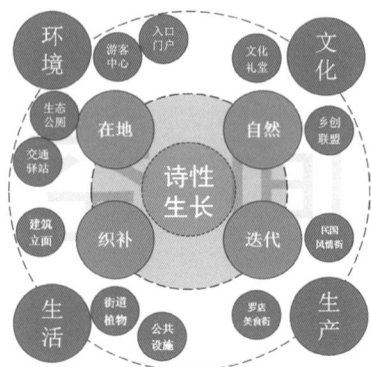

图 4-23 罗店镇空间营造实践体系

为改进优化罗店镇集镇空间改造方案，设计人员会同城镇领导多次召开建设意见征询会议（图4-24），并邀请城镇乡贤参与出谋划策，走访街巷询问居民意见，协调城镇各方资源。

图 4-24 罗店镇设计讨论现场

（一）富足文化空间，延续文脉自然生长

作为景区型特色小城镇，在保持"第一自然"的基础上，努力向着"第二自然""第三自然"文旅融合发展，而其中文化对当前镇区发展特色文旅产业具有重要的意义，能够为罗店镇的发展赋"魂"（图4-25）。

背靠金华山、依托双龙景区的罗店镇着力打造成为金华山旅游的"会客厅"，挖掘和传承城镇的历史文化内涵，举办文化活动，设置文化设施等方式，既能够增强城镇居民的文化认同感和归属感，也能给游客带来更好的文化体验，使其成为"颜值"与品位俱佳的"花卉禅意小镇"，从而延续城镇文脉，让文化在回归原本模样的基础上，成为充满城镇美学色彩的第三自然。

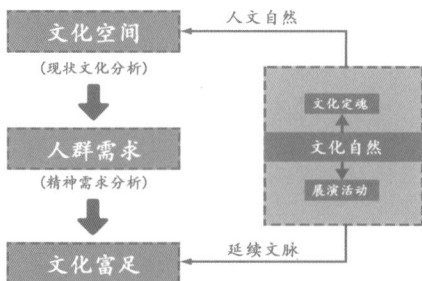

图 4-25 文化空间自然生长思路

1. 文化主题定位，创意设计的核心

文化主题：云想尖峰·花享罗店

主题阐释：源自李白所作《清平调·其一》的首句"云想衣裳花想容"。尖峰山是金华人的母亲山、乡愁山，是金华的标志性记忆点，而罗店镇就位于尖峰山山脚；如恰逢阴雨天气，立于罗店镇镇内，可感受尖峰山顶在云雾中刚露出山尖又刹那间被淹没，宛如黑白水墨画。同时，罗店镇有 700 多年的花卉种植历史，花卉资源丰富。罗店镇的主题聚焦于"山"和"花"的元素，突出其山与花的特色，能使游客清楚地感受到其中的氛围。

设计主题：民国风情。罗店镇的民国文化十分显著。1938 年，杭州被日军攻陷，国民党浙江省政府主席黄绍竑在罗店建造了"黄公馆"，现为金华市级文物保护单位。以民国特色为突破口，打造民国主题景区型特色小城镇，是罗店镇建设因地制宜的选择。

2. 形象基础设计，诗境物化的本源

标志设计：标志设计与主题相呼应，提取茉莉花、尖峰山、举岩贡茶、山上云雾四种元素，展现罗店镇丰富多彩的文化特色。"罗店镇"三字在造字工房黄金时代细体的基础上，增加民国风建筑特征，端正庄重（图4-26）。

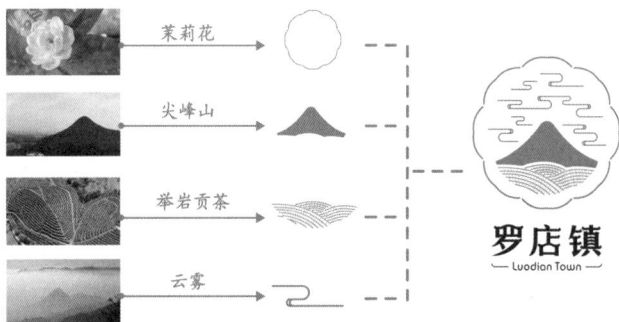

图 4-26　标志设计

色彩设计：标准色为尖峰绿，辅助色为山茶红、新芽碧、晴空蓝、暖阳金、清雅灰（图 4-27）。

IP 形象 设计："大头娃娃舞"是罗店具有特色的传统习

标准色

尖峰绿
#4B8D7F
选取尖峰山的绿色作为标志的主色彩，沉稳大气，端正清雅

辅助色

山茶红
#EB5F54
选取山茶红色作为标志的辅助色，以山茶的芬芳馥郁点亮色彩的一抹浓烈

新芽碧
#20B295
先取新芽的碧绿作为标志的辅助色，清丽悠扬之中蕴含着盎盎生机

暖阳金
#EAE9DC
暖的金色作为标志的辅助色，通过温暖平和的金色为罗店镇的色彩增添质感

清雅灰
#9F9D9D
以百分之八十的灰色作为标志的辅助色，平衡所有的色彩

图 4-27　色彩体系

俗。罗店村在新中国成立后就成立了一支
宣传队，多次巡演大头娃娃舞。现在的表
演仍延续了喜庆、祝福的特点，并融入现
代舞蹈元素。之前曾举办庆祝香港回归、
建党 80 周年，2008 年迎奥运"踩街"活动
等。因此选取大头娃娃作为罗店镇的 IP 形
象，既宣传了地方特色，也传承了民间舞蹈（图 4-28）。

图 4-28　IP 形象

3. 文化空间锻造，精神文脉的凝聚

（1）文化礼堂改造设计

罗店镇文化礼堂位于北山路西侧 84 号，现有室外篮球场地和羽毛球场地
等休闲空间，以及室内红色文化展示馆、花卉故事馆、阅览室、服务中心等功
能空间，其基础设施较为完善。但场馆不经常开放，导致城镇居民来访的次数
较少，空间利用率不足；室外场地地面破损掉色严重，需要翻新，文化宣传栏
缺少特色；建筑本体外立面特色不明显（图 4-29）。因为城镇建筑已然成形，
不宜大修大改，秉持着微改造、精提升的理念，在原有基础上，将民国、花卉
与山体三种特色文化融入其中，加强文化的浸染。

场馆内不经常开放　　地面破损掉色严重　　文化宣传栏缺少特色

图 4-29　文化礼堂现状问题

文化礼堂外立面改造。罗店镇有着民国文化积淀，其八一路、"黄公馆"
等都带有民国特色。因此，首先拆除文化礼堂外立面的原有墙面，在一层外
墙部分，利用灰色小条砖重新饰面，以灰色真石漆饰面达到上下两层过渡效
果；在二层以上窗户外沿增设拱形窗户造型；"文化礼堂""文化地标、精神家
园""罗店镇新时代文明实践所"等字体使用精品发光字，增添罗店文化宣传
灯箱，加强夜间氛围，以此使礼堂融入民国气息，更具罗店特色（图 4-30）。

文化宣传景墙打造。本设计主要结合罗店特色，打造民国风格文化宣传

景墙，宣传罗店镇文化。景墙分为一块主墙加两块副墙，其整体材质选取芝麻灰花岗岩，色调偏灰贴近民国风；主墙起突出罗店镇主题的作用，底部设有园林小品，以灰色泰山石搭配造型罗汉松，以山石模仿尖峰山，营造小型的"云想尖峰"之景；两侧景墙起文化宣传作用，宣传栏外框以提取的罗店镇花型为装饰元素，白色汽车漆饰面与灰色墙砖相结合，提亮整体墙面色调（图4-31）。

图 4-30　文化礼堂建筑立面改造效果图

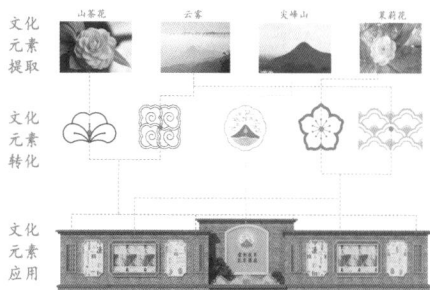

图 4-31　文化宣传景墙单体图

另外，景墙位于道路与文化礼堂交界处，有高低落差且东侧设有垃圾站，考虑现状，其主墙长度与高度均大于垃圾站尺寸，两侧不受垃圾站影响高度偏低，如此高低错落也增加起伏感；因主墙背面受垃圾站遮挡，便不做任何装饰与设计，保持最简单的条形砖（图4-32）。通过此设计，将原先位于室内展示的文化宣传搬出室外，有利于更好地进行对内对外文化宣传与传播。

户外场地翻新改造。礼堂北侧有一片空地，在原有篮球场和羽毛球场的基础上对地面进行翻新改造，作为文化礼堂的配套设施，更希望将此处打造成镇区居民的一处休闲集会的场所。球场地面以花型为元素，在不改变其规格、形式的情况下增添色彩与图案，花型元素的运用更加深了

图 4-32　文化礼堂景墙效果图

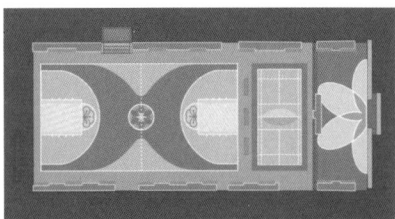

图 4-33　文化礼堂广场球场改造效果图

图 4-34　文化礼堂花坛改造效果图

"花享罗店"的概念（图 4-33）；将花坛与宣传橱窗和休憩座椅相结合进行设计，花坛边缘扩宽花岗岩台面成为休息座椅，底部做铝板字体，统一风格的宣传橱窗立于花坛后方（图 4-34）。

（2）乡创联盟改造设计

该空间位于北山路的老供销社地块，规划此处为"乡创联盟"和"游客文化中心"共同使用，其中三栋老建筑破旧闲置，西侧对外建筑为危房（图 4-35），但其墙面为青砖砌筑，仍保有民国风情，不建议整体拆除；其室内空间闲置，可对空间重新布置利用，分别设立乡贤会馆、文创小店、非遗展示馆等文化场馆；南北两栋老建筑之间的空间杂草较多，整体景观风貌较差，可考虑重新梳理利用；场地缺少标志性入口建筑，可考虑增设。通过以上现状调研分析，意在打造一个集创意办公、人文商业、艺术生活、社区休闲、旅游观光为一体的多元无界文化空间。

图 4-35　建筑现状

作为乡创联盟的文化场所，此处需要打造一个标志性入口建筑，入口结合罗店整体民国风特色，选择用门楼形式（图 4-36、图 4-37）。同样以主建筑搭配两侧辅建筑形式，与文化礼堂景墙遥相呼应。门楼开设 4 个出入口，两侧入口较为宽阔，中间作为主景设有"云想尖峰·花享罗店"特色图案，以格栅搭配，可作为景点打卡处，同时背面可作为集会、讲座等大型活动的主舞台，兼容多个功能。

老旧建筑外立面保留原有青砖墙面，在此基础上整体粉刷，并对窗户、门进行再设计，在形式上仿照民国风格（图4-38）；同时增加夜间灯光照明，提升氛围感；原有墙面黑板保留，并借助黑板增加党建宣传内容，使其具有年代感；建筑现状防水问题严重，屋檐处增加檐沟，在地面增加排水系统。

图4-36　入口门楼单体效果图

图4-37　入口门楼效果图

图4-38　建筑外立面改造效果图

室内空间分为三个功能区，一层为乡贤会馆、二层为非遗展示馆、西侧对外为文创小店。乡贤会馆设有大型会议区、洽谈区、乡贤事迹区、综合服务区等（图4-39），后期可举办三乡人讲坛、创业洽谈会等活动，不仅能涵盖展陈功能，还能展示乡贤风采，弘扬乡贤文化。非遗展示馆通过整合罗店镇内各个乡村文化资源，将地方非物质文化遗产全面地展现在场馆之内，实现资源的互补。非遗展示馆包含展示区（图4-40）、实操区（图4-41）、观影区（图4-42）等，让游客能够更进一步感受罗店镇的非物质文化遗产。

面对存在安全隐患的建筑，采用旧址重建的方案，打造罗店文创小店。文创小店空间结合花的元素与民国特色，打造罗店IP（图4-43）。通过文化产品化的生产，让文化产品、文创产品进入平常生活中，扩大罗店非遗文化、红色文化的传播范围，并通过文创带动消费热潮，促进城镇经济的发展。

南北两栋老建筑之间为空地且僻静，是一处绝佳的景观点，对此空间进行微整改（图4-44），设置休息座椅，使此空间形成半封闭的休闲空间（图

图 4-39　乡贤会馆室内效果图

图 4-40　非遗展示馆室内展示区效果图

图 4-41　非遗展示馆实操区效果图

图 4-42　非遗展示馆观影区效果图

图 4-43　文创小店室内效果图

图 4-44　户外休憩空间平面图

4-45）；增加绿化种植，拆除东面一排单层水房，并新建一堵文化景墙（图4-46），增大通道面积。

（二）富美公共空间，重塑环境在地生长

景区型特色小城镇公共空间的营造要考虑公共空间的在地性。在建筑技术上，充分考虑当地现实条件，充分利用旧有建筑和旧有材料；在景观形式上，充分考虑当地人的生活需求[①]。在不破坏场地空间秩序的情况下，感受场地与人之间的关系，注重与场所空间的对话，立足于场地环境，将传统建筑风格与时代建筑风格有机结合，在融入场地周边肌理的前提下，使建筑的在地性融入更加合理（图4-47）。

1.入口门户改造设计

罗店镇的入口门户形象，是连通乡村与城市的重要交通节点，作为一个城镇空间的起始部分，其更代表了罗店镇的地域形象，在公共空间的营造中起到不可忽视的作用，在提升城镇吸引力中起着关键性的作用[②]。目前存在主入口人行通道不明显、文化景观不突出，次入口不明显、现有景观不美观等问题（图4-48）。

图 4-45　室外休息区效果图

图 4-46　景观节点效果图

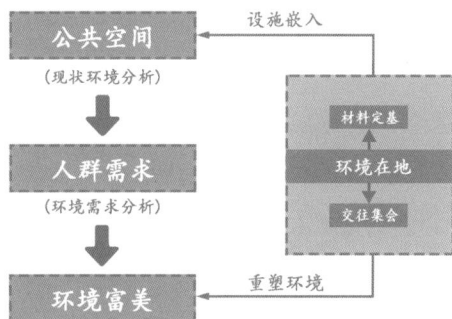

图 4-47　公共空间在地生长思路

① 刘丽丽，赵立勋.乡土元素在乡村入口景观设计中的应用[J].城市建筑，2019，16（15）：139-140.
② 王甜."在地性"观念引导下的乡村公共建筑设计研究——以田园综合体相关建筑实践为例[D].济南：山东建筑大学，2020.

入口建造较大型门式构筑物，将景石向右移动

缺少罗店特色花卉　　　　　缺少人行道　　　　缺乏文化景观

图 4-48　主入口现状问题

入口门户在空间上能够进行明确的分割与界定，与金华双龙国家重点风景名胜区游客接待中心相呼应，还具有一定的指引作用。罗店镇以"云想尖峰·花享罗店"为主题，主入口设计以带有特色的形象标志物为主（图 4-49、图 4-50）。

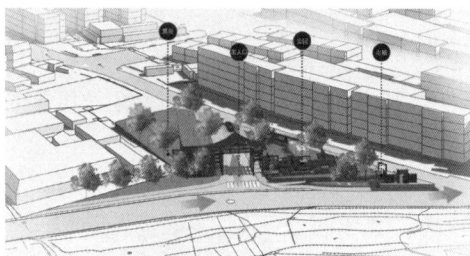

图 4-49　主入口鸟瞰

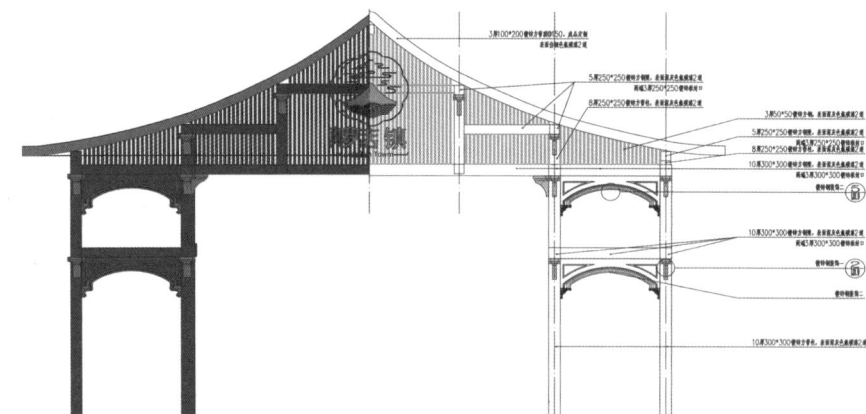

图 4-50　主入口结构图

同时，对入口周边空间重新规划场地布局，打开了原有单一的草坪绿化空间，结合漫步道合理布置停留休闲节点，增加文化景观的植入，打造园林式景观休闲带，使喧嚣的城市中多了一处安静休闲的去处。花境植物渗透到廊架

内部，让整个空间成为可亲密接触植物的场所，创造了一个轻松惬意、充满活力的休闲社交区域（图4-51）。

图 4-51　主入口效果图

次入口位于金兰公路与北山路交叉口西边，主要增加入口导视牌、特色景墙，周边配置与之相配的景观石与造型树（图4-52、图4-53、图4-54）。

景墙以茉莉花花型为元素进行提取再设计，与底部芝麻灰面条石相结合，字体用亚克力发光字，夜间可发光（图4-55）。此整体造型及局部花型也沿用至次入口、游客中心、文化礼堂等空间。

图 4-52　次入口平面布局图　　图 4-53　次入口导视结构图

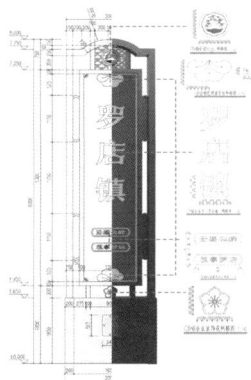

2. 游客中心改造设计

罗店镇集镇内缺少自己的游客中心，因此在老供销社新建建筑之中打造游客中心，以服务未来的游客。游客中心室外广场结合宣传、停车、引导等功能，设置具有罗店特色的宣传橱窗，增

图 4-54　次入口立面图

设停车位，体现罗店镇文化高地特色，保持广场空旷的现状，以便应对未来旅游人流密集的可能性，更好地进行组织分流（图4-56）。室内空间设置接待区、休息区、展示区等多种功能区，为游客出行提供服务。

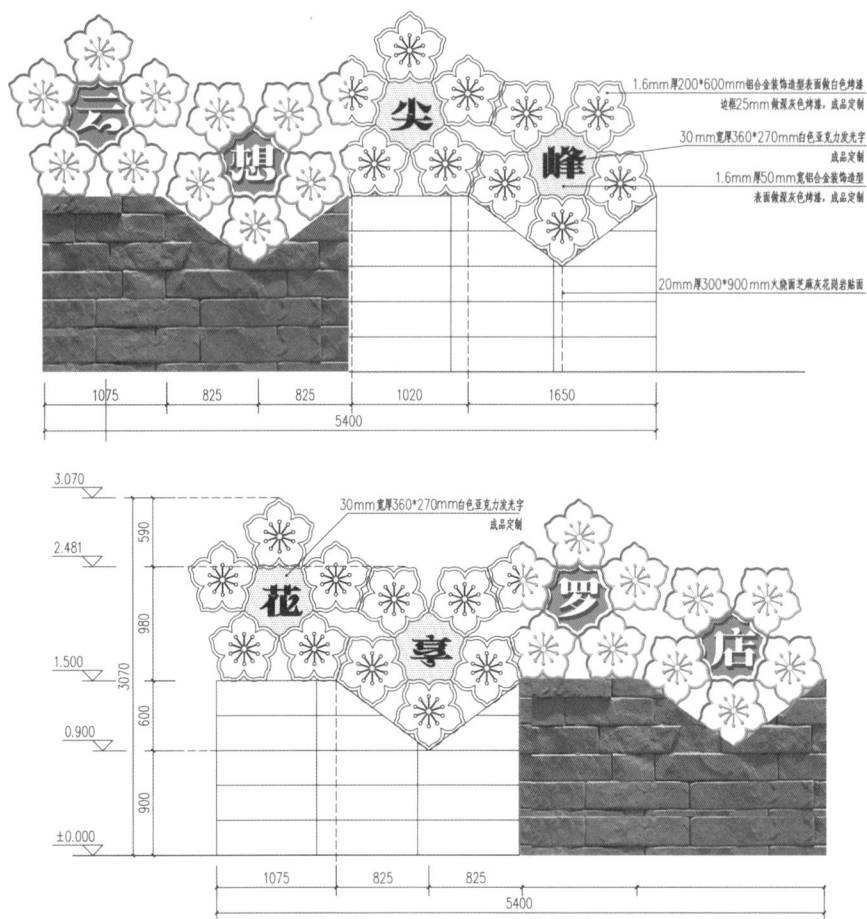

図中文字:

1.6mm厚200*600mm铝合金装饰造型表面做白色烤漆
边框25mm做浅灰色烤漆,成品定制

30mm宽厚360*270mm白色亚克力发光字
成品定制

1.6mm宽50mm铝合金装饰造型
表面做浅灰色烤漆,成品定制

20mm厚300*900mm大烧面芝麻灰花岗岩贴面

云 想 尖 峰

1075　825　825　1020　1650
5400

3.070
2.481
1.500
0.900
±0.000

590
980
3070
600
900

30mm宽厚360*270mm白色亚克力发光字
成品定制

花 亭 罗 店

1075　825　825
5400

图 4-55　次入口景墙单体结构图

图 4-56　游客中心广场效果图

3. 生态公厕改造设计

在罗店镇中心计划打造 AAA 级旅游公厕，以方便游客与居民使用，实现共享。依据 AAA 级公厕标准，室内空间功能划分有男女卫生间、管理间、无障碍卫生间；室外空间有配套的绿化带、休闲小广场、转角花坛（图 4-57）。

①新建公厕
②原有保留大香樟
③厕所主入口
④原有电箱
⑤转角绿化花坛
⑥休憩绿荫小广场
⑦绿化隔离带

01 男卫　02 女卫　03 工具间　04 无障碍卫生间　05 洗漱台

图 4-57　生态公厕空间平面图

由于该地处于新老镇区的交汇处，既要考虑到如今八一路所建的民国风情街的民国风格，也要考虑到老区婺派建筑风格。所以在进行设计时，该地建筑以传统建筑风格为主。屋顶是双坡屋顶结构，使用传统青瓦和屋脊；侧面结合民国风格增加立柱结构；墙面为砖混结构；厕所入口采用拱门形式，融入民国元素；建筑南边设有景观条石，既起到装饰的作用，又起到临时座椅的作用（图 4-58）。

图 4-58　生态公厕效果图

4. 交通驿站改造设计

罗店镇交通驿站位于金华市第一中等职业学校的西边，主要是对原有公交车站工作人员休息的建筑空间进行改造。作为较为主要的交通中心，空间上没能很好地提供休憩等车功能；建筑体块结构外露，整体立面陈旧，墙皮斑

图 4-59 交通驿站外观效果图

驳；绿地台面与马路形成高差，孤立隔离，没能很好地利用绿地空间；建筑整体在改造设定的风格中缺乏与环境的融合。

为了使该公交站更具民国特色，也更富有功能性，对室内室外进行设计，方便居民的生活出行。保留原有建筑结构框架模式并重新粉刷墙面；增加玻璃顶棚，既具美观性又有避雨的功能；原有绿地空间全新打造成休息地，增设休闲座椅可供乘车人休息；在整个空间内辅以花卉种植，增添绿色（图 4-59）。

室内空间划分为展馆区和司机休息区，将原有西侧司机休息空间转移到东侧室内，并对空间进行重新布局，使司机能有更好的休息空间，增加其舒适感（图 4-60）。对空出来的区域，联合金华市第一中等职业学校开办旅游文创展馆，将学校学生的学习成果进行展示和对外售卖，并增加阅读区和观影区，可丰富游客的体验感（图 4-61）。

图 4-60 司机休息区效果图

图 4-61 学校展示区效果图

（三）富兴商业空间，赋能文旅迭代生长

新兴技术的发展推动数字化迭代，传统的旅游体验方式已经不能满足现代游客日益增长的个性化和多元化需求，如果不能及时应用新技术，城镇的经济发展就会受到限制。而数字技术的介入为文旅产业注入了新的活力与可能，智慧场景助力能够使城镇的传统文旅业态加快更新迭代。[1]作为依靠于景区的城镇，其主要产业为旅游业，在数字化的介入上，更侧重于对景区内旅游服务的投入（图 4-62）。

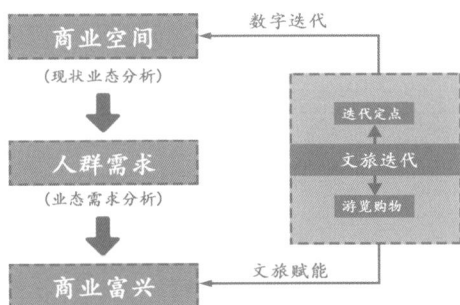

图 4-62　商业空间迭代生长思路

智慧平台推动文旅管理提质增效。通过打造数字游览平台（图 4-63），对景区情况更好地进行监测与调控，实时了解景区动态；依托微信小程序，向游客提供景区内导览服务，打通景区内业务系统，实现游客在景区内一码畅游，助力景区提升游客游览体验，实现在线旅游交易生态融合，多场景拉动景区二次销售转化。

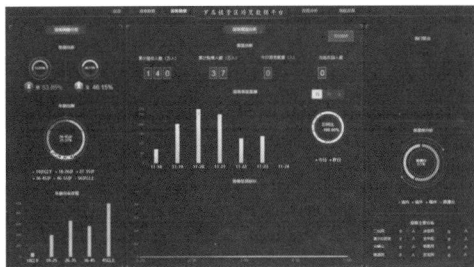

图 4-63　罗店镇景区游览数据平台

1. 民国风情街改造设计

八一路是整个"云想尖峰·花享罗店"罗店镇文化主题最突出的街道。现有标志性"八一路"门楼，整体墙面改造为青砖墙，但仍存在车辆乱停、门面风格不统一、业态失活等问题（图 4-64）。设计考虑将此处打造成为"花样年华—民国风情街"，更充分地体现民国特色与文化。[2]

图 4-64　八一路现状

① 郑黎明.数字技术赋能乡村振兴——以粤港澳大湾区小楼非遗传承发展为例[J].美与时代（城市版），2023（11）：116-119.

② 丁治宇.当代动态建筑设计手法研究——基于外部环境中的分形几何[J].南京艺术学院学报（美术与设计版），2012（2）：187-189.

此处商业街主要考虑的数字化系统功能为全息互动投影、夜间光影秀等功能，进一步推动街区民国文化内容的沉浸式体验，丰富民国氛围；同时利用AR系统，增加数字文创产品的互动性（图4-65），为文旅附加商品赋能；增加风情街VR智慧街区，立体、全景地展示民国风情街，使游客无论在哪里，都可以随时欣赏美景。

图4-65　八一路景观装置效果图

整条民国风情街入口进行节点提升（图4-66），更突出入口功能与民国氛围。建筑一层外立面营造具有民国风情的视觉景观感受；整体店面形象与产业提升，包括更换民国样式门面招牌（图4-67）、立面花卉的种植、局部墙面的主题性设计。

图4-66　八一路入口夜间效果图

2. 罗店美食街改造设计

罗店美食街位于罗店镇的北山路。对于很多罗店人而言，这里有童年的回忆，也是生活的片段，能感受到浓浓的"罗店味道"，体验到罗店真正的市井生活。设计人员在走访期间，与街道两侧的店主进行了深入交谈，了解其对于未来罗店美食街的畅想，以及对于自身店面招牌改造的意见，这对设计起到了极大的帮助。

图4-67　店面招牌效果图

此处商业街主要考虑的数字化系统为整合美食店铺，生成美食街线上小程序。小程序上，电子菜单图文并茂，推荐菜、招牌菜、优惠菜等信息清晰明了。相比于美团、大众点评等 APP，此程序不占内存，且针对性强，并根据就餐顾客开展星级评比，星级高的餐厅会获得首页推荐资格，这既能促进餐饮行业的良性竞争，也能为顾客提供更真实、更高效的餐饮体验。

在数字化介入的同时，空间特色化提升也需要进行，使罗店美食街营造出特色小吃街氛围。主要包括增设美食街入口形象（图 4-68）、沿街休憩座椅、景观装置，增加灯牌、花箱、花灯等夜间照明系统，以及能提高趣味性的方言牌等。

图 4-68　美食街入口效果图

店面招牌在店面现有门窗结构上增加罗店花卉纹样等装饰性元素，针对店面特色，增加花箱、花架，种植茶花等花卉（图 4-69）。以"樱子土菜馆"为例，店家的女儿名字中带"樱"，故以此为店名。在设计中，考虑店家对于

图 4-69　店面招牌设计效果图

女儿及店铺的期许，设计元素不再采用罗店特色花卉，而是选取樱花元素，使其更符合店面自身特色。设计美食街导览牌，创建罗店美食联盟并设置宣传牌（图4-70），使整体的空间具有罗店的风味特色。

图4-70　美食联盟牌　　　　　图4-71　生活空间织布生长思路

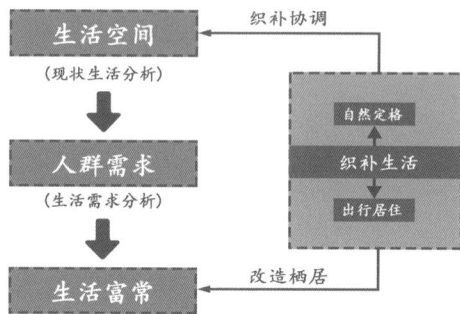

（四）富新生活空间，协调栖居织补生长

在城镇中，最基础、最重要的空间是生活空间。对于罗店镇空间的织补，既是生活空间改造，也指向居民生活方式的重塑（图4-71）。对长期居住在城镇的居民而言，生活更应该是平常而又充满意义的，不是高楼大厦，不是日夜奔波，而是乡里乡亲的问候与闲聊；对前来旅游的游客而言，能够在这短暂的游览时光中，通过民宿、街区感受到城镇的特色，感受其诗意的生活。因此，以城镇街道界面织补为突破，织补和延续城镇中的肌理格局[①]；以城镇公共服务设施织补为辅助，整体改善城镇日常生活系统，从而达到诗性生长的城镇生活空间效果。

1.建筑立面改造设计

水厂路因20世纪七八十年代的老水厂建立于此而得名。目前，水厂路为整个罗店镇的主要道路之一，水厂路上有与罗店镇居民生活息息相关的卫生院。但是店面房略显破败，没有特色甚至没有店面招牌，与对面的房子不协调，门口的绿植略显单调，生态性不足。门口物品摆放杂乱，因此需进行完整的规划设计。

将局部破旧房屋及不协调建筑进行立面整治，调整建筑立面材质及色彩秩序，统一提升街区景观性。水厂路房屋建筑外立面以马赛克形式的山为基调，形成若隐若现的尖峰山。增设步行道路，整治提升沿街绿化，建筑立面以

① 杨佳麟，王绍森，李立新，等.基于城市织补理念的历史街区保护更新探索——以漳州古城东宋河片区改造为例[J].华中建筑，2023，41（3）:98-102.

瓷砖贴面，具有统一性，门口的绿植增加了花箱与八一路等公共设施的呼应。整个空间布局焕发出崭新的生命力（图4-72）。

图 4-72　水厂路建筑效果图

2. 公共设施改造设计

公共设施是街道空间最为重要的节点，为居民、游客提供引导的作用，是提升旅游城镇公共服务水平重要的一环。在公共设施的设计上，应该考虑其统一性与特色性，好的设施同样能吸引游客。此次公共设施的设计以罗店镇花卉为元素，整体风格偏向民国风，绿色与灰色搭配，并以金色作为点缀，在具有厚重感的同时增加其活力。设施主要包括一级导视牌1款、二级导视牌2款、三级导视牌1款（图4-73）、美食街导视牌1款、橱窗组合方案3款（图4-74）、

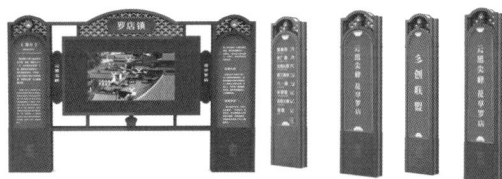

图 4-73　导视牌（一级、二级、三级）效果图

图 4-74　橱窗（单联、二联、三联）效果图

图 4-75　花箱效果图

图 4-76　座椅效果图

围栏方案 3 款、垃圾桶 1 款、花箱 3 款（图 4-75）、公共座椅 2 款（图 4-76）、停车牌 2 款、公厕标识 2 款、大型电子显示屏 1 款等。

3. 街道植物配置设计

罗店镇的街道绿化也是必不可少的内容，更应该在植物配置上下功夫。以罗店"四花一手"为特色，分别是：茉莉花、茶花、玉兰花、代代花以及佛手（图 4-77）。主要通行街道搭配梧桐、红枫、桂树等行道乔木树，在局部绿化区域配置造型松、南天竹、绣球、箬竹等植物。同时，加大城镇绿化力度，提高城镇绿化覆盖率，并加强水环境治理和生态保护区建设，如在节点建筑立面区域增加吊篮植物，扩大绿化面积（图 4-78）。

| 茉莉花 | 茶花 | 玉兰花 | 代代花 | 佛手 |

图 4-77 罗店镇特色花卉

罗店镇的"诗性生长"发展是一个充满活力和潜力的过程。通过自然性生长延续城镇文脉、在地性生长重塑城镇环境、迭代性生长赋能城镇文旅、织补性生长协调城镇栖居等方式，罗店镇美丽城镇建设取得显著成效，在 2022 年获评浙江省美丽城镇样板镇。未来，罗店镇还将为当地居民和游客提供一个更加美好的、可持续发展的诗性生活环境。①

图 4-78 植物配置景观节点示意图

本章小结

诗路文化是"走出来"的文化，融历史性与当代价值于一体。"诗性生长"集合了自然性、在地性、迭代性、织补性四"性"生长。嵩溪村景观设计，通

① 王啸龙. 以共同富裕为导向的景区型特色小城镇空间研造究 [D]. 金华：浙江师范大学，2023.

过"溪·脉""窗·椅"等装置启动诗性因子，通过复原宗祠建筑、增设艺术中心、织补更新断山等方式培植诗性空间，通过打造梁架茶室、休闲民宿等呵护诗性生活。罗店镇通过文化空间、公共空间、商业空间、生活空间四个方面，富有针对性地进行景观空间改造，使其成为"诗性生长"共同富裕城镇景观新坐标。基于"诗性生长"策略的活态化设计方法，赋予了诗路乡村景观灵性与诗意。

第五章

四诗融合：浙江诗路乡村景观体系化设计

　　诗路文化是一种带状文化，有的亦称为线性文化。无论是带状的还是线性的，实际都具有综合性、空间性特征。浙江诗路文化带整体上是"一文含四带"的空间布局。具体到每条诗路文化带，又都有各自的空间布局。比如钱塘江诗路由"一轴三线三区"构成。其中"一轴"是钱塘江主轴线，"三线"是西、南、东三个方向的延伸线，"三区"是指三个特色文化区域，即主要覆盖富春江流域的"唐诗诗路区"、覆盖衢江流域的"宋诗诗路区"、覆盖金华江流域的"八咏诗路区"。至于诗路乡村，它们都处在四条诗路之一的覆盖范围内，作为一个重要节点存在。具体到诗路乡村本体，则主要是以"三生"为代表的空间构成。生态、生产、生活三重空间，不仅是保护诗路乡村的载体，也是促进诗路乡村发展的中介。这也就要求诗路乡村景观设计高度重视三生空间的建构。本章基于"四诗融合"策略提出"系统化"的浙江诗路乡村景观设计方法，立足于"三生空间"观念、观点，拓展其内涵、维度，进而将之用于东叶、班竹两村的景观设计。

第一节 "四诗融合"系统

诗路文化蕴含于浙江自然山水以及生产生活方式中，是基于浙江独特山水关系的诗性景观与诗意生活的文化耦合。以诗歌为代表的诗路文化是用人文对天下万物进行教化的向美结果，以精神层面影响物质层面，是物质文明的灵魂。乡村诗路景观设计内涵应当包含文化、生态、生产和生活四个层面，即"四诗融合"（图 5-1）。

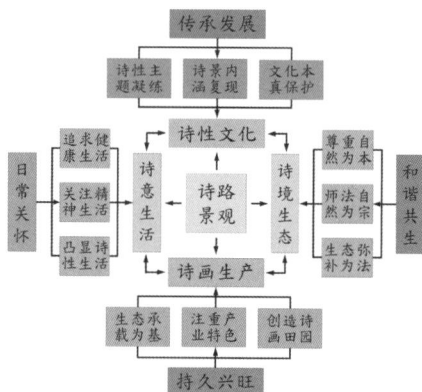

图 5-1 诗路景观"四诗融合"系统

一、诗性文化自觉

诗性文化自觉是诗性乡村建设的灵魂。诗路文化带上的乡村由于独特的地域范围和地理环境，产生了独特的山水文化基因，具有鲜明的文化特征和地貌特征。乡村建设要做到基于文化自觉的发掘与提炼，可从三方面着手：一是对乡土文化资源进行深入的发掘，对乡村的自然生态文化、聚落景观文化、农耕文化等进行全面综合整理；二是以本土文化资源为创作内核，深化本土文化的内涵，激发深藏于乡民内心的自豪感；三是加强本土文化意识，将本土的文化内在化，从而增强乡民对本土文化的认同感，让诗性文化成为乡村建设的灵魂。

诗性文化自觉的目的，是唤醒乡民对诗性文化的觉悟与觉醒，使其明白原生乡村的真美实质。江南地区山清水秀，一路有诗，处处成景，诗歌文化底蕴深厚，高度文明的诗性意境令人心驰神往。蕴含在江南地区的乡土文化特征是文化基因所在，乡村建设能使文化基因得到传承与发扬，让乡土文化活化，能够使乡民获得乡土归属情感，成为建设和景观保持的主体，调动其积极性和主人翁意识，达到诗性文化自觉的目标。

二、诗境生态关照

生态是乡村区别于城市最独特、最显著和最富优势的资源，是诗性乡村建设的根本。诗路文化带的乡村建设要以尊重自然生态为本，遵循自然规律，将山、水、林、田、湖作为一个生命共同体，坚定地践行"绿水青山就是金山银山"理论，适应和保护这个共同体是乡村建设的关键。乡村建设要做到基于和谐共生的生态关照：一是以尊重自然为本源，顺应自然和保护自然；二是以师法自然为宗旨，源于自然而高于自然；三是以生态修补为方法，通过对特定的环境形态及情景空间进行修补，为营造具有诗情画意的田园风光奠定基础。

生态关照是乡村建设最有力的抓手，也是乡村振兴的核心资源。城市居民来到乡村体验，正是基于其良好的生态条件。城市里也有相应的园林建设，其生态层级和位序其实更加分明，但乡村的生态景观和城市的绿地系统风格迥异。规划和设计者绝不能作为破坏角色出现在乡村振兴中，设计师的作用在于对已经出现的破坏给予明确的解决办法，并对可能出现的破坏予以纠正。这也客观地要求建设本身具备较高的诗性生态关照意识和能力。

三、诗画生产兴旺

经济实效决定规划设计的成败。诗画生产兴旺是诗性乡村建设的基础。诗路文化带的乡村产业兴旺是乡村发展的物质基础，是乡村生命需求必不可少的组成部分。只有在充分利用乡村资源的基础上，调整乡村产业结构，发展多种形式的乡村经济，保持生态供给与经济需求之间的平衡，才能实现可持续发展。乡村建设要做到基于持久共生的田园生产，需要做到以下几点：一是以生态承载力为基础，体现农业发展与自然生态承载之间的良性共生；二是关注产业特色，造就具有地理特色的农业产业体系；三是创造诗画田园美景，在产业兴旺中创造一幅诗画图景。

设计者规划设计的最终结果，并不是仅仅使得一个乡村项目的图卷变美。因为在现有的建筑技术和建材的帮助下，建造一个美丽的乡村并不是难事。但仅有美丽景观而鲜有外来游客光顾，或者即便是变美观了，乡村中的原有人群仍旧有很大比例地外出务工，留在乡村的人群年龄比重情况并未得到改善，那么这种项目事实上就没有带来什么益处。这也就意味着，设计者在处理某一个乡村的图卷景观的同时，需要着眼于乡村产业的调整，通过深入研究，引入或优化乡村生产业态，尽可能进行综合规划，增加乡村就业岗位和机会，注入文创和宣传元素，提出产业塑造策略。设计者的目标，不仅是打造一个美丽的乡村，而且是构建经济健康发展的乡村，最终达到真正振兴乡村的目的。

四、诗意生活引导

诗意生活引导是诗性乡村建设的方向。诗路文化带的乡村建设是要使生活有诗意的情趣，以追求高雅氛围。野草、鲜花、音乐、小桥、流水、茶馆和戏台等，点滴之间都应该是诗意生活的组成部分，营造各具特色的雅致生活方式，追求丰俭有度的生活态度，实现对村民人性需求的终极关怀。乡村建设要引导基于精神层面的生活方式：一是追求健康的生活，即在乡村各个方面进行生态化的设计，以达到对健康的要求；二是注重心灵的生活，将江南本土的人文精神与传统充分融合到田园景观之中，以丰富民众的精神世界；三是突出诗性的生活，主动创造独特的诗性生活方式，以满足人内心深处更高层次的精神追求。诗意的生活引导，实际上也可以被解读为乡村文化的"三种味道"。

第一，乡土味。乡村诗性文化的生存土壤在于乡村本身，"乡土味"并非俗语所说的"土气"，它不是指落后或丑陋的，而是乡村诗性文化的重要特征和显著特征，同时也是乡村诗性文化的生命根基。我国本来就是农业大国，传承久远的农耕文明孕育出的乡土文化，其"乡土味"浓郁而芬芳。我们不能因为现在商业社会发达了，就忘记曾经经历的漫长的农业时代。"农"原本就离不开"土"，"土"生万物，既培育农人，也滋养文化。数千年的农业生产积淀出中国乡村文化独特的"乡土味"。"故人具鸡黍，邀我至田家。绿树村边合，青山郭外斜。开轩面场圃，把酒话桑麻。待到重阳日，还来就菊花。"（［唐］孟浩然《过故人庄》）诗歌精品中饱含乡土韵味，所以不能简单地说这种"乡土味"不具备诗性。这种"乡土味"构成乡土文明的元素，事实上也是乡村文化的活力所在。

第二，地方味。我国幅员辽阔，很多乡村经过数百年甚至上千年的自然发展，几乎每个村落都形成了独特的历史脉络、生态景观和人文风貌，风俗习惯、语言腔调等往往各具特色。这些多元的地域文化滋养着一个个乡村；特别是基于对诗性美的评价和判断所形成的地方风俗和民族特质，形成了乡村文化"一乡十八腔，隔陇不同俗"的特征。乡村诗性文化的地方风味事实上也促成了乡愁，而乡愁是乡民诗性向美的相互认同。比如地方土菜、土酒、土法，既是乡村诗性文化的物质呈现，也是唤起乡愁的情感载体。

第三，传统味。乡村是每个中国人的根脉之地，绝对的城市人其实并不存在。乡村诗性文化是乡村历史文化传统与时俱进的承载体，总带着复古和恋旧气息。乡村诗性文化发展的规划设计，应当是新时代的精神与传统农耕文化的有机结合。没有传统味，就不是乡村诗性文化，当然也就不是乡村文化了。

诗意生活的引导，其对象不仅包括前往乡村体验的城市游客，也包括乡民本身，使之重新发现乡村生活的美，逐步引导其构建诗意的本土生活方式。

总之，诗路乡村建设是由点及线、由线及面的整体建设，是要打通诗性文化、诗境生态、诗画生产与诗意生活之间的"经脉"，建设一批体现诗路文化内涵、充满诗情画意的诗性乡村。建好诗路文化带要遵循三个观念：其一，"化用诗源"是景观创意之魂。地方文化的唤醒始终是诗性景观设计的来源。对原有村落文化的尊重与细心呵护，让埋没在民间的优秀村落文化发扬光大，使景观设计有了源头活水；其二，"熔铸诗境"是景观设计之本。保护整体人文生态格局始终是诗性化景的本源。在进行乡村景观设计时，要以尊重整体人文生态为本，遵循自然规律办事，山、水、林、田、湖、人是一个生命共同体，保护以及有机发展这个共生体是景观设计之所归；其三，"呼唤诗心"是景观营建之宗。营造积极的精神生活是诗境空间的核心内涵。在进行乡村景观设计时，针对乡村居民的行为、活动以及与之相关的历史文化，强化与他们精神生活世界休戚相关的文化信仰、传统习俗等，营造各具特色的诗性生活方式，才能实现对村民人性的关怀。[①]通过这一建设，使乡村更彰显诗路文化基因，使美丽乡村建设更具内涵，既有表又有里，既美丽又有活力，既富裕又有诗性，为乡村振兴提供样板，为乡村建设提供新的突破方向与有益思路，有力推动乡村振兴战略的落地实施。

① 施俊天.基于"诗性景观"理念的江南乡村景观设计——以金华市蒲塘古村落为例[J].装饰，2016（5）：89-91.

第二节　东叶村景观设计

　　"诗路景观"并不是诗歌、道路与景观的简单相加，而是作为诗意生活方式存在的范畴。景观本身具有多种含义，包括人所向往的自然、人类的栖居地、人造的工艺品，以及历史、美，等等。随着人们对自然认识的深化、对待环境态度的变化，景观愈益成为具有综合性、整体性的人文生态系统。在环境美学中，景观概念反映的是对地域环境的直接体验。它是主体所感知到的环境，是"一个有生命的环境"[①]。营造诗性景观，就是彰显景观的诗性因子，把景观审美全面融入人们的生活中，以满足人们对不断增长的美好生活的需要。

　　2014年以来，浙江省金华市金东区源东乡提出"光南故里·桃源小镇"的建设发展目标；牢牢抓住"三农"这一根本，以"金义黄金主轴后花园"精准定位，以"五水共治"推动"产业富民"的实际成效取信于民，推进农业转型、农民转行、农村转美，这一做法亦已取得成效。[②]为了延续这样的态势，政府部门又着重开展乡村精品化建设，着力打造一批有特色、有影响力的新农村品牌，聚焦"光南故里"东叶村的景观改造与提升。通过前期的调研和分析，我们提出以"希望之光"为主题的诗路乡村景观营造，基于"四诗融合"模式展开具体实践。

一、诗性文化视觉表达

　　传承和利用优秀文化不仅要强调它的时代性，而且要赋予它新时代的内容。唯有进行时代创新，才能发挥乡村文化的创造力和影响力，才能更好地服务于和美乡村建设。[③]在过去很长一段时间里，东叶村只是偏居一隅的一个小乡村，并不怎么为外界所知。在乡村振兴战略的实施带动下，近年来东叶村的村容村貌得到一定程度的改善，但是说不上有什么特色。通过调查走访，这一点感受尤其深刻。其中最重要的是没有形成经过提炼的、具有引领性的文化主题，这就使得整个村落缺少灵魂与活力。事实上，每一个乡村都有自己的文化

①　伯林特.生活在景观中——走向一种环境美学[M].陈盼译.长沙：湖南科学技术出版社，2006：10.

②　楼芳.源东乡："以治促建"打造"光南故里·桃源小镇"[EOL].（2016-01-30）[2022-11-1]http://jdnews.zjol.com.cn/jdnews/system/2016/01/30/020153840.shtml.

③　应月芳.金华市金东区村文化建设探讨[J].旅游纵览（半月），2015（20）：282-283.

印记。东叶村形成于何时已无可考，它的声名主要是与施复亮、施光南父子紧密联系在一起的。"二施"故居，早在 2015 年就被列入省级文物保护单位，又在 2019 年底被列入第 11 批省级爱国主义教育基地。在此期间，东叶村已先后建成施光南纪念馆、"二施"陵园。在很大程度上说，正是渐起的名人文化，使得东叶村的知名度和美誉度不断攀升。东叶村的乡村景观营造，就是要围绕弘扬施光南文化精神，打造施光南文化品牌，通过美化乡村，推动文旅发展，实现乡村振兴目标。施光南被誉为"谱写改革开放赞歌的音乐家"。他的《在希望的田野上》《多情的土地》《祝酒歌》等上百首带有浓厚理想主义色彩的抒情歌曲，赋予了这片土地诗意般的精神品格。"希望之光"这一主题，具有生命、成长、活力的多重意味，也与当地闻名遐迩的源东白桃遥相呼应，代表了物质、精神两个层面的追求，是"诗意生活"的一种反映和体现。

有了既有文化传承又有时代特性的"希望之光"这一主题，下一步要进行视觉性表达。结合村落的地域、人文等因素，提取景观视觉形态，建构特色视觉体系，体现文化潜在形象，是打造诗性文化主题视觉景观的首要任务。而依据这一主题对东叶村标志形象的再设计，可提高其视觉吸引力，提升村落的辨识度。将标志形象及辅助图形用于公共设施，能够发挥旅游指示信息功能，让游客对东叶村有更清晰的认识。

（一）标志形象设计

东叶村标志的外形轮廓取自"桃花"，将"音符"与"东"字相结合进行设计，用桃叶做点缀，表达出"东叶"二字。字体采用优雅厚重的"时尚中黑简体"，颜色为绿色至粉色的渐变色。标志整体呈现端庄大方而不失优雅的气质，且视觉结构呈稳定状态，可识别度高（图 5-2）。

图 5-2　东叶村标志与元素来源

（二）辅助图形设计

作为视觉形象体系的基础元素，辅助图形是对标志的补充和丰富，能够起到强化标志形象的作用。辅助图形提取了桃花、桃叶、山川、乐器、音乐符号、五线谱等元素（图5-3）。

图5-3　乐器、音乐符号辅助图形

（三）公共设施设计

公共设施设计包括简介牌、宣传栏、方向指示牌、停车导视牌等。从功能性出发，把五线谱、村落标识、音乐元素、瓦片、桃叶等图形进行提取组合，利用现代的工艺和传统的材料来表达音乐性和乡土味，附着当地乡村的色彩元素（图5-4）。

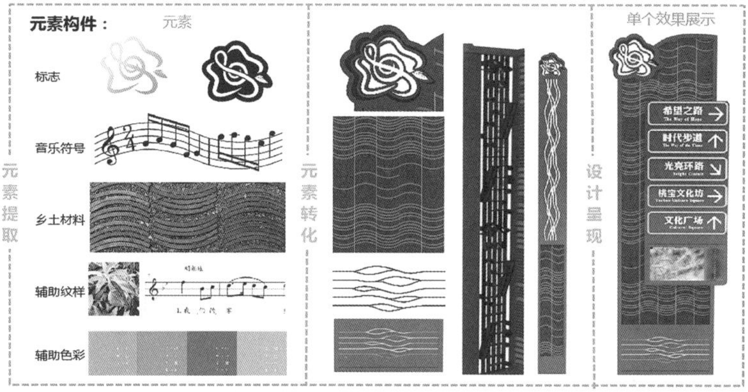

图5-4　公共设施设计

二、生态空间自然生长

文化是魂，对于城市如此，对于乡村亦如此。乡村的文化之魂深植于其赖以生存的肌体之中。一般地说，乡村是一个相对独立的，具有特定的经济、社会和自然景观特点的地区综合体。[①]东叶村地处半山区，北部为金华山，海拔在501—900米。村内地形为低山丘陵，地势北高南低，呈"燕儿窝"地貌特征。四周群山环绕，北倚后山、南临朝山、东靠石塔山、西接狮山及象山。这是一个山清水秀、环境优美、适宜居住的生态型村落。如果说名人文化是东叶村的特色文化，那么山水、经济、社会生活则是形成这种文化的重要基础。它们和谐共生，共筑起诗意生态空间。这就要求在诗意景观设计中进行整体性

① 耿燕芳.江苏区域城乡统差异的实证研究[D].扬州：扬大学，2013.

考虑，通过织补方式有意识地去营造诗性生态空间。

在乡村的生态格局中，村落是核心部分。东叶村呈"片状"分布，以老村为中心，新建建筑向外扩散，空心村状况严重。建筑风貌杂乱、质量不高，而且单元建筑密度大，存在安全隐患。作为建筑与外部空间的过渡界面，庭院也存在风格不一、空间无序、立面杂乱等问题。村民活动和游客停留的公共空间比较缺乏，更没有发挥承载文化记忆的功能。因此，加强村落空间织补十分必要。在进行诗境生态中的村落景观设计时，要有针对性地对村落环境进行美化，使民居建筑、重点展示区域有序延展，从而推动空间自然生长。

（一）民居建筑

对东叶村的民居建筑改造以原有条件为基础，即在尊重原有建筑的空间格局并保持其结构不变的前提下进行设计。根据区块分布，分别进行整治，至于那些违章建筑则一律拆除。重点对进村入口、道路两侧的民居、广场区域的周边建筑实施外立面处理，不强求色彩、风格一致，但求整洁、美观、有序。沿路设置花槽种植绿化，阻隔内外的空间。庭院改造利用矮墙进行围合，入口增加院门，采用假山、拱形花架丰富庭院景观层次（图5-5）。

图5-5　建筑立面改造后实景

（二）复亮坊

对处在村落核心位置的复亮坊进行空间织补是设计的重点。复亮坊是施光南的父亲、中国民主建国会（以下简称民建）创始人施复亮出生的地方，原是一座传统的古建筑。由于年久失修，建筑的大部分已经坍塌荒废，但空间肌理还在，周边还保留着完整的街巷单元。为了更好地对其进行保护和利用，需要从两方面展开空间织补：其一，修复老建筑，保留建筑本身的传统风貌，充分利用建筑内的空地，将其改造成三合院和单体二层建筑的形式，整体仍采用砖木结构，并保持与周边建筑之间的传统街巷空间关系；其二，扩建展示区，用于展示民建文化、革命文化、桃宝文化、音乐文化、地方特产、特色美食等。这样可以把有代表性的、有特色的东西集合起来，丰富空间内容。通过建筑、文化等的织补，功能、特色的加入，复亮坊的空间格局有了层次，不仅还原了老空间，而且使得空间面貌焕然一新（图5-6）。

01 古井
02 长廊
03 桃宝文化坊前广场
04 桃宝文化坊入口
05 桃宝文化坊广场
06 桃宝展馆
07 桃宝商业铺
08 戏台
09 生态厕所
10 时代展馆
11 桃宝餐厅
12 文创中心
13 施复亮出生地
14 民建广场
15 民建文化展馆
16 庭院
17 出入口
18 原有建筑
----- 规划范围

总占地面积：1500平方米（其中包含民建展馆207平方米，施复亮出生地110平方米）

图5-6　复亮坊规划平面图

三、生产空间持续发展

擦亮名人文化这张金名片，需发挥乡村产业的作用。游客来到东叶村，主要到施复亮、施光南故居参观，到施光南纪念馆接受革命传统和爱国主义教育，整个游览时间大约一小时。如果没有更多的旅游节点，很难留住游客。因此，要加强旅游规划整体设计，丰富景点，让游客有更丰富的体验方式和更大的体验空间。这就要求在产业中合理利用文化资源，与本地的生产有机结合起来。东叶村拥有良好的小气候环境和较优越的田园生产条件，这是村民世代延续的基础。目前村落的发展局限于村内部，外围大面积土地没有盘活，以桃树为代表的当地特色物种没有有效利用。从旅游需求来看，进一步发挥田园农业与经济产业的效益，就要改变目前田园农业种植相对单一、农业产业价值挖掘不深的落后状态。

产业振兴是乡村振兴的基础和关键，乡村发展应强化乡村产业发展。只有进行产业化延伸，才能不断促进产业的可持续发展。目前东叶村村民的主要经济收入来源为水果种植业，全村98％以上农户从事白桃、柑橘的种植，尚没有形成较高级的农业合作社和农业合作社体系。虽然以小水果农业经济为主，能够形成一定的基础和影响力，但是缺乏品牌推广，带动效益是有限的。而产业规模难以形成，产业附加值就低。另外一个现实问题是小水果的保存期限较短，如果缺乏农产品的深加工，那么小水果的销售综合价值就得不到提高。产业时效性短、效率低，不能合理有效地为景区配置旅游资源，长期下去将不利于旅游业的常态化发展。东叶村的田园生产以桃果产业为主，一时不可能改变，也不需要改变。在保护原有生态的基础上促进产业持续发展，延伸桃果产业链，加强与文化旅游的结合，这是必由之路。在景观设计方面，就是要强化农业生产的田园特质，以发展、壮大乡村特色产业。诗性景观的营造，具体从以下几方面展开实施。

（一）设置田园景观游步道

将原有的沿溪田耕道进行升级，改造为桃花流水步道，让游客漫步在诗意的田野上，体验桃花流水、陌上花开的意境。正如唐代诗人王维《桃源行》所描写："春来遍是桃花水，不辨仙源何处寻。"赏心悦目的桃花美景，是极具诗意的人间景象。另外在沿线设置两座凉亭、四个生态休憩空间，以满足农业生产和观光旅游的需求。

（二）开辟田园景观体验区

以桃果为主导的农业经济，具有明显的季节性变化。可以综合考虑经济价值更高的农作物，让农业田园经济更加丰富多彩。在村落南侧的田园景观地带建设一个代表青春、活力的"正青园"，让该园一年四季都有绿色植物，突出"青"的生态意象。同时在园内设置一些节点，包括苔菁亭、樟茂台、柏苍庭、竹苞池、藤蔓廊等。这些名字各有来历，如樟茂台、藤蔓廊，因此处有樟树、藤蔓而得名。苔菁亭，典出唐代诗人王泠然的《古木卧平沙》："春至苔为叶，冬来雪作花"，以及宋代诗人、金华北山四先生之一王柏的《兰》："奚奴培护巧，苔藓绿菁菁"。柏苍庭来自宋代诗人胡仲参《寄懒庵》一诗："羡师物外无宠辱，庭前柏树常苍苍。"竹苞池来自《诗经·小雅·斯干》："如竹苞矣，如松茂矣。"

（三）助推田园产业的发展

东叶村以桃为主要的田园产业，现仍处于较为低端的状态，鲜果种植、采摘、运输、销售整个过程相对传统和简单，没有深度挖掘。应该建立较高端的农业经营管理公司，对个体农户的农业产品进行统筹安排。延伸产业链，除组织举办桃花观赏节、摘桃丰收节之外，还可以考虑桃树苗木种植，桃胶、桃花、桃果、桃木等的开发和产品深加工。仅桃果而言，可以进行果品的开发，如桃干、桃脯、桃罐头、桃化妆品、桃味糖果等，或者对桃果进行储藏，以便反季节上市。围绕桃文化主题，还可以进行游戏、乐园的文创产品开发。桃文化还可以渗透到民宿、餐饮行业当中。利用闲置的民房，打造"面向桃林，春暖花开"的民宿产业，让游客体验乡风民俗。以"乡村音乐""面向桃林""八十年代"等主题进行开发，实行民宿统一化管理。重点培育三四家农家乐，开发"桃"要素菜系，让游客体验特色餐饮。做大做强以"桃"为主的田园产业，重点是做好桃文化氛围的营造，而这些在景观营造中都有发挥的余地。

四、日常生活空间关怀

诗意的景观与生活最终要落脚到人们的日常生活之中。文化在本质上是日常的，是一种整体性的生活方式。任何文化只有融入生活当中，才是真实的。日常生活领域包含人的衣、食、住、行、乐等方方面面。那些生活中的"细节"，正是反映一个时代、社会的特点和本质的东西。德国美学家海德格尔曾细致地分析了"日常生活"，以"存在""共在""常人"等概念揭示其存在的意义。所谓"诗意的栖居"就是要求人回到一种"日常态度"。[①]还原日常生活，就是一种对生活的诗意追求。一种日常生活如果有了诗意的成分，也就愈益有了现实和合理的成分。展示东叶村的文化，必须从日常生活叙事入手。从时间、空间的角度进行考虑的诗意景观营造，可以增进对日常生活的关怀。

（一）留住乡愁

水是生命之源，是乡村生存和发展的基础。在日常生活中，水不可或缺，那些与水有关的构筑物，如水井、池塘等，也同样重要。东叶村外有一条小溪环绕，村内散布着寺湖、月湖、上塘、下塘等多处大小池塘。这些池塘，为生活提供了许多便利，还有净化水质等生态功能。但是由于年久未清理，淤泥堆积、水质差、驳岸坍塌等问题严重，加上如今自来水的使用，这些池塘逐渐被废弃。但要留得住乡愁，不能对它们只是简单地修复，而是要将其景观化、文化化。在景观改造过程中，通过设置亲水平台等方式增加亲水性，扩展休憩空间，使之与村落的生活环境相协调。新修的春水台和思源廊就是基于此考虑。

① 海德格尔.人，诗意地居：超译海德格尔 [M].郜元宝译.北京：北京时代华文书局，2017：2-9.

春水台，意取"风乍起，吹皱一池春水"。思源廊，顾名思义，饮水则思水之源，更思施氏之源，如廊两端立柱上所书楹联："怀祖念宗恩长在，远山近水晖泽来""桃花流水窅然去，施门双杰名望留"。

（二）诗化空间

这里的空间主要包括庭院空间和大型公共空间。家庭庭院是满足村民之需、展示生活个性的半开放空间。这要求庭院有更加丰富的内容，突出诗意生活的文化归属感。在景观营造中，要提高庭院的绿化程度。对庭院内部的立面，以虚实结合的方式进行处理。可以选取建筑废弃材料，如青砖、青瓦、老石板、砖雕等，进行再利用。如利用青瓦的曲线意向，将其与五线谱相结合，表达音韵美、节奏美。与半开放的家庭庭院相比，村内的广场是集聚性的公共空间，它也是集体记忆的一部分。在景观营造过程中，强化视觉表达上的吸引力、声音景观的氛围性和景观设施的互动性都十分重要。在广场上，除增设一些基本设施之外，还要增加浮雕作品。设置施光南主题浮雕作品，既是对施光南的怀念，更是对其爱国精神的弘扬。对舞台进行景观设计时，应注重其双重属性——既作为文化展示的空间，又作为文化传承的重要载体，宜整体采用传统木结构。两侧增加长廊空间，加强围合感。这个被命名为"光南大舞台"的平台，如今已经成为众多大型活动场地的不二选择。每年都有许多大型活动在此举办，例如 2020 年金东区第十届桃花节等。

乡村因文化而灵动、生辉。东叶村的诗性景观营造，以"希望之光"为主题，通过将名人文化、桃文化等渗透到景观改造和提升中，化优势为特色，实现文化与产业、生活的联动，取得了良好效果。2019 年，东叶村入选浙江省"一村万树"示范村和美丽乡村特色精品村。以施光南文化为主题的文创产品开发、施光南乡村音乐 IP 形象挖掘、施光南文化的宣传和推广等，这些都有待加强。施光南故里东叶村的诗性景观具体实践，为依托名人文化振兴乡村提供了具有示范意义的样本。由此，我们可以进一步明确诗性乡村景观营造的内在要求：在诗性文化上延续文脉，并进行传承发展；在诗境生态上进行生态修补，让空间自然生长；在诗画生产中强化田园特质，助力特色产业发展；在诗意生活上关注日常生活，满足精神之需。总之，引导构建起能够满足人们美好生活需求，凸显诗性生活方式的乡村景观，正是诗路乡村景观设计的追求。[1]

① 施俊天.乡村诗性景观营造的设计应用方法研究——以施光南故里东叶村为例 [J].创意与设计，2023（3）：69-75.

第三节 班竹村景观设计

作为最为著名的古代诗路之一，浙东唐诗之路以古村落多而著称。唐朝以来，众多文人慕名而至，游览天姥山、天台山等名山胜地，留下了大量诗作名篇。而要前往这两座高峰，班竹村是必经之地。目前村内有一条千余米长的诗歌长廊，刻有 400 多首唐诗，村内的建筑墙壁上也都题写着与村落相关的诗作。班竹村可以说是"赋有唐诗最多的古村，走在村内给人一种诗情洋溢、空灵秀美的悠然享受"①。在不断推进的浙东唐诗之路建设背景下，进一步打造这一唐诗诗路节点的意义十分重大。基于"四诗融合"的系统化要求，以下对班竹村这个最具诗路文化气质的乡村进行景观设计。

一、诗路景观资源梳理

（一）班竹村概况

班竹村位于绍兴市新昌县城东南角，县域中部。新昌县坐落于浙江省东部、新嵊盆地南侧，处于浙闽低山丘陵中，四周环绕着天台山、四明山、会稽山等山脉。由于地势整体上呈现东南高、西北低的势态，在长期的地质演变过程中逐渐形成了三大地貌：西北部主要是河谷平原，中部主要是台地，东南部多为山地。新昌县整体上看是一个以山地、丘陵为主要地貌特征的县城，适宜耕种的土地面积小，新增土地面积少，可以用"八山半水半分田"来概括。

班竹村西依 104 国道，东靠天姥山，位于天姥山主峰班竹山西山麓。周边旅游资源丰富，主要有大佛寺、丝绸世界景区、十里潜溪、沃洲湖景区、穿岩十九峰风景区、"倒脱靴"景区等。村庄内总体自然环境优美，山、田、水、居呈带状结构，景观层次分明，通过山体、梯田、河流之间的空间节奏变化，形成了"山—田—水—田—山"的景观画面，身处其中，如入画境（图 5-7）。

① 周宇.文化景观在乡村景观设计中的应用探析——以浙"唐诗之路"班竹村为例[J].与时代（城市版），2021（5）58-59.

图 5-7　班竹村远眺

图 5-8　天姥山与班竹村的区位关系

（二）生态景观类

1. 天姥山

浙东名山天姥山位于班竹村东侧，主峰海拔约 860 米，《新昌县志》载其"派自括苍至关岭界，层峦叠嶂，苍然天表，千姿万状，为一邑主山"。天姥山以唐代诗人李白的《梦游天姥吟留别》而著称："天姥连天向天横，势拔五岳掩赤城。天台四万八千丈，对此欲倒东南倾。"天姥山恢宏的气势在李白的这首诗中得到了淋漓尽致的体现。而班竹村正位于天姥山下（图 5-8）。

2. 惆怅溪

惆怅溪（图 5-9），又名赤土溪、桃源江，自南北方向从班竹穿村而过，河流面积约为 3 万平方米。据民国《新昌县志》记载："赤土溪，县东三十里，发源会墅岭，经班竹入赤土，西流至东溪。古惆怅溪也，发源芭蕉山，经班竹、赤土，西则木队山水入之，东则西尖山，刘门山水入之。"这是班竹村独特的资源禀赋，也流传着独特的故事传说。

图 5-9　惆怅溪

惆怅溪之名，出自刘晨、阮肇采药入天台山的传说故事。据传说，刘、阮外出采药，返回村里之后，发现原村落已物是人非，村民全都不认识了；仔细一打听，都说刘、阮几代人上天台山采药未曾归来。刘、阮又原道返回，却已找不到去天台山的路，走到此溪时倍感迷茫和惆怅。因此，后人将此溪取名为惆怅溪。很多诗人在此写了不少诗句，唐朝诗人曹唐的诗句"惆怅溪头从此别，碧山明月闭苍苔"（《仙子送刘阮出洞》），讲的就是刘、阮在惆怅溪头徘徊的感伤与惆怅。这里也是唐诗之路上的一个重要节点。

3. 生态景观现状分析

班竹村有着传统的风水格局，其选址体现了易经风水堪舆文化的玄妙。村庄四面青山做屏，南北水流贯通。村民的生产生活需求、自然环境的影响以及深入人心的风水文化的熏陶，推动了自然聚居古村形态的形成，人文环境与自然环境很好地融合在一起，也印证了"天人合一"的思想。

目前，村内绿化面积遭到一定的破坏，很多地块植被长势不佳，出现裸露斑块（图 5-10）；道路交通体系较为完整，但主次干道分工不太明确，还未实现人车分流；村内闲置空地较多，原本可利用起来的地块却被荒废，造成了一定程度上的资源浪费；村前的溪流局部出现干涸现象，水质遭到污染，水系驳岸杂乱，景观效果较差（图 5-11）。

图 5-10 被破坏的植被　　　　图 5-11 杂乱的水系驳岸

（三）文化景观类

1. 历史沿革

班竹村作为"天姥门户""天姥山第一古村"，是"浙东唐诗之路"上最重要的村落。晋朝前，此处人烟稀少，直到南北朝诗人谢灵运"尝自始宁南山伐木开径，直至临海"（《宋书·谢灵运传》），由此开辟了路径，班竹村才得以开发。南朝刘宋元嘉年间，天姥山的盛名传到了朝廷官员耳中，于是朝廷派遣了数位画师将天姥山的盛景绘制于白团扇上，供人欣赏。南朝宋刘义庆的小说《幽明录》就写过"刘阮遇仙"这一故事，讲述了剡人刘晨、阮肇入天姥山采药遇仙的传说，为天姥山增添了几许神秘色彩，引发了人们的无限向往和期待。

唐代著名诗人如李白、杜甫、白居易、元稹曾经班竹村游历天姥山，并留下大量与此相关的诗文，如《梦游天姥吟留别》《壮游》等流芳百世的名诗佳作。民风民俗与村落独特的自然资源构成了班竹村独有的文化，村里独特的街巷格局构成了班竹村的空间形象名片。

班竹村正式形成于宋朝，据称因村中"多斑竹"而得名。村内以"章""盛""张"三姓为主，其中章氏是由"岭头等"聚集地迁移过来的，也有说法是由"燕窠"迁移过来的；最早入住者原籍在福建，名章木，在南宋时期迁移到本县境内。

2. 文化景观

（1）谢公道

班竹村内有一条跨越千年的古驿道，由谢灵运开拓，又称谢公道（图5-12），穿村而过，长度约一千米，宽两米左右，地面由鹅卵石铺设。在肩挑背驮、骡马代力、两脚步行的年代，古驿道使班竹村成为行路之人傍晚投宿歇脚之处。班竹村老街沿着古驿道就势而建。明清两代，班竹村先后兴建了府邸、驿铺等，并以此为契机，带动了"第三产业"的兴旺，使整个村庄呈现出繁荣景象。

图5-12　谢公道

（2）落马桥

传说司马承祯应诏出山，在桥边路遇两块巨石，突然感慨万千：仕途险恶，前途难卜；功名利禄，身外之物；高低贵贱，照样生死。回想自己虽生活清贫，但也一向随心洒脱，如今又为何要步入仕途，把自己推向尘世的牢笼？司马承祯幡然醒悟，大悔落马，故此桥名叫"落马桥"，又称"司马悔桥"（图5-13）。

（3）司马悔庙

桥东就是司马悔庙（图5-14）。殿额上的"受私难见"牌匾格外引人注目，文人的解释是皇帝难以私下诏见司马承祯，但班竹村村民却通俗地理解为"私下收受贿赂是难以见人的"。也正因此，班竹村历届村"两委"干部将此语作为村训，以清廉为荣，以实干为先。

图5-13　落马桥

图5-14　司马悔庙

（4）章大宗祠

章大宗祠又名承德堂，为清代宗祠，是班竹村至关重要的一座建筑，也是新昌县的文保单位。该祠堂采用传统的四合院式结构，保存较为完整（图5-15）。祠堂内古朴幽雅，雕刻精细，韵味十足，文化气息浓厚（图5-16）。

图5-15　章大宗祠顶部

图5-16　章大宗祠内部

（5）霞客亭

明崇祯五年（1632）四月，游圣徐霞客来到了天姥山，留宿在班竹驿站，曾到此亭中避雨、休息，因此取名为霞客亭。现在村中的这座亭子是在原址上修建的，游客可以在亭中歇脚、聊天，以放松身心（图5-17）。

图5-17　霞客亭

3. 文化景观现状问题

近年来"浙东唐诗之路"兴起，作为"浙东唐诗之路"上最重要的一个村落，班竹村虽文化底蕴深厚，文化效应却发挥欠佳，没有打造出吸引人的村落名片。主要存在以下两方面的问题。

（1）文化主题缺失

班竹村的自然资源、人文资源独具特色，但村落还没有打造出具有自身特色的主题性文化，使村落整体缺少灵魂与活力。如何将唐诗文化融入村落景观布局中，形成既有文化传承又有时代特征的村落主题，是亟待解决的一个难题。

（2）文化表达薄弱

村落的空间因文化而生动，文化是将村落景观串联起来的纽带。目前班竹村的文化景观缺乏整体性与系统性，各自分散而独立，没有内在文化作为景观核心，因此文化在景观的表达上显得薄弱。

（三）生活景观类

班竹村的老街上老店铺鳞次栉比，街上原有供销社、合作商店、农副产品收购站、卫生所及各类店铺，留有各个时代的文化印记，保存较为完整。古驿道局部地段一颗颗鹅卵石铺成的路面至今仍保存完好，只是现在古街已经没落，繁荣不再。

1. 建筑现状分析

班竹村的建筑沿着惆怅溪呈带状分布，村民沿溪而居。古村内的民居，面向古驿道的大都是商业、居住混合用房，基本都为前店后宅的形式。建筑之间形成不规则的街巷空间，构成了村落肌理，是反映当地自然因素、文化形态以及村民日常生活方式的最佳表达（图5-18）。

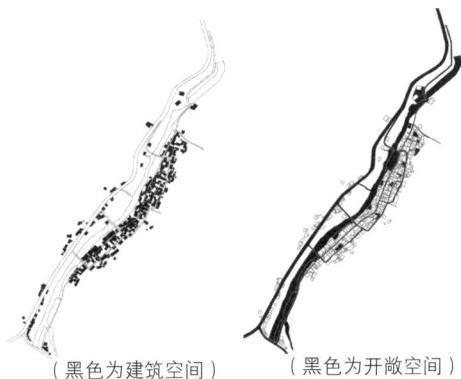

（黑色为建筑空间）　（黑色为开敞空间）

图 5-18　班竹村村落肌理

班竹村的建筑水平及质量可以用良莠不齐来概括。村落内部交杂存在着古民居和老夯土建筑，房屋沿村内主干道布局建造，道路、院落、公共场所

等空间界限相对模糊。村内现存
建筑大致可以分为三种：①夯土建
筑。村落内部存留老夯土建筑，仍
有村民居住使用。房屋密度大，每
一栋的占地面积较小。房屋之间的
组合搭配差参差不齐，适用于山地
地形，具有灵活性。②砖混结构建
筑。主要以2000年以后修建的砖
混结构欧式洋房为主，局部老式砖
房穿插其中，在同一条街道上的建

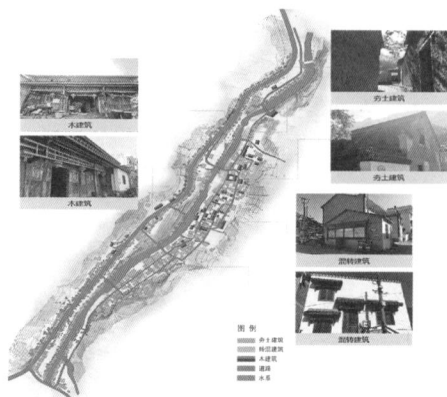

图5-19 班竹村建筑现状分析

筑也是各式各样，使整个村子看起来较不统一。③木结构建筑。村内有部分木
结构古建筑，已破损老旧或成危房，影响村庄的美观与协调（图5-19）。

2. 公共设施现状分析

班竹村公共设施基础建设配有停车场、导视系统、亮化设施、公共座椅
等，能满足村民使用和服务游客的基本要求。但公共设施体系不统一，在审美
方面还有待提高（图5-20）。

图5-20 班竹村公共设施现状

3. 公共空间现状分析

班竹村有一定数量的闲置空地，但是纵观全村，却发现可供村民娱乐、休闲、议事、举办大型活动的公共空间少之又少，这造成了村民的需求与村落的供给之间出现了不平衡，缺乏对村民的人文关怀。

（四）产业景观类

班竹村有独特的地形、地貌以及气候特征，田园生产基本条件优越，但在产业发展中还存在以下几个问题。

1. 种植产业单一

经调研发现，班竹村现有种植产业仅有茶叶，未见有其他种植项目形成产业体系。

2. 产业挖掘不深

班竹村仅有的茶叶产业处于低端状态，并未打造出自己独特的茶叶品牌。班竹村的基本自然条件优越，原本可发展的林木、果园产业未强化利用，缺乏对可发展农产品的深入了解，对自身产业价值缺乏深入挖掘。

3. 品牌打造不足

班竹村整体旅游规划十分薄弱，旅游节点少，且村落自身文化特色没有得到合理的利用与宣传，对外来游客的吸引力不强，导致旅游经济发展不佳，无法带动村落整体经济的发展。

二、诗性织补设计实践

诗性织补设计实践，总体从四个维度去设计：一是扬弃织补文脉，传承乡土文化；二是统筹织补生态，修复自然环境；三是活化织补生产，指引产业续能；四是在地织补生活，创建理想家园。四个维度都有关联要素，需统筹考虑，详见设计总览图（图5-21）。

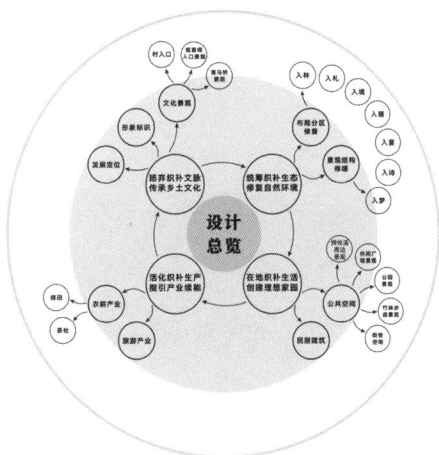

图5-21　设计总览

（一）扬弃织补文脉，传承乡土文化

在肩挑背驮、骡马代力、两脚步行的年代，班竹村恰到好处的地理坐标，使它成为"浙东唐诗之路"上的一颗明珠。南来北往的客商云集班竹，行人如织，商铺、驿馆、饭店比比皆是，一片繁华景象。而随着交通的发达、通信的便利，这样一座迎来送往万千过客的古驿站，湮没在时代的洪流中。

班竹村兴盛于唐朝诗歌蓬勃发展时期，大量的唐诗在此璀璨。本次规划设计，就是想在高楼大厦如雨后春笋般拔地而起的现代都市化进程中，寻觅一处雅致静谧、具有古时风韵的村落景观，重建旧时古驿，让今朝人梦回古时，重温"浙东唐诗之路"，重走谢公古道。

1. 规划设计定位

对班竹村的设计定位，主要是围绕唐诗文化，整体上呈现出"浙东唐诗之路"的诗性灵魂，将风雅之质、艺术之美、山林之幽、沧桑之韵融入其中，以构建一座沉浸式的书香气、艺术感、历史感并存的村落，吸引更多的外来游客，为班竹村创造更多的价值，拓展更大的发展空间（图5-22、图5-23）。

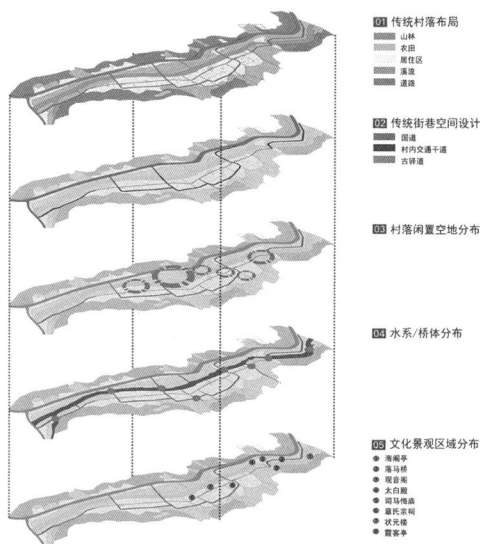

图 5-22　班竹村空间布局分析

图 5-23　班竹村规划设计定位

2. 设计目标

班竹村有着浙东地区最具代表性的传统村容村貌。村内景观的改造，需兼顾村民日常需求和村庄环境改善。所以本次班竹村规划设计的目标，是将其打造成新昌县的样板村、唐诗文化的精华区、度假体验的高端区、村民生活的舒适区（图5-24）。

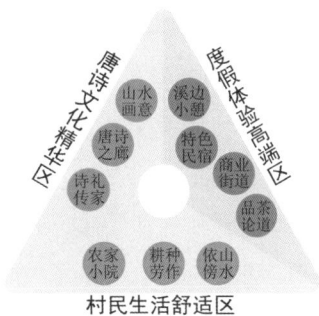
图5-24　班竹村功能定位

3. 分项设计

（1）形象标识

形象标识是一个村落展示自身文化的小名片，对班竹村乡土文脉进行诗性织补，首先要打造出一张诗性名片。此标识通过对班竹村自身元素进行提炼，以视觉识别的方式对班竹村形象加以诠释。以建筑屋顶的意向和竹元素为主，用"屋顶"的简易形态表达驿站的概念，再跟当地特色"竹叶"元素相结合，外框采用从章大宗祠建筑纹样中提炼出的形态，以绿色体现班竹村质朴文雅、自然生机的村落形象，提高视觉吸引力，以此提升村落文化形象（图5-25）。

（2）村入口景观

村入口景观作为村落品牌形象的门面，不仅是村内外环境的交接点与连接处，也是体现村落文化的关键平台，是展示村落景观的起点。此节点是班竹村的主要入口，对场地进行历史追溯和测绘后，根据此节点的实际情况分析，对绿植进行生态修复，并且融入班竹村主题文化，设计入口景观墙，打造乡村诗性意境（图5-26）。

图5-25　班竹村形象标识及来源

图5-26　班竹村入口效果图

（3）观音阁、太白殿入口庭院景观

观音阁和太白殿内部有李白、司马承祯、谢灵运、徐霞客等文人墨客的画像和介绍，是展示村落文化的重要节点。两处建筑是由班竹村党员干部带头、群众参与捐款建成的，其中太白殿耗资100多万元，历时两年，于2013年完工。这两处景观地理位置临近，却分散独立，缺少联系。基于整体景观规划，通过对场所精神的提炼，考虑到这两处建筑应体现出雅致、大方的气质，所以在原本直白裸露的入口"稍做文章"，打造了一处入口庭院景观，选择适当的植物品种进行搭配，丰富空间层次。在保证自身气质的前提下，又给村民提供一处公共空间，将观音阁、太白殿和谐地融入整个村落的景观之中（图5-27）。

（4）落马桥及司马悔庙景观

落马桥和司马悔庙是班竹村的代表性景观之一，反映了一种廉洁清正、不争世俗的精神，这种精神内涵是班竹文脉的重要构成。但周边环境杂乱，看起来缺乏生机活力。需要对场地景观要素进行梳理，去除一些与场地环境不融合的元素，通过活化转译手法注入功能活力与文化基因，实现物境与意境的共生嬗变（图5-28）。

图 5-27　观音阁、太白殿入口庭院景观效果图　　图 5-28　落马桥景观效果图

（二）统筹织补生态，修复自然环境

1. 村落功能分区修复

村落功能分区修复，就是对现存村落功能布局、村落生态环境和村民生活需要进行研究，其目标是使村落的生态环境和人们的生产生活相协调，确定各分区的职能及之间的联系，并对各分区进行具体的划分。在村庄功能分区的修复上，一是基于班竹村的山、水、林、田的分布特点，综合考虑，对天然资源进行有效的保存与可再生的使用，以改善乡村的生态环境；二是在总体上

遵循建筑布局和肌理规律，依照既定的动线进行各个空间的意境布局，并将其串联，形成入林、入境、入画、入诗、入礼、入宴、入梦七个区块（图5-29）。

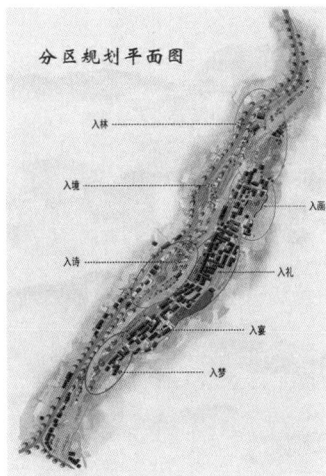

图5-29　班竹村分区规划平面图

班竹村在依据历史文化保护原则的前提下，采取全村环境改善战略，使得乡村面貌焕然一新。在村庄现有的自然环境资源基础上，依托原有的建筑布局并厘清相关建筑产权，对其串联空间进行重新梳理和布置，使其现代化、诗境化、景观化、流畅化，体现出人和自然和谐相处的规划设计理念。

2. 景观结构调整

进行村落景观结构调整的前提是确定景观节点的内容。班竹村现有景观节点结构较为单一，且互相之间处于一种"断联"的状态，使得村落景观缺少连续性、整体性。因此，景观结构调整首先要合理分配节点区块的面积和数量，其次要对节点区块内景观的分布逻辑和自身结构做进一步完善，推进各节点区块有机结合，使各区块景观功能得到提升，以达到景观生态可持续发展的最终目的。

（1）入林区域景观规划

此区域包含观音阁、太白殿、入口景观、落马桥、司马悔庙、花带、竹林等景观节点。竹林与其背面的天姥山相得益彰，给人以"此地有崇山峻岭，茂林修竹"之感（图5-30、图5-31）。

（2）入境区域景观规划

此区域包含村入口、民居、停车场、惆怅溪、班竹桥、滨水廊道等景观节点，是进村的主要通道，主要营造出即将进入千年古村的空间意境（图5-32）。

（3）入画区域景观规划

此区域包含章大宗祠、班竹文化馆、绕村骑行始发点（自行车租赁点）、梯田等景观节点，是人们进村后看到的第一个主要景观区域，使人们仿佛置身古画之中（图5-33）。

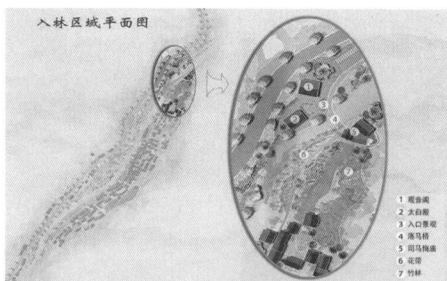

图 5-30　入林区域平面图

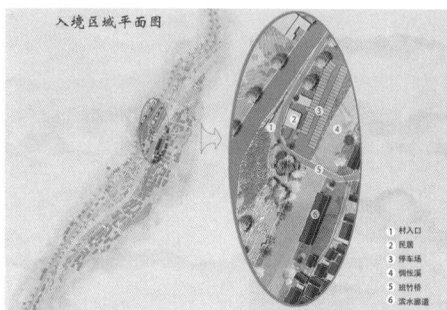

图 5-32　入境区域平面图

图 5-31　入林区域游览动线

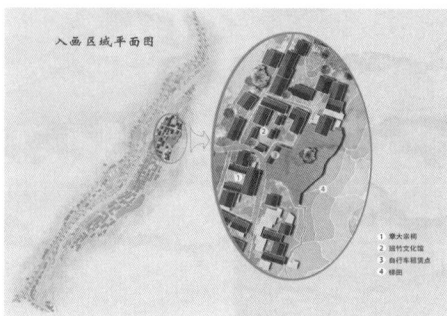

图 5-33　入画区域平面图

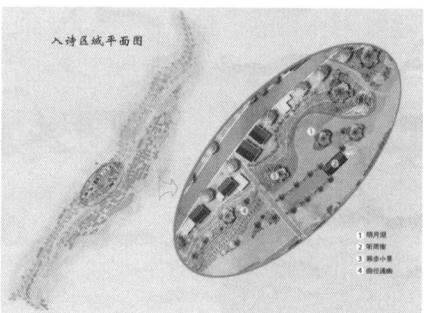

图 5-34　入诗区域平面图

（4）入诗区域景观规划

此区域包含明月湖、听雨榭、移步小景、曲径通幽等景观节点，主要营造画氛围，是体现唐诗之魂的重要区域（图 5-34）。

（5）入礼区域景观规划

此区域包含听水台、悠然茶社、竹雅巷、如梦街等街巷景观节点，主要体现繁华的商业街道，在此可购买班竹特色文创产品，体验到古时驿站的繁华景象，以此作为班竹之礼，给人留下美好的记忆（图 5-35）。

（6）入宴区域景观规划

此区域包含休闲广场、民居小院、农家乐等景观节点，主要体现班竹特色美食，人们在此可品尝到村民自己种的农产品，体验到醇正的乡土味，感受到"舌尖上的乡村"（图5-36）。

（7）入梦区域景观规划

此区域包含悠悠小径、特色民宿、景观叠水、停车场等景观节点，主要是供游客在此夜宿。在此可体验到古色古香的客栈，让人得到全身心的放松，在远离尘嚣的山林田野之间，睡个好觉（图5-37）。

（三）在地织补生活，创建理想家园

1. 诗性织补公共空间

（1）惆怅溪周边景观

"惆怅溪"得天独厚的水资源是可持续发展的基础，需结合当地的自然环境进行系统性的规划与设计。在惆怅溪的可持续利用中，充分考虑当地居民与旅游者对其的体验与利用。比如，在溪流附近建立多条休闲长廊，可以提高景观的视觉层次，使景观结构更加丰富，动态提升人与自然景观的互动性，静态上也可形成诗化情趣的视觉感受，同时也可以使居民和游客更好地享受到更多的生活乐趣（图5-38、图5-39）。

（2）休闲广场景观

村内广场是村民的主要娱乐场所之一，但班竹村原有公共空间较少且零散，没有可供村民进行娱乐活动的大型空间。因此，为村民和游客规划出一个较大的开阔性广场是村落发展的迫切需要（图5-40）。

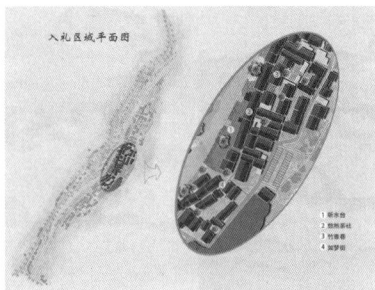

图5-35　入礼区域平面图

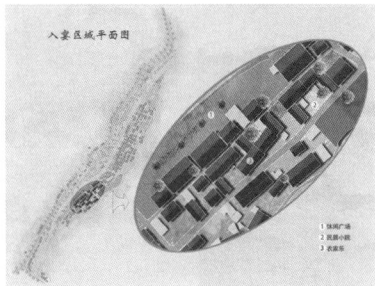

图5-36　入宴区域平面图

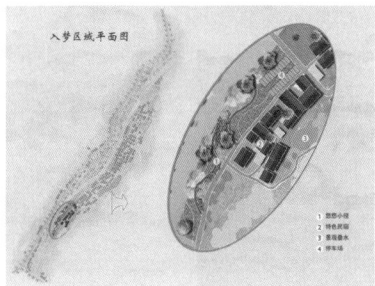

图5-37　入梦区域平面图

图5-38 惆怅溪周边廊道景观效果图

图5-39 惆怅溪周边明月湖景观效果图

（3）公园景观

除开阔性的广场之外，村民和游客在日常活动中还需要较为隐蔽的室外空间，可以供其在此休息、读书、聊天。而从班竹村现状来看，尚未建设符合这种"隐蔽性"需求的室外空间。所以，班竹村还需构建公园景观，以满足村民和游客的需要（图5-41）。

图5-40 村内广场效果图

（4）竹林步道景观

班竹村内有一处竹林，在此处设置一条步道，步道西面为花带景观，东面为竹林，给游客和村民以"茂林修竹"之意，营造出乡村诗意氛围，既提升了乡村空间意境，又满足了外来游客的观光需求（5-42）。

图5-41 村内公园效果图

（5）街巷空间

班竹村内的街巷整体上保持原有空间形态，合理利用和改造村落现存街道，打造完善的交通系统，对村落

图5-42 竹林步道效果图

各个不同的功能区进行区分与连接，保证了生产生活的便利性；同时使用具有历史文化韵味的材质对道路进行铺装，让行走其上的村民和游客沉浸式地感受村落深厚的历史文化底蕴（图5-43、图5-44、图5-45、图5-46）。

图 5-43　商业街效果图

图 5-44　村庄内部街巷效果图

图 5-45　村庄内部街巷效果图

图 5-46　村庄内部街巷效果图

2. 诗性织补民居建筑

设计团队在原有基础上对建筑外立面进行更新改造，不破坏建筑的原有结构，并在尊重原生态的基础上自然植入诗画元素。针对村落现状、景观需求及实际情况，对班竹村的建筑风貌与建筑质量做了数据统计分析（表5-1、表5-2）。

表 5-1　班竹村建筑风貌数据统计

风貌情况	风貌协调	风貌一般	风貌冲突	合计
数量 / 幢	38	98	83	219
所占比例 /%	17.3	44.7	38	100

表 5-2　班竹村建筑质量数据统计

质量情况	质量较好	质量一般	质量较差	合计
数量 / 幢	47	81	91	219
所占比例 /%	21.5	37	41.5	100

表 5-3　班竹村建筑修复措施

建筑类型和修复措施	原生性保护	完善性保护	提升性保护
目标建筑	风貌较为协调、质量较好、质量一般的建筑	风貌基本协调、风貌一般、质量较差的建筑	风貌冲突的建筑
具体措施	大部分建筑保持原貌，对小部分区域进行小幅度修复	对于破损老化的建筑，在原址上根据传统风貌特色进行复原	对与村落风貌有冲突的建筑进行大范围的拆除重建，使其与村落风貌相融合

设计团队根据数据分析结果，总结出三种保护与传承的方法，即原生性保护、完善性保护、提升性保护（表5-3），并在此基础上设计出效果图（图5-47、图5-48）。

图5-47　民居庭院效果图

图5-48　民居建筑效果图

（四）活化织补生产，指引产业续能

1. 农耕产业的深耕发掘

项目依托班竹村独特的自然生态环境及现有的自然生态资源——梯田，挖掘班竹村的农耕农事传统和农耕文化，丰富旅游产业，让游客既能享受自然景观和田园风光，又能融入农耕文明，深入体验休闲旅游。再与时代发展以及生态体验的实际需要相匹配，逐渐构建出一套健全的管理系统，确保了产业的长期可持续发展，以及对自然资源的有序开发利用（图5-49、图5-50）。

图5-49　梯田景观效果图

图5-50　茶社景观效果图

2. 旅游产业的转型升级

班竹村旅游资源有唐诗文化、山水田园风光等。发展好了旅游，也会带动第一、二产业的发展。游客的需要，促使当地的农业结构改变，如当地种植了大量的茶树、瓜果和蔬菜；在旅游产品的生产加工过程中，促使茶叶加工、农副食品加工等加工业发展，以及产生如茶社、农家乐等的空间需求。营造一个

有利于班竹村招商引资的投资环境，提高其在资源要素上的优势和竞争力（图5-51、图5-52）。

图 5-51 绕村骑行始发点效果图　　　　　　图 5-52 农家乐效果图

三、诗性织补实践启示

当下传统乡村的处境急需获得人们的关注与重视，乡村情况复杂，各不相同，在时代发展的洪流下，不能任由传统村落被无情的、格式化的钢筋水泥包围，应该要保留一方水土，养育一方人。在保护传承自身村落文化根基的同时，满足现代村民的日常生活以及外来游客旅游观光的需要。从传统村落空间布局更新的角度出发，提出"诗性织补"的更新策略，通过生态布局、文化内涵、人居生活、产业发展四个方面对村落空间布局进行织补，起到修复自然环境、传承乡土文脉、创建理想家园、指引产业续能的作用。意在通过对村落整体环境的织补来改善空间布局，而不是只针对具体的某景观、某建筑进行织补。通过对班竹村空间布局的诗性织补实践，主要启示有以下四点。

其一，诗性织补历史文脉是村落规划建设的核心要素。传统村落"诗性织补"应该首先围绕织补乡土文脉展开讨论，通过深入、全面地了解村落人文、自然、农业等各方面文化资源，再将文化内涵进行传承与提升，把挖掘出来的村落文化作为主旨，围绕此主旨对村落规划建设进行创意设计，激发出当地村民的文化自信，加深村民对村落文化的认同感，同时用村落文化提高对外来游客的吸引力，打造村落独特的金名片。

其二，诗性织补自然生态是村落规划建设的根本内容。传统村落"诗性织补"应该将织补自然生态作为立根之本，以尊重自然、顺应自然、保护自然为前提，以师法自然为宗旨。对村落的生态织补建设要源于自然却又高于自然，对其进行生态弥补。对自然山水采取织补的手段，对自然环境格局与场景空间中的不利因素进行剔除优化，营造出诗性的自然生态景观。

其三，诗性织补理想生活是村落规划建设的向往目标。传统村落"诗性织补"应该将理想生活放在重要位置，通过诗性织补引导人们追求美好的乡村生活。要对乡村生活各方面进行人性化的设计，以此来满足人们的日常生活需要；将传统乡土文化渗透到乡村景观设计的各个层面中，满足村民日常生活中对文化的需求；创设诗性的生活方式，彰显诗性生活氛围，满足人们精神生活的需要。织补乡村生活美，展现乡村乡土美，打造乡村诗意美，如此美的乡村才是人们的追求。

其四，诗性织补乡村产业是村落规划建设的基础支撑。传统村落"诗性织补"应该将乡村产业发展作为重点内容，以生态绿色发展为基础，使农业产业与自然生态和谐共生。对本土产业特色进行挖掘提炼，打造出一个品牌力强、独特性高的农业产业链，绘就一幅产业兴旺、持续发展的诗画图景。织补农耕文化可以丰富乡村产业形态和种类，讲述乡村自身文化故事，使其文化魅力更具独特性，让乡村文化产业一脉相承，实现可持续发展。

本章小结

诗路文化是"线性文化"，内含空间性特质。"四诗融合"是指融文化、生态、生产、生活四者于一体，即立足于"三生空间"观念、观点并融入诗路文化的一种整体概括。东叶村景观空间营造，以"希望之光"为主题，通过将名人文化、桃文化等渗透到景观改造和提升中，化优势为特色，实现文化与产业、生活的联动。班竹村景观营造从生态布局、文化内涵、人居生活、产业发展四个方面进行诗性织补，使村落空间体系得以优化。基于"四诗融合"策略的系统化设计方法，赋予了诗路乡村景观层次感与诗意。

第六章

数字赋能：浙江诗路乡村景观场景化设计

在乡村振兴战略和数字技术赋权的背景下，在"数字浙江"解放生产力的大变革下，浙江提出了"数字乡村"建设。数字乡村是"伴随网络化、信息化和数字化在农业农村经济社会发展中的应用，以及农民现代信息技能的提高而内生的农业农村现代化发展和转型进程"①。作为乡村振兴的新战略方向，数字乡村建设的意义毋庸置疑。"数字诗路"是"诗路浙江"建设的应有之义，其中尤其要求在诗路乡村景观设计的过程中充分利用数字技术，使之以更为科学的方式扎实推进诗路乡村振兴。在前期的浙江四条诗路乡村景观现状的实地调查过程中和后期的一些景观设计中，我们已发现、运用了一些数字技术，但是在这方面仍然有待加强和深入推进。数字化又不仅仅是技术问题。数字介入，可以营造美学氛围，实现场景化效益。本章基于"数字赋能"策略，提出"场景化"的浙江诗路乡村景观设计方法。以下从推进数字串"珠"，数字技术在地理环境、田园农业、艺术乡建、乡村治理四类场景的运用，孟姜未来乡村实验区三村连片发展景观设计实践三个方面展开论述。

① 中共中央办公厅 国务院办公厅.数字乡村发展战略纲要[R].北京:人民出版社,2019:

第一节 推进数字串"珠"

"串珠成链"是建设浙江诗路的重要方式。"珠"是形象的说法，包括古迹遗址、美丽非遗、名城古镇（村）、山水田林湖库、产业文化保护与创意等五大类。由于数量众多，因此需要按一定标准进行遴选。就名城古镇（村）而言，要求具有重要的历史、文化、文物价值，得到有效保护；规划合理，建设完善，能够有效集聚人气；道路通畅，公共服务设施齐全，等等。通过擦亮"珍珠"，形成示范和引领作用，可以以点带线成面，从而推进全局发展。至于如何将"珠"串联起来，四条诗路的《行动计划》都明确了需要通过文脉、交通、游线、数字等多举措推进。这里着重从数字诗路 e 站设计和如何开展数字乡村景观设计两方面，就推进数字串"珠"进行初步思考。

一、数字诗路 e 站设计

浙江诗路文化带建设顺应时代要求，积极推进数字乡村建设。四条诗路的《行动计划》就"推进数字串'珠'"有具体表述。如浙东唐诗之路："一是建设全省数字诗路平台，实现诗路文化基础数据的数字化展示，建设文物古迹影像、文化声音等数字博物馆。二是沿线布局一批'数字诗路 e 站'体验中心，推进数字文化产业研发基地、影视动漫游戏创意人才集聚平台、文旅融合示范基地（乡村文创街区）建设。三是推动跨部门、跨行业数据共享，深化诗画浙江旅游管理服务网络平台建设。到 2022 年，'数字诗路'在文化教育、文创产业、智慧旅游等领域得到全面推广应用，沿线建成数字诗路 e 站体验中心 10 个。"①其他三条诗路《行动计划》中的相关条款，除目标数量不同外，内容上大致相当，这里不再重复。

数字诗路 e 站是"数字诗路"建设的重要方面。随着数字化的发展，诗路带上乡村更是聚焦数字化改革，争先做好数字串"珠"文章，整合诗路沿线诗

① 浙江省"四大建设"工作联席会议办公室.关于印发浙东唐诗之路建设三年行动计划（2021—2023）的通知（〔2020〕10 号）[R].2020：16.

人诗作、文物遗迹、现代文化设施等文旅资源一体化发展；通过打造数字诗路文化游线，以线带面，实现沿线文旅文创、教育禅修、娱乐休闲等各类产业融合的全面发展，建造各种智能化、数字化的"诗路驿站"。作为诗路文旅体验中心，目前浙江诗路文化带建设正如火如荼地进行中，诗路沿线的各级行政区域也都在加紧推进，并取得了部分建设成果。目前已建成并对外开放的诗路e站（场馆类）6个。由本课题组负责的金华诗路驿站设计项目，目前已完成施工。

（一）数字诗路 e 站建设情况

"数字诗路 e 站"是浙江省诗路数字化平台工程的重要内容，着重建设三个主要平台：影视动漫游戏创新人才聚集平台、数字文化产业研发基地以及文旅融合示范基地，意在建设浙江省的数字文化产业示范基地，以达到"深入推进文化产业数字化"的目的，实现诗路 IP 形象的"虚实结合"。早在 2019 年 10 月《浙江省诗路文化带发展规划》正式公布之前，当年的 5 月 18 日，浙江省文化产业促进会、浙江省文化产业创新发展研究院在深圳国际文博会浙江展馆联合举办了"数字诗路 e 站"启动仪式。e 站将综合运用图像、VR/AR、器具性和非器具性三维全息展示和传递技术，对"诗路"沿线所有区域中的古代诗词曲、近现代诗歌、名胜古迹、名木古树、非物质遗产、历史传说、宗谱、游记、民风民俗等 IP 进行全面收集并挖掘，在根域名服务器上构建"浙江诗路"虚实结合的高水平线上平台，实现在线展现、在线研究和线下游览的全面数字化。数字诗路 e 站包括诗路信息的保存和发布，进行诗路全书、丛书、文献集成、研究报告、通史、辞典的"6+1"系列理论研究，推进诗路 IP 产业研发及诗路文化产品开发等，绘就浙江"诗路"的"五图"（诗人行踪图、遗产风物图、水系交通图、名城古镇图、浙派学术脉络图）。串珠成链，打造诗路文化 IP 平台。2019 年 6 月 18 日，在浙江天台举行的以"做优诗路文章 助推大花园建设"为主题的浙江诗路文化产业发展主题活动上，举行了首批数字诗路 e 站签约仪式。四条诗路沿线的嘉兴、丽水、富阳、新昌、永嘉、仙居、天台等市（县、区）政府和浙江诗路文化和旅游开发有限公司就"数字诗路 e 站"的数字诗路工程签订了战略协议。

协同发展，串珠成链。诗路文化带建设体系不但庞大，而且具备强大的学术性功能。但如果仅注重学术性，则容易"曲高和寡"，而与普通民众产生隔阂。于是其不仅要"兴盛笔墨间",更需要"旺在实景里"，[①]落于实处。解决上述矛盾的根本策略，是发动人民群众参与诗路文化带的构建。众人拾柴火焰高，依靠人民群众的力量，不断深入挖掘诗路文化，打造诗路景观，切实落地诗路产业，丰富诗路业态，不但能够极大地充实浙江省的文化资源，较好地向外扩大浙江的文化影响力，也能够为人民群众创造更好的生活条件。截至2024年10月，诗路沿线各地已建成数字诗路e站（场馆）6家（表6-1）。

表6-1　已建成的数字诗路e站（场馆）一览

序号	名称	地点	正式对外开放时间	技术手段
1	数字诗路e站永嘉IP体验中心	温州市永嘉县枫林镇温州市消防训练基地	2020-11-26	VR/AR、裸眼3D、5D全息沉浸式体验、CAVE空间等
2	"诗e柯桥"数字诗路文化体验馆	绍兴市柯桥区柯岩风景区鲁镇剧场	2021-05-22	"1+N"数字化游客导引网络
3	富春山居数字诗路文化体验馆	杭州市富阳区黄公望隐居地（庙山坞）	2021-07-15	AI短视频智能生产、AR、全息投影、云上展馆等
4	"诗路海韵"唐诗之路宁海数字馆	宁波市宁海县前童古镇核心区	2022-03-25	"三个一"（一个文旅大数据平台、一张数字化的游客导引网络、一系列生动活泼的数字化文创产品），360环拍机器人等
5	台州府城·数字诗路文化体验馆	台州府城文化旅游区东湖公园景区	2022-09-27	短视频实时生成技术、人工智能大数据、虚拟数字人、裸眼3D、智能算法等
6	大运河数字诗路e站南湖体验中心	嘉兴市南湖区芦席汇历史街区	2022-11-22	文字、影像、VR、全息投影等新媒体技术，线上线下相结合

上述场馆均坐落在四条诗路沿线的重要节点，近三年分别建成1家、2家、3家，采用了先进的数字技术，注重参观者的体验感。这里仅以永嘉IP体验中心为例略作说明。永嘉本是温州的古称，现在是温州下辖县。瓯江最重要的支流之一楠溪江纵贯该县南北。作为南朝诗人谢灵运的为官之地，永嘉是"中国山水诗摇篮"，独具人文底蕴与自然禀赋，拥有山水诗、耕读传家传统文化、非物质文化遗产、古村家学文化、瓯窑文化等优秀文化资源。该中心结合永嘉文旅相关机构的实际运作发展，打造出山水诗（S）、瓯瓷（O）、南戏（N）、古村落与耕读文化（G）四大类（以下称"SONG"）可以互动的展厅，集合了数字化资源，设置文化互动体验区、全息数字沙盘、连廊无死角投影区等多样的互动项目，

① 王华山, 刘晓璐. 兴盛笔墨间 旺在实景里——2023年浙江省诗路文化带统计监测报告[J]. 统计科学与实践, 2025（1）：51-53.

极其有效地增强了游客游览与学习的体验感。除了四个主题展厅，场馆内还设置了名人书画展、复古电视机走廊等，全方位展示诗路文化。此外，5D影片放映、VR体验区则充分利用数字技术，让游客身临其境地体验龙湾潭"魔鬼秋千"、楠溪江漂流、舴艋舟、滑翔伞等游乐项目，实现"云游永嘉"（图6-1）。

图6-1　永嘉IP体验中心内部场景
图源：http://WL.wenzhou.gov.cn/art/2020/11/27art_1660367-58884682.html

永嘉IP体验中心是一个地道的诗路文化数字体验馆。整个场馆的打造，重在让游客在体验互动中了解永嘉文化，而以"SONG"为统领的主题，亦颇具创新性。该中心集数字体验、旅游展示、文化阵地、文产孵化、研学基地于一体，又是全省首个数字诗路e站，因此具有示范意义。

（二）金华诗路驿站设计

江南邹鲁，八咏金华。金华古称长山、东阳、婺州等。在这片土地上孕育了独具地域特色的金华学派，又称婺学。婺学由南宋大儒吕祖谦开创，以论学释道、博纳兼容为特色，具有义利并举、经世致用的文化特质。吕氏之婺学，与陈亮之永康学派、薛季宣之永嘉学派并称"南宋浙学三派"。

金华诗歌文化底蕴深厚。南朝沈约任东阳郡太守期间，作《登玄畅楼》，又在此诗基础上增写了8首诗。《八咏诗》开启了吟咏乡土风物的八景文化模式，传为绝唱，为历代诗人称赞和模仿。唐代时，玄畅楼（又名元畅楼）改名八咏楼。历代赋诗题咏此楼者颇多，如"沈约八咏楼，城西孤岩峤"（［唐］李白《送王屋山人魏万还王屋》）、"千古风流八咏楼，江山留与后人愁"（［宋］李清照《题八咏楼》）。作为宋元婺学高地和中国八景文化发源地，金华在钱塘江诗路版图上是十分重要的组成部分。钱塘江东源即为金华江，它的主干是东阳江—婺江一线，重要支流有武义江、永康江、南江等。金华诗路是以金华江为主体脉络而形成的，又称钱塘江东源诗路，是钱塘江诗路的延伸线，覆盖了金华下辖的婺城区、金东区、义乌市、东阳市、永康市、兰溪市、武义县、浦江县、磐安县等行政区域。金华诗路空间布局，可以概括为"一轴三线七区"。"一轴"即金华诗路文化带的中心轴线，主要以兰江和东阳江为主线。所谓的"三线"，就是指朝北、东、南方向的文化风情线。"七区"是指按照山水格局特色和城（镇）鲜明文化特征组合而成的片区。"八景"是在市、县、镇、村等不同层次上，营造出诗意气息的一种不成文的标准设置，是点、线、面、带的有机组合，共同绘就金华诗路文化版图。通过打造精品文旅线路，可以实现串珠成链，促进全域发展。

如上是已公布的《金华市诗路文化带发展规划》中的重点部分，也构成了金华诗路驿站屏幕展示的基本框架。金华诗路驿站选址在位于婺江之畔的金华铁路文化园内（图6-2）。金华铁路文化园是利用浙赣铁路金华老火车站旧址而兴建的一处主题公园，由金华铁路文化馆、8栋历史保留建筑和特色景观公园等组成，于2021年9月29日正式开园。金华诗路驿站利用的是园内中心处的一幢尖顶单层建筑。室内为长方形，面积约300平方米。根据要求，这里需要打造成以展示金华诗路文化特色为主题，集休闲、娱乐、游览、教育于一体的多维互动空间。

图6-2　金华诗路驿站外景

设计团队经过前期两次实地勘察、多次反复讨论，决定运用石墨烯投影技术，设计诗路打卡装置、互动体验墙、文创诗路带等单元。其中互动体验墙面积大，是此次设计的重点。它是利用石墨烯导电原理、投影技术等，将传统的墙面变成会发光、发声，动态的新型交互式媒体。它支持多人同时触摸，投影动画立刻启动；触摸到相应区域时，可以开关灯、控制媒体播放器，达到多样有趣的互动效果。趣味的动画和简单的互动，不仅能够有效地传递信息，而且能够更好地活跃展馆氛围。画面内容，主要是金华诗路上具有代表性的山川江水、古城书院以及诗人诗词，并且穿插了沈约诗作中的秋月、春风、落桐、晓鸿等意象，使整个墙面更加丰富和富有山水韵味。游客可以通过点击触发墙面上的信息，获得文字、视频、动画等多种有趣的内容；还可以通过触碰注释文字，来获取更多关于此内容的介绍，使山水景观具象化地呈现在室内空间当中（图6-3）。

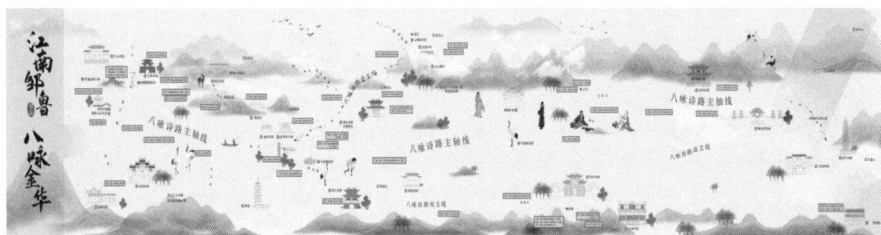

图6-3　金华诗路驿站景观平面图

二、"展示"诗路乡村景观

浙江诗路文化带建设要求推进数字串"珠"，而且指向"诗意化、景观化、产业化"的"三化"要求。其中的景观化，一般含义就是符号化、可视化、审美化。但从深层次来说，它是对景观的新认知。景观并非单纯的自然景观或人文景观，而是具有场所精神和地域文化色彩的系统性的第三自然空间。这种景观理念也对景观设计提出了新的要求，即"通过景观的手段，充分利用当地的自然资源和本土特色，并将它们完美地融入景观中，做到景观与当地风土人情、文化氛围相融合的境界"[1]。数字技术本身可以成为景观，但要融入、强化文化内涵和美学价值。通过这一现代技术，景观设计不仅要焕发诗路文化的魅力，而且要表达现代人的美好生活愿景。在参与《金华市诗路文化带发展规划》《桐庐县诗路文化带发展规划》《兰溪市三江六岸景观建设规划》等发展规

① 邬峻.第三自然：景观化市设计理论与方法 [M].南京东南大学出版社，2015：43.

划的具体设计和实施中，笔者深刻领悟到：诗路文化带建设之重点方式、方法就是景观之"秀"（英文 show）。"秀"，即"展示"之义，既可以表示数字技术运用的特点，又可以体现诗路文化建设之山水、人文景观展示要求，此字可谓两全其美的概括。利用数字化方式和手段擦亮"珍珠"，"展示"诗路乡村景观，除这种形式要求之外，重点的还有在理念上有所坚持，在内容上有所突破和创新，做到文质统一。

（一）乡村景观遗产理念

景观遗产，一般指文化景观遗产，它是"自然和人类共同的作品"。近年来，这一概念有所更新，把它与建筑遗产、城市遗产并列，统称"建成遗产"。国际文化遗产界也通行使用建成遗产概念，旨在扩展遗产的空间范围。这一概念相当于"历史环境"，是指城市、城镇或乡村既已建成的区域中，那些具有特定历史意义的区片（区块），包括片区、街道或景观节点，比如历史文化街区和历史文化乡村。当然有些城乡规划的相关学者认为，还应该包括那些早已凋零但历史声望仍旧较为深厚的区片。与"景观文化""文化遗产"等相比，"景观遗产"更为明确。文化的定义十分复杂，较为含糊。事实上，每种文化都有自己的必要条件，其原本是"依次从一种大地景观中生长起来的，它不断地更新并强化着人与土地的亲密关系"[1]。从"景观遗产"概念提出的情况看，它虽然着重于城市建设问题，但是也把乡村纳入视域之中，因此对于城乡景观的规划与设计都具有重要意义。一是关注城乡遗产保护与生活质量提升的关系，加强历史文化整体保护与环境景观的动态管控；二是结合地方的实际情况，在遗产保护、城乡有机更新等实践过程中，开展创造性转化和创新性发展。可以说，诗路乡村景观设计以乡村景观遗产理念为指导，是文化传承的要求，也符合当今现实。

浙江诗路文化带历史悠久，蕴藏了大量的城乡景观遗产。沿线的名城、名镇、名村及历史文化街区数量众多。据《诗路规划》，诗路沿线有杭州、宁波、温州、湖州、嘉兴、绍兴、金华、衢州、临海、龙泉等 10 个国家历史文化名城；杭州市的中山中路、绍兴市的蕺山、兰溪市的天福山、龙泉市的西街等 4 个中国历史文化街区；富阳区的龙门镇、江北区的慈城镇、象山县的石浦镇、南浔区的南浔镇、嘉善县的西塘镇、桐乡市的乌镇、柯桥区的安昌镇、义

① 张松.城市建成遗产概念的生成及其启示 [J].建筑遗产，2017（3）：1-14.

乌市的佛堂镇、江山市的廿八都镇、仙居县的皤滩镇等 44 个中国历史文化名镇；桐庐县的深澳村、建德市的新叶村、永嘉县的屿北村、苍南县的碗窑村、武义县的俞源村、婺城区的寺平村、永康市的厚吴村、龙游县的三门源村、开化县的霞山村、江山市的大陈村、仙居县的高迁村等 44 个中国历史文化名村；富阳区的龙门村、奉化区的岩头村、永嘉的芙蓉村、嵊州市的华堂村、武义县的郭洞村、兰溪市的芝堰村等 401 个中国传统村落。另有舟山、丽水、余姚、瑞安、平阳、海宁、兰溪、东阳、天台、松阳等 10 个浙江省历史文化名城；滨江区的西兴老街、海曙区的秀水街、鹿城区的朔门、婺城区的古子城、柯城区的水亭街、临海市的紫阳街等 46 个浙江省历史文化街区；金东区的曹宅镇、平湖市的新仓镇、开化县的马金镇、仙居县的横溪镇、龙泉市的小梅镇等 61 个浙江省历史文化名镇；桐庐县的荻浦村、乐清市的黄塘村、兰溪市的诸葛村、龙游县的庙下村等 116 个浙江省历史文化名村；萧山区的凤凰村、海宁市的路仲村、莲都区的梅田村等 636 个省级传统村落。这些名城、街区、名镇、名村景观丰富，是四条诗路上的耀眼明珠。

四条诗路各具特色，浙东唐诗之路、瓯江山水诗路古村落多，大运河诗路古镇多，而钱塘江诗路古城多。这种名城古镇的分布略有不同，仅是相对而言。其实每条诗路上的传统村落数量都相当可观，只是许多村落地理位置偏僻，同时遭遇城镇化建设浪潮，面临着"消失"的危险，而这种消失必然导致其中蕴含的景观遗产也"岌岌可危"。浙东唐诗之路成名早，建设基础好，是浙江省率先启动打造的一条诗路，目前也正在积极申报世界文化遗产。这条诗路沿线拥有一批国家级的历史文化名城、街区、名镇，以及一批著名的传统村落，另外还拥有国家级非遗项目 200 余项，省级非遗项目近 900 项，可以说是一条名副其实的文化之路、非遗之路。无论是建筑文化遗产还是非物质文化遗产，它们都是非常宝贵的，极具景观价值，值得传播。针对浙东唐诗之路乡村景观遗产之传播，已有学者提出"数字化创新"途径，具体包括 MCN 模式、虚拟场景设计、搭建诗路 APP。[1]

（二）丰富乡村景观展示内容

数字化背景下的浙江诗路乡村景观展示需要更为丰富的内容，除上述历史文化之外，还有生态、生活、生产的真实场景，尤其是美丽乡村建设成果，

[1] 栗青生，赵琳琳，刘翔宇. 能传播视域下浙江诗路文化带村景观遗产再发展研究 [J]. 文创新比较研究，2022，6（29）94-97.

具体体现在以下四方面。

第一，展示乡村和美画卷。

浙江是和美乡村建设的示范地，以生态文化、农耕文化、信义文化、红色文化等为特色。"绿水青山就是金山银山"理念在安吉、丽水等地得到成功实践。新昌县班竹村、义乌市分水塘村等传统村落，东阳市花园村等现代名村，在美丽乡村建设中大放异彩。金华金东区是浙江省美丽乡村建设先进区，垃圾分类、居家养老等"金东模式"走向全国。建设了一批省级美丽乡村示范县（市、区）、镇（乡），创建了一批美丽庭院，建设起了各具风情的和美乡村风景线；保护、修复了一批传统村落，中国传统村落名录数量逐步增加；打造了一批现代化和美乡村精品村、景区村，形成了"明星"效应并得到示范性的推广。这些建设成果展示了浙江乡村和美画卷。

第二，展示乡村生态优势。

通过生态基础设施建设，运用多种途径保护乡村生态环境，让山更青、水更秀、村更美、民更富。打造了融生产、生活、生态于一体的乡村景观，建设了一批以水岸、田园、山居为特色的乡村人家。大力发展绿色产业，培育、发展、壮大美丽经济。建设乡村产业平台、新型业态示范点，发展农家乐休闲旅游业，培育了一批省级农家乐集聚村、星级农家乐。依托特色生态农业，打造了一批宜居、宜业、宜游的高质量养生旅游综合体。依托艾青等本地诗人诗歌文化，建设了一批美丽、富裕的省级田园综合体示范地。这些建设成果展示了浙江乡村生态优势。

第三，展示乡村美治成效。

农村发展环境不断得到优化，乡村治理水平和成效不断提高。在尊重历史、民意的前提下，"硬乡建"与"软乡村"相统一，坚持乡村科学规划，形成可持续性发展。自治、法治、德治与美治并举，推进了美丽乡村建设。将诗歌元素融入景观布局中，打造了宜业、宜居、宜游的美丽乡村、文化乡村、诗意乡村。如钱塘江诗路的节点永康市塘里村，致力改善村貌，通过植入八景文化元素，打造"景中有村、村在景中"的景村合一的诗路名村，成为远近闻名的"八景"示范村，等等。这些建设成果展示了浙江乡村美治成效。

第四，展示城乡和谐发展。

以乡愁为纽带，建设了一批乡愁文化园。城中村改造有序推进，尽量保存了旧地名、古民居。一些乡土景观得到保护，彰显出记载乡土经验的作用，散发出优美的诗味，在城、镇、乡等范围建立了一批农耕文化园。在瓯江山水诗路、钱塘江诗路沿线推进建设了一批畲乡风情小镇（如文成县西坑畲族镇、武义县柳城畲族镇、兰溪市水亭畲族乡），在大运河诗路、钱塘江诗路、瓯江山水诗路沿线建设了一批"渔歌小镇"（如金东区孝顺镇渔歌小镇花之港）。发展乡愁经济，兴建精品民宿，推出乡村游样板线路，不断吸引市民到乡村旅游，促进了乡村旅游业的快速发展。不断推出举措，城乡结对，以诗路文化赋能浙江山区 26 县建设，促进了山区经济发展。这些建设成果彰显了浙江城乡和谐发展的实践成效。

第二节　诗路乡村景观设计数字技术运用的拓展

数字化是推动乡村振兴的重要驱动力，也是影响浙江诗路乡村发展的关键变量。进一步振兴浙江诗路乡村，需要推进乡村产业发展动力、农村经济发展效率、乡村公共服务模式、乡村治理方式的数字化变革。以下以四条诗路相关节点为例，着重论述乡村环境、田园农业、乡村艺术、乡村治理四个景观领域的数字技术运用情况，并提出相关建议。需要先行说明的是，所选择的节点，有些是课题组直接参与了的景观设计（如九龙矿区、高村、"花木之窗"示范园），有的仅是实地调查（如黄杜村、蔓塘里村、五四村），也有的直接来自网络信息（如德清县乡村治理数字化平台）。这些信息来源途径不一的节点，大体能够反映数字技术在诗路乡村景观设计中运用的实际情况及其未来前景。

一、乡村环境景观

环境景观数字化是把环境景观与数字化两者进行融合的设计方式。这种融合是建立在数字化先进的表现形式和环境景观对于设计预想与现代化要求的基础上的。两者的融合既包含了平面设计、三维建模以及虚拟现实等数字表现形式在环境景观方面的应用，又包含了景观设计在要素选取与构成过程中的灵活性与高效性。作为新型结合，借鉴数字技术进行环境景观设计，更有利于提升环境景观设计的艺术化、多元化及其实用价值。这种方式在乡村景观设计中大有用处。以下以钱塘江东源诗路的两个节点九龙村、高村的景观设计为例。

（一）九龙矿区扫描场景建模

九龙矿区景观设计的具体方案已在第三章第二节详述，这里着重论述其在设计过程中的数字技术运用。九龙村因形似"九龙戏珠"而得名，位于金华山核心景区边缘，长期以来由于发展水泥产业，大量开采石灰岩矿山，生态环境被严重破坏，面临修复矿坑这一迫在眉睫的问题。矿坑处于村落北面，该村地势起伏明显，山体陡峭，与矿坑存在极高的落差。在生态修复设计过程中，数字化技术就有了用武之地。通过无人机的扫描，建构出实际的场景，那些无法靠近的区域，包括现有建筑及其与周边的关系也就一目了然。在此基础上建立设计模型，就更为轻松快捷（图6-4）。

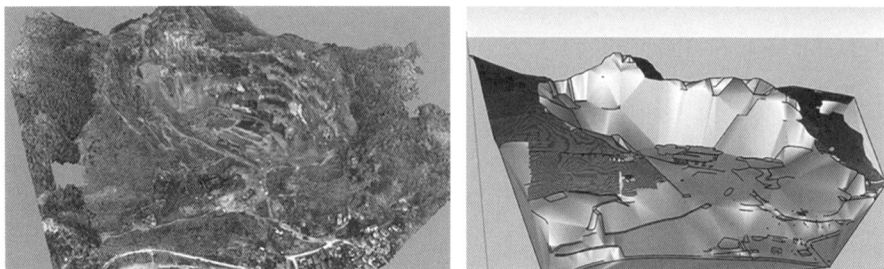

图6-4 扫描场景建模

通过三维立体模型，对场地的地形地貌、土壤、水文、植被等环境因素进行量化分析，并通过数字化技术，利用定性与定量分析相结合的形式，生成科学合理的设计策略，以指导方案总体设计以及节点详细设计。观察三维场景图中的居民楼建筑（设计后为九龙矿坑的入口），部分建筑已经荒废，且左右存在落差。在设计上遵循原址重建的原则，依照原有建筑所在位置，能够快速地测量出建筑的高度、宽度、长度，以及整体占地面积等数据。方便查看与分析地图的坡度、坡向等内容，使方案生成更加合理（图6-5）。

在模型中可以看到《极南之地》电影取景地。根据剧情，剧组在九龙矿区搭建了一系列实景，这些实景被称为"淘金小镇"。这本是九龙矿区最有特色的一道风景线，但由于建筑已被废弃，长期闲

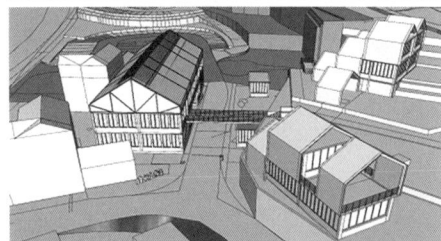

图6-5 入口处三维场景图、模型图、效果图

置，并没有得到利用。设计规划在原址位置搭建新的"淘金小镇"。除营造小镇的氛围之外，还融入休闲、娱乐、活动等多种功能，尽量使空间功能化（图6-6）。

图 6-6 "淘金小镇"三维场景图、模型图、效果图

九龙矿区地势高低起伏，设计团队借势设置阶梯状的看台和打造具有荒漠之感的露营营地。这种设计巧妙地将地形劣势转化为优势，使原本高差较大的场地变得相对安全（图6-7）。

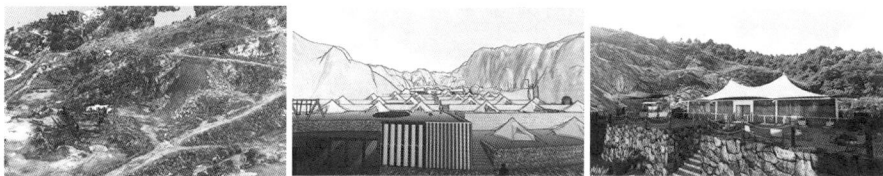

图 6-7 露营营地三维场景图、模型图、效果图

数字化精确的勘测和计算为规划设计提供了更多的可能性。设计团队可以运用数字化技术做好设计工作，营造美好的环境景观，对各种景观元素进行有效叠加，不断增强景观的层次美和空间美，从而促进景观环境设计与发展。

（二）高村三维场景构建

高村隶属金华市婺城区新狮街道，毗邻浙江师范大学。在该校东北角建有正阳旅游产教研中心实训楼（诗路文化智慧旅游产教融合基地），实际属于校园景观的一部分。由于独特的地理位置和特殊的历史关系，可以说校与村基本形成了融合发展的格局。但这里仍将其作为乡村景观设计的案例。

诗路文化智慧旅游产教融合基地建筑部分已于2022年夏完成，外部景观还有待改造。在设计开始前期，利用地理信息系统专业技术即倾斜摄影技术，进行了三维场景重现。倾斜摄影是通过多角度拍摄获取影像，利用"同名像点"构建解析方程，从而解算出图像上任意一点的精确三维坐标。运用该方法可以生成任意区域的三维图像，为数字景观设计提供重要参考数据。运用三维建模工具（如 3Dmax 等软件）对采集的图片数据、空间坐标数据进行建模，得到场景的真实三维结构。同时，利用三维建模工具，对河道的宽度、河段的水域面积等进行测量，还可以指定标高，进行山体的挖、填方计算，极大地方便景观格局的设计（图 6-8、图 6-9、图 6-10、图 6-11、图 6-12）。

图 6-8　场景俯视图

图 6-9　场景侧视图

图 6-10　湖面宽度测量

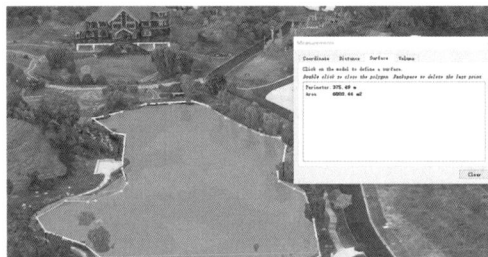

图 6-11　湖面水域面积测量

图 6-12　山体挖、填方计算

二、田园农业景观

数字技术在农业中的运用形成数字农业。所谓数字农业，就是指运用遥感技术、地理信息系统、全球定位系统、计算机技术、通信和网络技术、自动化技术等高新技术，实现对农业生产的实时监测和模拟，从而达到合理利用农业资源，降低生产成本，改善生态环境，提高农作物产量和质量的新型农业生产方式。

数字技术在乡村的落地试验正在全面铺开，改变着农业生产生活方式。数字农业由农业物联网、农业大数据、精准农业、智慧农业组成，具有高度专业化、规模化、企业化、智能化等特点（图 6-13）。

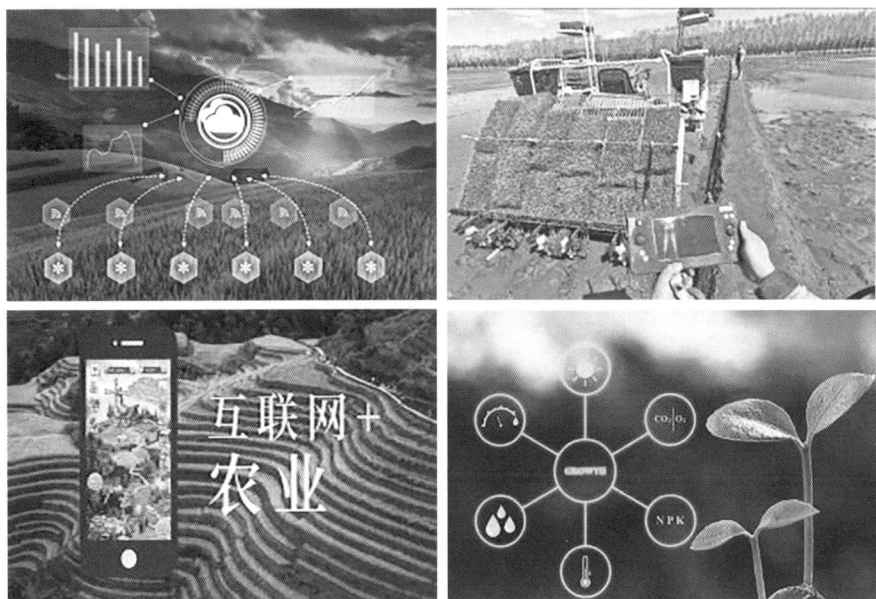

图 6-13　数字农业

图源：http://www.sohu.com/a/430035053_99913726

数字农业景观首先是农业景观。农业景观，或称田园农业景观，不仅包括当地的自然风光，而且包含着一个地方的风土人情、民间艺术等多种非物质文化遗产，具有重要的文化延续和传承意义。这类景观是在自然过程和人类活动多重驱动下，以农业生产为主导，由不同类型生态系统有机整合而成的复合系统。数字技术的介入，改变了田园农业景观生态，使得田园农业景观呈现出另外的面貌，也造就了更为新颖的体验模式。以下以大运河诗路覆盖区域湖州市安吉县黄杜村数字农业建设和钱塘江诗路覆盖区域金华市婺城区"花木之窗"农村产业融合发展示范园建设为例。

（一）黄杜村白茶产业数字化管理

黄杜村隶属安吉县溪龙乡，属于亚热带季风气候，温暖湿润，四季分明。这里空气清新，水质清冽，空气、水体的质量均达一级标准，可谓气、水、土"三净"之地。该村是安吉白茶产业的始发地和核心区，现有有机茶园 1500 亩，并建有国家级生态白茶基地（图 6-14），全村 90% 的家庭都在从事白茶种植、加工与销售，有"中国白茶第一村"之誉。

图6-14 生态白茶基地

近年来，该村致力于通过数字化管理云平台，将数字技术应用到茶叶种植、加工、品牌营销、区块链追溯等领域，通过大数据可视化分析，逐步构建生产经营主体的信用管理体系，将绿色发展理念传递给生产者、消费者。

黄杜村的茶园实行机械化管理，配有自动喷滴灌设备、太阳能杀虫灯等。从种茶、采茶、萎凋到烘焙，整个流程都已基本实现机械化、现代化、智能化（图6-15）。如在茶叶培育过程中，智能设备可随时监测气候、土壤情况，并将监测数据传送到后台。传感器可以检测到土壤中的有机物含量等数据，技术人员只需要分析这些数据参数，便可以在下一年度制定出更精准的种植方案。

图6-15 茶产业

（二）婺城区"花木之窗"农村产业融合发展示范园

该示范园毗邻4A级景区金华山，位于金华市区北大门，面积6.7平方公里，核心区面积2.4平方公里，由新狮街道沙溪、杨家相、下裴、康村四村联合组建。园区已于2020年5月正式对外开放。该项目充分发挥"花木之窗"农业资源优势，致力打造集产业、休闲、景观等于一体的全民、全域、全体验的国家农旅融合发展示范园、华东花木产业转型示范中心、多功能复合型花旅综合体。该项目实现了技术创新，尤其是数字技术，无论是在园区建设理念上还是园区场地本身的设计上，都有很好的融合和运用。

1. 产业链数字化矩阵

以区域极具特色的花卉苗木为主导产业，整合现有自然资源和人文资源，探索花木产业与文化创意、商贸流通、精深加工、休闲旅游、研学教育、科技创新等产业深度融合的模式，拓展花木产业多样化功能，延伸产业链条，实现花木产业高质量发展（图6-16）。

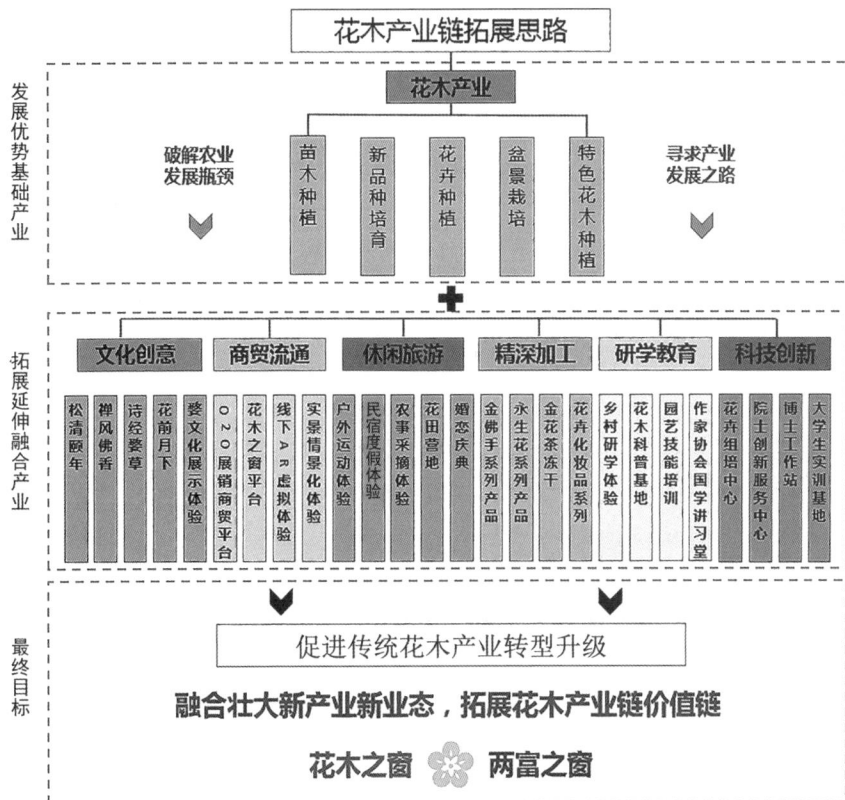

图6-16 花木产业链拓展思路

2. 电子商城

基于"互联网＋共享经济"模式，示范园与互联网对接，实行花木电商化，搭建"花木之窗"精品花木O2O展销贸易平台，包括线上产品展示交易电子商务平台、AR虚拟现实体验平台。线下体验功能则借助VR、AR等现代化科技手段以及实地实景欣赏等方式。运用线上线下有机结合的销售方式，形成"花卉苗木＋电商＋物流"模式，使示范园成为新品种选育及推广、花木产业文化普及、花卉旅游观光的最佳阵地（图6-17）。

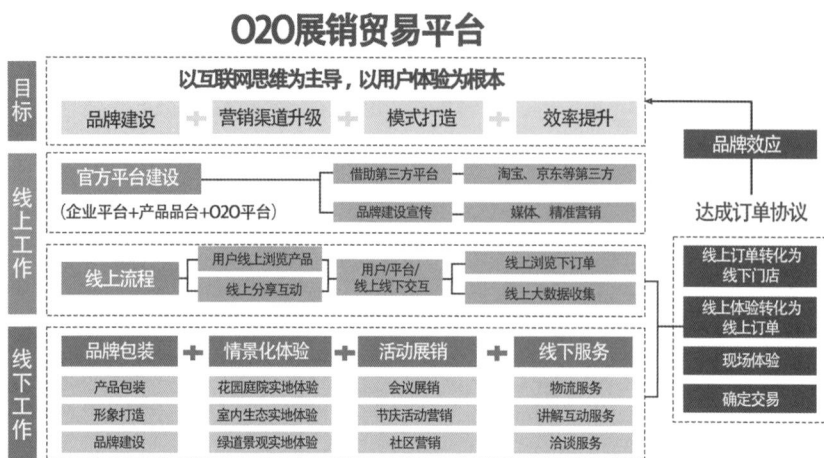

图 6-17 "花木之窗" O2O 展销贸易平台

3."一核三区"园区整体布局

"一核"是指集种植、加工、销售、观光、休闲、研学、文创为一体的核心区。"三区"是指特色花木种植区、美丽休闲体验区、飞地结对共富区。在规划设计过程中，利用了虚拟现实、三维技术，最终达到了预定的设计效果，这可以从规划前后的景观对比中看出来（图 6-18、图 6-19、图 6-20、图 6-21）。

图 6-18 规划前后对比

图 6-19 场地整体鸟瞰前后对比

图 6-20 场地景观节点 1 前后对比

图 6-21 场地景观节点 2 前后对比

三、乡村艺术景观

数字乡村建设为乡村振兴和农业农村现代化发展注入全新动能，对乡村社会运行和发展进行赋能和重塑，乡村传统文化亦借助网络技术、数字技术日渐"复苏"。以国风（包括乡风）为代表的文化符号，已不再是土味或落后的象征，而成为传统元素再创新的文化自信表征。作为文化形态的艺术，能够极大地激发创造创新活力，助力乡村振兴。正如有学者指出："发挥好艺术的作用，不仅可以提升乡村文化品位，提高群众生活品质，还可以以艺化人、以艺兴村，带动乡村产业融合，推动乡村经济社会发展。"[①]而数字技术的运用，使得艺术更具创意和沉浸式体验功效。数字艺术加持赋能，更易展现心中的梦之花园、向往之田园。以下以瓯江山水诗路古堰画乡和大运河诗路安吉蔓塘里村"大地之光"项目为例。

（一）古堰画乡"秀山丽水"之缩影

唐代诗人白居易笔下"闲心对定水，清净两无尘"（《题玉泉寺》）的意境，在古堰画乡得到了完美诠释。古堰画乡位于丽水市莲都区碧湖镇、大港头镇境内，距丽水市区 20 公里，核心区块包括大港头、堰头、坪地、保定四村范围。这里是八百里瓯江佳绝处，两岸青山，一江碧水，帆影点点，古村掩

① 张慧喆. 让艺术为乡村增添美丽风景 [N]. 人民日报·副刊，2022-12-20（20）.

映，环境幽雅，意境柔美，堪称"秀山丽水"之缩影，是被中国摄影家协会命名为首个"摄影之乡"的主要创作基地和中国巴比松油画基地（图6-22）。景区小镇亦演变为集居民生活区、写生基地、艺术创作街区、画廊街区、休闲度假区于一体的生态系统。

图 6-22　古堰画乡

古堰画乡现为 4A 级景区，融"三生"于一体，极具乡村艺术气质。这种气质，有一部分是依托数字技术而来，也可谓另一种意义上的"缩影"。数字展览美术墙于 2016 年正式投入使用，保存

图 6-23　美术墙

了 2008 年至今 80 多位画家在古堰画乡写生的近 700 幅作品。每幅作品都配有二维码，游客通过扫描可以了解画家的基本信息和作品简介（图 6-23）。2022年，古堰画乡景区联合万事利"西湖一号 SilkDAO"数字藏品平台，推出"古堰画乡"限量纪念款数字藏品。该款数字藏品通过手绘及虚拟仿真设计，以数字化、动态化的方式呈现出艺术性效果。它将景区的文昌阁、百年老街、千年通济堰、千年樟树、诗画瓯江等特色风景元素和人文底蕴融入其中，以丽水瓯江的特色画舫为载体，描绘古韵绝美景色的作品，将所属景区投射在元宇宙世界中大放异彩（图 6-24）。首款数字藏品的发售，推动了文旅与数字藏品的深度融合，也不啻是打造全新文旅体验的一次成功尝试。

另外，在游客中心还有机器人，作为旅游智能向导，为游客提供旅游咨询等服务，还可提供智能购票服务，引导顾客扫描二维码关注公众号或下载 APP。机器人成为景区旅游服务的好帮手。

图 6-24　数字藏品
图源：http://news.sohu.com/
a/577907910_121123812

（二）蔓塘里村"大地之光"艺术公社

蔓塘里村隶属安吉县灵峰街道，通过做优环境、做美乡风、做活经营，实现了生态宜居、乡风文明、产业发展良性循环，先后荣获全国一村一品示范村、省级美丽宜居示范村等称号和中国人居环境范例奖等奖项，是安吉县首批省A级景区村庄。该村又被誉为"文创灯光第一村"，是全国唯一的乡村文创灯光项目示范基地，实施的文创灯光改造项目"大地之光"获得2019年白玉兰照明奖室外工程设计奖。在景观设计中，灯光的功能已从"亮化"逐步发展到"美化"，再提升到"文化"。该项目抓住安吉的竹文化特色，利用了竹的韧性特征，以竹为材料，打造村内大量的景观小品，如竹灯、竹屋、竹桥、竹道等。纯朴材质的整体应用使得村庄有着完整的乡土氛围，更有着一以贯之的视觉联系。而灯光的广泛运用，使得村庄在夜间呈现出别样的景观（图6-25）。竹与光的结合，具有非凡的视觉感受和体验效果。

图6-25　蔓塘里艺术灯光夜景

延续安吉蔓塘里竹文化的竹艺灯是该项目最大的亮点之一，成为"明星"产品。用竹艺灯装饰的乡道，也变成"网红路"。白天借助竹子将灯具融入当地建筑与景观，赏景看竹，游客可以深度体验当地文化；晚上则用竹艺、竹材打造灯光装置，以竹子为载体呈现灯光效果，通过"竹光"展现安吉蔓塘里的另一面（图6-26、图6-27、图6-28）。

图6-26　竹灯罩　　　　图6-27　竹桥　　　　图6-28　竹编小品

在"三思迷境"老宅的外立面，由 6 台 Sony VPL-F636HZ 投影机通过拼接融合技术，在建筑两侧墙面呈现宏大影像，其中 4 台投影机配备了 VPLL-Z3007 短焦镜头（透射比 0.65：1），使得设备安装与周围环境完美融合。整个建筑披上影像"外衣"，奇思妙想都变为现实。采用"福""寿"等文字填满整个空间，仿佛活字印刷术一样旋转变换，既体现中国文化之美，又给人以震撼之感（图 6-29）。

图 6-29 "三思迷境"老宅

在古戏台听月楼处，借助灯光投影复原了旧时人们最主要的娱乐方式——听戏。一台 Sony VPL-F636HZ 投影机搭配 VPLL-Z3032 长焦镜头，将越剧名角的影像投射在纱幕上，音画俱佳，效果逼真，仿佛真人在演出一般（图 6-30）。

图 6-30 听月楼戏曲播放

村内休闲娱乐场所的地面设有多种互动灯光装置。当游客踩踏发光区域时，照明灯会亮起，并呈现大小不一的圆形光斑（图 6-31）。地面互动钢琴也是村内的一大亮点，脚踩在上面会发出悦耳动听的音乐。地面互动钢琴采用 LED 钢琴音乐感应地板灯设计，由不同音符键组成，琴键数量可根据应用场地或增或减。该装置采用高强度耐磨防滑磨砂钢化玻璃面盖，具备一定的承重能力。当游客踩踏琴键时，系统能精准识别动作，实现人地互动，实时发出悦耳的音符，模拟真实钢琴的演奏效果（图 6-32）。

图 6-31　公园脚踩发光互动处

图 6-32　地面互动钢琴

图 6-33　萤火虫山谷

在山林部分，上千盏灯被设置在行步道的沿途，架设在民居、树木甚至水中。它们从人眼难以察觉的角落发出光亮，温柔地照着古村落，星星点点光斑的移动，如萤火虫飞舞一般，营造出静谧浪漫的自然空间。这里很好地利用了山林里昏暗树影的自然背景，放大了光斑的优势，使得空间体验更为真实（图 6-33）。

蔓塘里的"大地之光"艺术公社，改变了直观视角，以影像重塑乡村夜景的方式，让建筑、树林、池塘等突破了时间、空间的限制，借助影像产生"象外之象"，使自然美景与人文艺术交融，为人们提供了新奇有趣的独特感受（图 6-34）。

图 6-34　"大地之光"艺术公社

这里顺便提一下筋竹村的梦幻灯光节。该村隶属温州市乐清市芙蓉镇，坐落在瓯江山水诗路重要节点雁荡山，因筋竹涧而得名。此涧以水景为主，有菊英、峡门、漱玉、连环等 18 个潭和涌翠等数条瀑布。两岸山岩相错，岚影山光，别有幽趣。现建有筋竹涧农业观光园。该园开发了休闲观光农业，建立了合理的生态链。它并不满足于单一的农家乐、观光、采摘等休闲农业体验模式，而是根据游客日趋多元化的休闲旅游需求开辟项目，强化体验要素，设计出团队拓展训练、亲子休闲系列产品。特别推出梦幻灯光节，投入近 3000 万盏彩灯，打造出流光溢彩的梦幻王国（图 6-35、图 6-36）。此灯光秀吸引了大量游客现场观看游玩，与黄金溪、芙蓉博物馆组成"夜芙蓉"旅游项目，成为乐清夜游项目的新尝试。

图 6-35　筋竹村生态农业园夜景

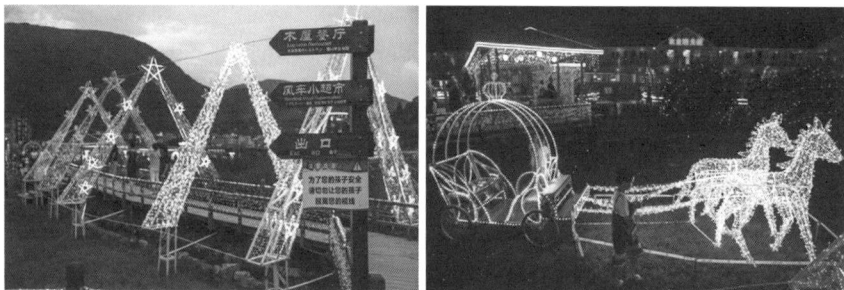

图 6-36　生态农业园夜景灯光装置

四、乡村治理景观

数字乡村治理使得治理主体多元化、治理方法科学化、治理内容精准化，与传统的乡村治理体系和治理格局完全不同。在数字治理乡村的过程中，本着以人民为中心的理念，采用大众喜闻乐见的方式，能够拉近数字技术与村民的距离。运用数字技术，能够让村民切实感受到数字乡村治理带来的便利，亦能够激发村民参与乡村治理的积极性。乡村治理的数字化，使得乡村景观面貌焕然一新。这种实践在大运河诗路沿线的湖州市德清县及其下辖的五四村较为成功。

（一）德清县乡村治理数字化平台

德清历史悠久，地处浙北和长三角腹地，是浙江高质量发展建设共同富裕示范区第二批试点地区之一。位于湖州莫干山国家高新区地理信息产业园区的地理信息小镇是省级特色小镇，拥有遥感卫星、地理测绘、软件开发服务、航空航天等地理信息全产业链，联合国全球地理信息知识与创新中心落户于此（图6-37）。这座国际一流的地理信息产业园、地理信息产业高地，在世界上都有影响力。

德清数字乡村建设和乡村振兴走在前列。该县立足场景数字化、管理高效化、服务在线化、应用便捷化，运用人工智能、时空地理等信息技术，聚焦乡村治理中的人、财、地要素，以发现问题智能化、处理过程自动化、事件管理全流程化为核心，构建集乡村规划、经营、环境、服务等于一体的乡村治理数字化平台（图6-38）。

图6-37　德清地理信息小镇

图6-38　乡村治理数字化平台

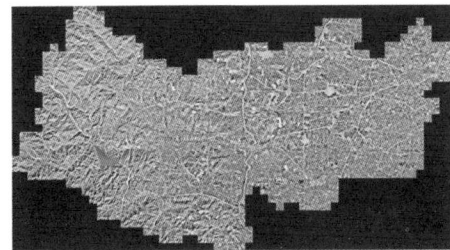

图6-39　航测图

1. 依托地理信息技术，乡村治理可视化

第一，构建一张图。结合三维实景地图，将农业生产经营、基础设施建设相关的数据进行归集、治理，形成包含结构化数据、图片数据和视频数据的"数字乡村一张图"。构建起覆盖乡村规划、乡村经营、乡村环境、乡村服务、乡村治理等方面的"数字乡村一张图"数字化平台，推动物联网、地理信息、智能设备等现代信息技术与农村生产、生活、生态的深度融合，深化农业农村大数据创新应用，实现乡村治理一图感知、一屏管理（图6-39）。

第二，整合一张网。融合历年美丽乡村、城乡一体化建设中布设的视频监控、污水监测、智能井盖、智能垃圾桶、智能灯杆、交通设施等 6 大类、534 个感知设备，形成触达乡村各角落的物联感知网。

第三，虚拟一个村。建成数字化乡村模型，直观呈现自然风貌和村庄变迁，实现基础设施可视化管理和维护、人与人交互信息有效留存和可再现。数字化让"指尖"刷出了便捷，运用互联网技术构建起全新的农村社会生态，正改变着老百姓生活的点点滴滴（图 6-40）。

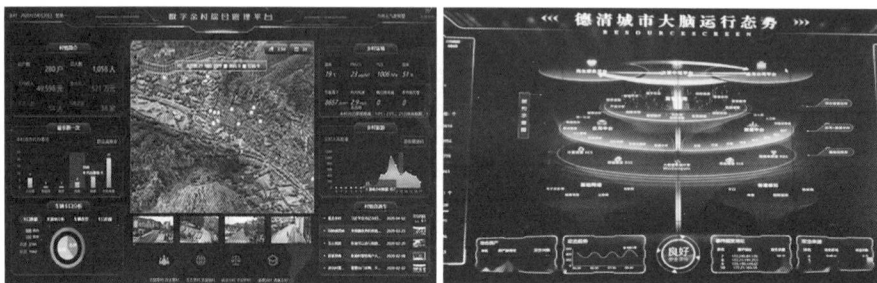

图 6-40　德清城市大脑平台

2. 聚焦数据归集共享，乡村治理数字化

第一，以需求促归集。梳理乡村治理业务及流程，制定数据归集目录。通过政务数据接入、现场数据采集和物联感知设备推送等渠道，归集水、空气、垃圾、出行等 282 类数据。

第二，以归集促共享。依托城市大脑，推进该县各信息系统与平台互联互通，实时共享时空信息、基层治理四平台、智慧交通、污水处理等 13 个方面的系统数据。

第三，以共享促应用。通过对感知设备、村民活动等共享数据的精准分析、异动管理，实时处置村内紧急情况、基础设施故障等问题，提升乡村医疗、养老、助残、垃圾分类等"最后一公里"便民服务实效等。

3. 着眼辅助管理决策，乡村治理智能化

第一，实时提供便民服务。使"最多跑一次"向乡村社区延伸，以"浙里办"为载体，大力推广网上办、掌上办，实时提供就业信息、签约医生上门问诊、居家养老等服务。

第二，实时掌握村情民意。按照"人人都是网格员，小事不出村"的理念，将数字化平台可视化系统连接基层治理四平台，实时呈现村民反映事件及分类处理反馈情况，充分调动村民参与积极性。

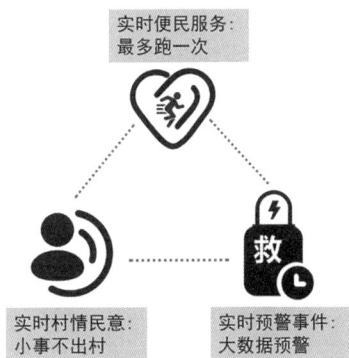

图 6-41　智能化治理

第三，实时预警处置事件。利用大数据碰撞分析和电子围栏技术，对村域人群来源、驻留时长、人流趋势等进行分析，实现人流过密预警、人群疏散预警等。对入村渣土车抛洒滴漏、村民骑行电动车未戴头盔等行为进行视频智能分析，提高管理效率。在遭遇台风天等突发事件时，运用智能化预警监测系统，向全村人群迅速群发避灾信息，提高应急救灾能力（图6-41）。

（二）五四村"数字乡村一张图"

五四村位于莫干山脚下（图6-42），因1954年春毛泽东在杭州参加新中国第一部宪法修订会议期间赴莫干山考察时途经此地而得名。村域面积5.61平方公里。经过发展，该村现已成为集品质人居、乡村度假、生态观光、休闲体验于一体的乡村振兴标杆村，先后获得全国先进基层党组织、全国文明村、全国美丽宜居示范村等荣誉称号。

图 6-42　五四村鸟瞰

图源：http://mr.baidu.com/r/lrgBCm3wAVO?f=cp & u=671ab432b205bf3d & sid_for_share=99125-3

在村落规划上，以"整村景区"为定位推动乡村振兴战略落地，率先开创"企业＋村集体＋村民"村庄经营新模式，创新打造乡村青年创客空间，并以无人驾驶串联省级田园综合体、红色研学、休闲民宿等特色资源。五四村围绕农业智能、乡村智治、农民智富三大方向，坚持数字驱动、数字赋能、数字惠民，大力推进数字乡村建设，持续提升广大群众的获得感和幸福感。以数字技术为代表的科技创新作为深化"千万工程"的突破口，实现了乡村规划、乡村经营、乡村环境等五大板块可视化呈现。五四村数字化治理体系依托于中海达公司创建的"数字乡村一张图"系统。该系统借助地理信息技术，把数字乡村三维可视化，依托数字平台解决和处理各种问题，实现有效管理。

1. 以数字强乡村治理

五四村构建以"一图全面感知"实时掌握乡村生产、生活、生态变化态势的乡村智治新模式，聚焦乡村规划、乡村经营等五大板块，融合视频监控、污水监测等六大类 534 台感知设备，以电子地图、遥感影像、三维实景地图等空间数据为基底，叠加 17 个图层 232 类数据，实现乡村治理的可视化、数字化和智能化，人与人交互信息的有效留存和可再现，构建数字孪生乡村（图 6-43）。

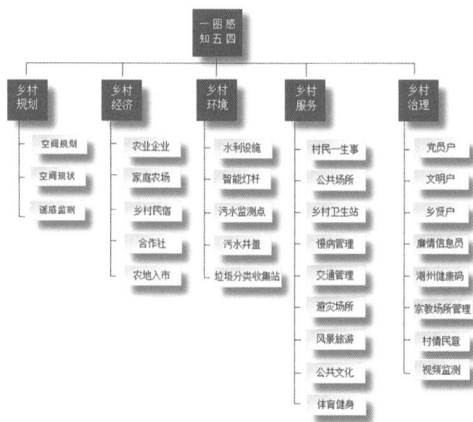

图 6-43 一图感知五四村

图 6-44 五四村智慧大屏
图源：中海达公司

2. 以数字优民生服务

聚焦村民出生、入学、就业等人生大事，重点围绕"一老一小一困"民生问题，全力推进健康、养老、教育、救助等应用场景数字落地；打造"无围墙养老院"，为老人免费安装生命体征监护设备；扎实推进"春泥计划"，重视农村儿童思想道德建设；构建社会救助智能化公共数据平台，在各救助部门间共享数据，实现社会救助"一件事"线上联办（图 6-44）。

3. 以数字促产业融合

利用莫干山国际旅游度假区门户的优势，五四村大力发展花卉苗木、茶叶、竹笋等主导产业，建设"中国红"玫瑰、优质葡萄等九大生态种植特色农业生产基地，创新打造"青年创客空间"，开办国内首家民宿学院，起草发布全国首个《民宿管家职业技能等级评定规范》，打造高质量休闲农业和乡村旅游产品。另外，五四村依托"天网地"三位一体遥感监测体系与人工智能分析技术，构建"天上看、网上查、地上管"的闭环监管机制。基于全天候动态监测系统与多源异构数据融合分析，构建了基于数字孪生技术的乡村治理决策支持系统。通过创新实施"数字乡村一张图"治理平台，为数字乡村治理范式转型提供了创新性解决方案。（图 6-45）。

（三）余东村"乡村大脑"

余东村隶属衢州市柯城区沟溪乡，是钱塘江诗路南源支线衢州诗路上的一颗耀眼明珠，被誉为"全国十大农民画村""全国文明村""中国十大最美乡村""全国美

图 6-45　通过五四村智慧大屏查看村民基础信息
图源：中海达公司

丽宜居示范村""全国民主法治示范村""全国首批十大农民画画乡""中国民间文化艺术之乡""浙江省美育示范村"等。《余东实践：用数字化点亮乡村治理》在 2021 年 5 月中国（衢州）未来乡村大会之数字乡村最佳实践案例沙龙上，被评为数字乡村最佳实践案例（图 6-46）。

图 6-46　余东村景观
图源：https://zj.zjol.com.cn/red_boat.html?id=101185460

余东未来乡村建设自 2020 年 9 月启动以来，全力打造全省首个以农民画为特色的具有高辨识度的旅居型未来乡村，同时建设了富有余东村特色的一体化智能化大数据平台——"乡村大脑"，由此让未来乡村的九大场景在这里得以一一实现。余东村特色一体化智能化大数据平台"乡村大脑"大屏坐落于余东村智慧治理服务一体化中心，共分为"数字党建""智慧治理""智慧便民""数字产业"四大功能板块（图 6-47）。

针对汛期的洪涝灾害防范，余东村上线了水位监测系统。以往监测水位要靠值班人员 24 小时盯守，如今数字化手段的应用解决了实时监测的难题，一旦水位超出安全警戒范围，水位监测器就会及时发出警报，提示工作人员赶赴现场做好安全防范。

图 6-47　智能化大数据平台

　　余东未来乡村还开通了"有礼积分"系统，对主动反映问题、提出建议并参与管理的村民和游客，给予一定的信用积分奖励。村民可以用积分兑换相应商品，游客可以用积分享受食宿等优惠。如此一来，大大提升了村民爱护村容村貌的积极性和自觉性，使得人人都成为智慧治理的"哨兵"。在健康场景中，24 小时智慧健康驿站能够为村民提供查询健康自画像和全生命周期健康档案、预约挂号、申请签约家庭医生等自助健康服务。微医"智能医务室"则可实现专家远程视频问诊、24 小时在线开具电子处方，通过外接设备还可采集体温、血压、体重等数据，有效解决了村民常见的健康医疗问题。

　　在数字化技术赋能下，余东村利用全息影像、二维码等数字技术手段，构建墙体投影、光影长廊、数字连环画艺术体验馆等数字化艺术空间。同时深入挖掘农民画内涵，从过去单一的"卖画"向"卖文创、卖版权、卖风景、卖旅游"四个方向转变，研发出农民画丝巾、陶瓷杯等 90 余种文创衍生产品，通过直播电商等新零售平台进行售卖（图 6-48）。在此过程中带动了研学游、餐饮、民宿等产业发展，极大促进了农民增收致富。

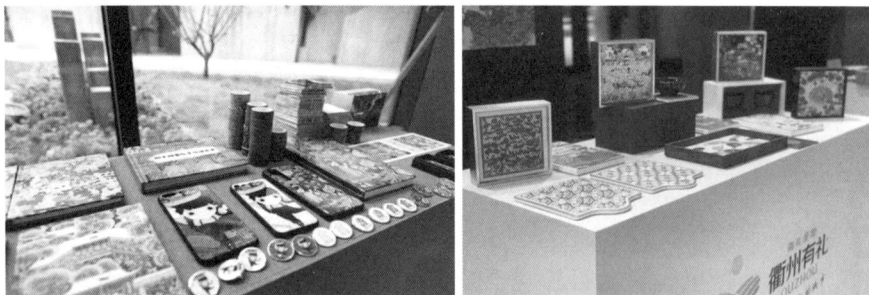

图 6-48　相关文创产品展示

目前，余东村已经在邻里、文化、健康、低碳、产业、风貌、交通、智慧、治理、党建等十大应用场景中推出了一系列智慧应用，切实提升了村民的获得感、幸福感。借助数字化技术的赋能，余东村正在描绘出一幅幅充满生机的数字乡村新图景。

五、主要建议

数字乡村是乡村未来的发展方向。数字乡村通过美丽环境景观、田园农业景观、治理景观、艺术景观等方面的营造，助推乡村振兴，体现善治、地方文化特色，实现绿色共享，最终达到共同富裕的目标。当前中国数字化发展总体滞后，面临诸多挑战，与乡村建设深度融合不够。提高数字技术应用水平、运用能力、治理能力以及培养专业人才，这是当务之急。在数字化的景观营造过程中，尤其要注意数字化乡村设计的伦理，体现以人的需求为中心的思想，另外就是通过增加数字景观装置，不断丰富景观呈现方式。

（一）以人的需求为中心

美国实用主义美学家杜威指出，"设计"是一个"表示目的，也表示安排、构成方式"的具有意味的词。这就是说，设计是形式与质料的统一，它必须与目的结合起来，即是为着"一个目的"的设计。[①]乡村景观设计如同对艺术品有机整体性的追求，不是盲目地形式化，而是满足实质性要求。从根本上说，数字化是以人的需求为目标的技术。乡村景观营造，尤其要以村民需求为中心，把技术伦理让渡给美学生存。数字技术，归根到底是为了满足人的需求，服务于人的生存和发展。因此，切不可把数字技术手段当成唯一的目的，而是要审美式地介入、融汇到人的日常生活当中。

数字乡村建设更深层次的目的是要通过数字赋能，推动城乡之间资源要素的均等化，从而进一步激发推进乡村振兴的动力。通过数字化管理，可以极大地推进乡村产业发展，实现增收致富。通过数字化治理，可以增强村民归属感和参与村级事务的积极性，从而增强村民自治氛围；可以密切党群、邻里、村际等各种关系，最大限度地调动群众参与基层社会治理的主动性，等等。

基于此，通过数字乡村美丽环境、田园农业、乡村艺术、乡村治理等方面的景观营造，助推乡村振兴，体现乡村善治，实现绿色共享、诗意栖居的目标。当前，地区基础条件存在差异，城乡发展不平衡，这是一个客观现实；即

① 杜威.艺术即经验 [M].高建平，译.北京：商务印书馆，2011：135.

使就乡村而言，村际之间的发展也不均衡。推进平衡发展，不仅体现在物质层面，而且体现在精神层面。两个层面同时推进，才能不断地满足人民日益增长的美好生活需要。当然，数字化介入乡村发展，尤其要注意成效，其关键在于从事治理的主体能力高低。数字化治理平台不能只建不管，要发挥实实在在的功能和作用。乡村景观治理可以纳入数字化治理平台一体化发展，适时监控乡村各类景观的变化，及时作出研判，开展相应的管理工作。

浙江未来乡村（社区）建设是有益的尝试和探索。以"原乡人、归乡人、新乡人"[①]为建设主体，人本化的价值导向贯穿于未来社区九大场景，特别是邻里、教育、健康、服务等场景，高度体现了以人的尺度为中心的社区建设理念。在景观设计上，改变以往过于注重鸟瞰图效果的方案，而选取人的场景图来参考，一切场景都围绕人的社区生活圈的需求来设计。诗路乡村与未来乡村的景观设计方面可以做到互补和融合（详见本章第三节）。

（二）增加数字景观装置

数字技术日新月异，数字艺术也愈益走向生活。科技化新景观的形式，赋予了现代生活未来感的面貌与前卫的气息，也将景观装置推向了新的高度。近年来，装置艺术逐渐走出封闭的展馆，与公共空间相结合，并借助声、光、电和影像技术等新型媒介，以全新的姿态出现在大众生活中。

数字景观装置落地乡村，不仅可为乡村的文旅融合助力，也为装置艺术家提供了实验空间。运用多媒体数字艺术对乡村文化进行赋能，呈现出数字化美学和活化乡村历史文化资源的特色。在当代乡村景观营造中，可强化艺术与科技的融合，充分运用数字艺术、知识服务等产业形态，挖掘活化乡村优秀传统文化资源，创造独具乡村特色的主题形象，将新媒体艺术、交互艺术等引入数字乡村艺术景观中，打造全新的、具有示范性的数字乡村。以下列举若干案例，仅作参考。

1. 发光跷跷板

跷跷板本是传统的游乐设施，而灯光则是在夜晚中最富有活力、动感和表现力的元素。二者的结合，是传统与现代的碰撞，使附带了 LED 光带的跷跷板更具有童真童趣。除此之外，跷跷板还能发出音乐。基于互动感应装置，随着跷跷板的上下起伏，灯光的强度和音乐声也会随之改变，让人感知到身体律

① 浙江省人民政府办公厅. 关于开展未来乡村建设的指导意见[R]. 2022-02.

动所产生的光感共鸣，激发公众对景观的探索兴趣（图6-49）。

2. "转盘"枯山水

这个景观其实是一个"旱景"装置，它的灵感来源于日本的禅意庭院。场地上铺满了一层薄薄的砂砾，用于营造枯山水的意境。砂砾上的机械装置可以随着人的推力而呈圆周式转动，形成的图案既像一层层水波纹，又似一圈圈生命的年轮（图6-50）。

图 6-49　发光跷跷板
图源：https://www.zhulong.com/bbs/
d/100b1002.html

图 6-50　"旱景"装置
图源：http://www.lshi.com.cn/bk/246.html?from=singlemessage

3. Loop 灯光装置

这是一种2米宽的圆筒，圆筒上附有黑白图画。当人们进入圆筒里并来回拉动杠杆时，这个圆筒就开始旋转，同时发亮、启动音乐，24幅与童话相关的黑白图画也会随之转换，产生如自动放映电影一样的效果。Loop 装置的所有互动元素，包括图像移动的速度、音乐播放的节奏以及频闪频率，都取决于人们来回拉杠杆的速度。同时在每个装置的外面另有一个动画循环，路人不需要进入装置拉动操纵杆，也能看到动画效果（图6-51）。

图 6-51　Loop 灯光装置
图源：http://chla.com.cn/htm/2018/obo4/268430.html

4. 电子梦幻天幕

LED天幕是富于梦幻色彩和时尚品位的声光组合，观众可以欣赏缤纷悦目的景观，感受现代科技赋予的声光艺术魅力（图6-52）。游客可以把想说的话以短信形式发送给平台号码，天幕上就会显示出来。

图6-52　LED天幕

图源：https://www.sohu.com/a/61005757_124450

第三节　孟姜未来乡村实验区三村连片发展设计

　　从技术的演进看，在现阶段，数字化是推动"数字农村"发展的技术力量。在美丽农村的建设进程中，数字技术对乡村的景观营造起到了全方位的作用。参与乡村景观治理，乃至对乡村生产、生活空间的布局管理，都会成为新常态。在中国式现代化进程中，"数字乡村""智能绿色乡村"建设都是促进共同富裕的重要抓手。

　　浙江正致力于推进数字化改革，推进现代化农业、乡村治理与美丽经济持续向好。浙江省人民政府于 2019 年 1 月在政府工作报告中首次提出"未来社区"概念，同年 11 月出台《关于高质量加快推进未来社区试点建设工作的意见》，2022 年 1 月出台《关于开展未来乡村建设的指导意见》。这些文件的陆续出台，标志着浙江省正系统地、扎实有效地推进未来乡村建设工作。

　　所谓未来乡村建设，就是以"人本化、生态化、数字化"为三大方向，打造未来的产业场景、文化场景等九大场景，集成"美丽乡村 + 数字乡村 + 共富乡村 + 人文乡村 + 善治乡村"建设，着力"构建数字生活体验、呈现未来元素、彰显江南韵味"的乡村新小区。①这一顶层设计通称"139"模式（图6-53）。2022 年 5 月、12 月，浙江省先后公布两批名单，首批未来乡村 36个，未来社区 28 个；第二批未来乡村239 个，未来社区 80 个。两批名单累计认定未来乡村 275 个，未来社区108 个。

　　地处钱塘江上游的衢州市在未来乡村、未来社区建设方面走在全省前列。目前，衢州市所管辖的 6 个县

图 6-53　未来社区 "139" 顶层设计

①　浙江省人民政府办公厅关于开展未来乡村建设的指导意见[EB/OL].（2022-02-10）[2022-11-19]. https://www.zj.gov.cn/art/2022/2/7/art_1229019365_2392197.html.

（市、区）正在积极推动 6 个"未来农村连片发展"的实验区建设，并在省内率先进行了初步的探索。以 1—2 个实力较强的村为核心，串联周边多个地域相近、文化相亲、产业互补的村庄，形成有机联动。通过执行"五个连"[①]，强化一体推进，实现共富共美，共创未来乡村。衢州市于 2022 年 5 月开始实施的"统筹推进连片发展，建设共富未来乡村"项目，被选为首批浙江省高质量发展建设共同富裕示范区最佳实践项目（城乡区域协调发展先行示范单元）。"未来乡村连片发展"与"诗路文化带发展"都是为了推进全局发展、实现共同富裕，两者的建设目标一致。换言之，诗路乡村建设与未来乡村建设，尤其是像衢州的连片发展模式，其策略与方法可以互鉴。两个乡村建设方案尽管出台时机、背景不同，但可以融合。故在孟姜未来乡村实验区景观设计当中融入"诗路"理念。简单地说，就是以"串珠成链"方式，把衢江沿岸的孟姜、枫树底、浮东三村连接起来，按照未来小区顶层设计的要求，进行重点场景的打造。

一、视觉形象设计

孟姜未来乡村连片发展实验区位于衢江沿岸，地处浙江省美丽乡村风景线、衢州有礼诗画风光带核心地段，其北有杭金衢高速公路，其南紧邻沿江公路，隔衢江一侧便是衢州城区，交通条件极其优越，区位优势不言而喻。实验区规划单元核心区面积 7.92 平方千米（图 6-54）。

孟姜未来乡村连片发展实验区建设推动三村联动发展，以整村运营为创建基础，以农文旅融合发展为业态支撑，以区域联动为抓手，将实验区打造成为全省未来乡村连片发展的最佳实践区、创新区、样板区。实验区建设将聚焦"五个三"[②]核心要义和"五个共"[③]推进路径，贯彻实施"五个连"做法，对标未来乡村九大场景建设，构建"三园带动三村、联动三岛"的发展结构，打造以农文旅融合为核心的"诗画有礼"组

图 6-54　孟姜未来乡村连片发展实验区

① "五个连"：连片规划一蓝图、连片建设一标准、连片发展一条、连片治理一网络、连片共富一办法。

② "五个三"：三岛连接、三村联动、三园建设、三生融合、三方协同。

③ "五个共"：形象识别共用、公共服务共享、数字集成共治、产业项目共富、人居环境共建、文化品牌共创。

团共富示范带，建立乡村产业可持续发展、创业极具活力的乡村共富模式。

孟姜未来乡村连片发展实验区涉及云溪乡、高家镇、浮石街道三个乡镇（街道），核心是孟姜村、枫树底村、浮东村。三村历史悠久，诗路文化资源丰富。孟姜村的古塔，名为黄甲山塔，因坐落在衢江边黄甲山丘陵上而得名。该塔建于明万历年间，为九级六面阁式砖塔，高39.1米；古代时是江上舟船导航标志，如今成为标志性建筑，是衢江古老文明的见证，2011年被列为省级文保单位。近年来在该村发现西周时期大型土墩墓10座。其中3号土墩墓规模最大、出土文物最多。出土的西周时期青铜车马器，以及同时期组合最完备的原始瓷器和最丰富的玉石器，属省内首次发现，在国内也极为罕见。枫树底村坐拥一线江景，拥有约2公里江岸线，地势平坦，视野辽阔，在明清时期是天然良港，现遗存有章德埠头。该村曾大力发展柑橘等特色农业产业，沿江农旅产业项目已形成一定规模的集群效应。浮东村在历史上是一个渔民村，对岸就是樟潭古渡。该村目前流转1500多亩抛荒地，用于打造千亩油菜花海，另外还设有溪滩驿站、古渡小院等多家特色农家乐。古道文化、西周文化、古渡文化、渔俗文化等成为特色文化，为实验区打造提供了文化基础，亦为主题凝结、视觉形象设计和场景设计提供了人文依据。

（一）主题凝练——江花共映，礼乐和鸣

主题凝练需要从自然和人文两个方面进行综合考虑。从生态资源禀赋来看，该区域一大特色是江河与花海的组合。"江花"是古诗中的常见意象。"日出江花红胜火，春来江水绿如蓝，能不忆江南"（[唐]白居易《忆江南》）；"百丈牵江路，行穿夹岸花。时怜一水曲，远爱数峰斜。林下见垂钓，溪边逢浣纱。武陵如在眼，仿像羽人家"（[明]薛蕙《江花》）。两诗都直接描写了江花之美。"花里看江，江里有花"，"江花"能够彰显孟姜未来乡村"江花共映"的生态意境。

从人文资源禀赋来看，该区域一大特色就是孟姜西周文化。中国传统礼乐文化起源于周代，衢州又是中国南孔文化圣地（"有礼"已成为衢州文化金名片）。"乐者，天地之和也；礼者，天地之序也。和，故百物皆化；序，故群物皆别。"（《礼记·乐记》）礼序乾坤，乐和天地，礼乐精神代表了中国文化的和谐本质。"礼乐和鸣"不仅代表了传统的和谐思想，而且意味着当下人们对快乐人生、美好生活的期待。

（二）标志设计

　　乡村景观设计需要乡土性表达，要求从乡村文化、生活本身出发。基础视觉设计时可以收集孟姜出土的青铜器、玉器等照片进行纹样及色彩提炼。作为视觉形象体系的基础元素，是标志的丰富和补充，能够起到强化标志

图 6-55　实验区标志

形象的作用。标志图形以孟姜三村与三岛地形为基础进行立体化处理，体现孟姜未来乡村"三园带动三村、联动三岛"之发展结构。整个图形整体形态又似一位作揖的人，体现周代的礼文化。标志色彩采用西周青铜绿、青铜蓝等，体现乡村历史悠久之底蕴（图 6-55）。同时将标志与孟姜元素应用在名片、胸针、礼品袋、水性笔、一次性纸杯等文创产品中（图 6-56）。

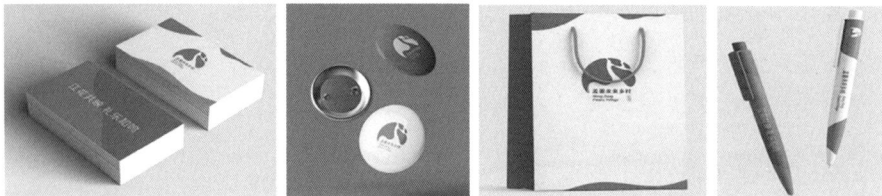

图 6-56　文创产品

　　设计团队在设计中也运用了一些数字艺术手段，以使设计出来的造型更加丰富、直观。利用数码美术的加工与打磨，能够将原本的图案架构打破，让作品呈现出多元化的诠释，扩大观众的观赏渠道，避免审美疲劳。实验区标志借助 CorelDRAW 软件制作，通过新建文档，点击钢笔工具，绘制出理想造型，选择颜色，然后将上好色的图案转换为曲线。衍生文创产品则是将绘制好的标志通过 PS 放到产品上即可。数字技术可以将人们以前脑海中所不敢想象的元素变成现实，通过计算机软件的运用，可实现各种元素的加工、整合，生成没有出现过的元素，最终在设计作品中体现出来。

（三）IP 形象设计

　　基于对实验区的探索，"未来乡村"的主题在有了一些影响力后，还需进一步挖掘、开发。在这个形态转化的过程中，就要求 IP 形象的整合介入。该

形象设计主要以手绘方式，采用"一笑三千年"的玉扣的主体形象。在外形上使用了更为圆润的线条，意在体现孟姜村亲和、友善的形象特质；同时，融入西周特有的服饰文化要素，彰显"和礼"的形象主旨（图6-57）。

图6-57 两组IP形象设计

二、九大场景设计

孟姜未来乡村连片发展实验区及核心区的平面布局图如下（图6-58、图6-59）。按照未来社区顶层设计的要求，需要打造未来的产业、风貌、文化、邻里、健康、低碳、交通、智慧、治理九大场景。

图6-58 未来乡村发展实验区平面布局图

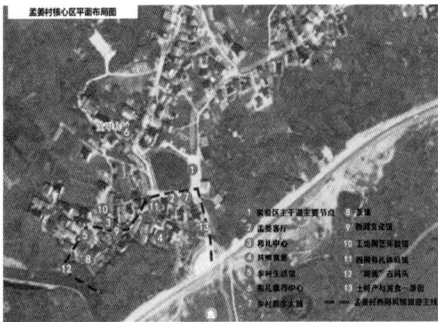

图6-59 孟姜村核心区平面布局图

（一）未来产业场景——联盟发展，农旅融合

设计内容：花语世界生态产业园、共富工场等。

衢州有礼诗画风光带已建设完成，围绕着孟姜塔、花海等沿衢江节点，已经聚集一定的人气和形成一定的知名度。今后将以"农业园＋文化园＋后花园"为农文旅产业建设重点，建成以花语世界生态产业园为核心的未来农业园，以考古遗址博览园为核心的文化园，以衢州有礼后花园为核心的乡村花园；成立强村联盟，实施委托公共服务、委托资产管理、实体化运营服务等业务，实现村集体产业有发展，村民在家有钱赚；建立农业服务共富综合体，推动形成政府搭台、企业"唱戏"、农户参与的合作共赢模式；建立新媒体创业平台，汇聚企业主体、新农人力量，形成创业、就业良好氛围。

突出经济发展一体化，建立三村经济发展共同体，以强村公司社会化经营带动村庄发展，探索建立以"村集体＋社会资本＋公司＋专业合作社＋农户"为路径的共富利益联结机制。孟姜村、浮东村、枫树底村三村村集体成立村庄运营委员会，统一管理村庄经营事务；三村合作社按照各自参股4：3：3的比例与社会资本进行1：1联合入股，成立共富工场（图6-60）。同时农户可按照100元/股的配股要求以自有资金入股，享受社会化经营带来的定期收入分红。强村公司通过委托公共服务、资产管理以及实体化运营服务获得收入。为实现村庄运营的透明化、体现全民参与的积极性，运营委员会每半年召开一次实验区居民发展大会，实现活动联办、发展联促、利益共享。

图6-60 共富工场效果图

（二）未来风貌场景——西周古韵，古越农桑

设计内容：主入口、枫树底村三秋文化园、"周渡"三个码头、原生鞋滩等。

通过主入口景观打造，农房整治和风貌提升，沿江绿道、美丽庭院、"一米菜园"等项目建设，已基本展现出浙西民居风貌。进一步推进"微改造，精提升"工作，融入玉玦、人脸玉饰、青铜马头等文化元素，统一布设特色鲜明、具有西周主题特色的设施标识系统及道路指示牌。山、水、田等自然风貌层面，将围绕古越水埠文化，重点建设"周渡"古码头，体现古越农桑特色的衢州后花园亮丽风貌。

未来乡村发展实验区分东西两个入口，东入口位于枫树底村，西入口位于西滩村。村庄的入口即村口，是村庄规划建设中非常重要的部分，它关乎村庄的整体形象。乡村入口空间在当前语境下，不应孤立苍白且仅为平面形态，而应在规划设计时，将其塑造成由成体系的特色微空间组成的有序序列。它是一种与整体环境相和谐、有丰富空间的景深，支配着人的精神世界由里到外地转化。在设计中充分考虑孟姜现有的材料元素，以夯土为基础，以玉珏为主体元素，以青铜为装饰元素，整体上更具西周古韵（图6-61）。

图6-61　实验区东西入口效果图

在街道设计实践中落实共建共享理念。乡村设计对街道功能、空间、场景的考量，要契合街道使用者的实际需求，达成街道设计与街区发展的有机融合，以街道建设推动街区发展。设计团队通过对西周建筑语言的提取，利用夯土材料，将村落街道打造成具有西周韵味的特色空间（图6-62）。

图6-62　孟姜村巷道提升效果图

图6-63　码头节点效果图

图6-64　景观节点效果图

打造码头节点，尤其是古渡口时，增添一些特色设施。如增加打卡装置，该装置使用耐候钢的金属外框，主要展现码头船舶渡河的场景（图6-63）。从正面看，景观装置、人物与三岛的背景巧妙融合（图6-64）。结合游船码头等重要景观节点，选取部分观赏性较佳的景观植物为主景，打造不同植物主题的特色节点。岸边设置全线亲水游步道，与亲水平台、铺装平台相结合，构建多层次漫游系统。河道两岸全线布置夜景亮化设施，方便游人夜晚休闲漫步。

孟姜村加强乡村建设规划，尊重乡土风貌和地域特色，在设计中保留村中原有街巷纹理和特色元素，推进乡村"微改造、精提升"工作，着力创建美丽民俗田园，维护原生生态环境。将田园景观与孟姜特色农居设计、村庄环境整治、景观风貌特色管控指引、公共空间节点设计等内容有机融合，形成协调统一的整体，打造独具魅力的民俗田园风光特色。

（三）未来文化场景——古今融合，以乐为怀

设计内容：姑蔑王陵墓古遗址公园、花语世界生态产业园、土特产与美食一条街、孟姜客厅、茶馆、西周文化馆、工坊陶艺体验馆、西周有礼体验馆；衢江渔文化节、非遗美食音乐节、中国帆船城市超级联赛（衢江站）、农民丰收节、"姑蔑跑"趣味比赛，等等。其中，孟姜客厅、西周文化馆等一系列室内场景的设计，从孟姜村村落的整体环境与特有的周文化主题出发，借鉴朝代特征；选材用料考虑当时的生产水平，提取材料来源于自然，草、木、石、土，室内与景观整体考虑用材，体现周朝的文化魅力；深度挖掘周文化的时代性内涵，运用年轻化、自然简约的设计语言，通过精心提炼和生动呈现西周美学中的"意境之美"，营造一个舒适、轻松的精神栖息之所。

结合"秋分"节气文化，在现有风貌基础上，提升、深化、突出"秋韵"主题，使之更为鲜明，并打造"三秋文化园"。三秋，即秋色、秋食、秋俗。赏"秋色"：在现有基础上，重点突出打造三村两岸"秋景"，如在枫树底移植枫树，形成林带，打造枫树底之"枫林晚照"，以及花语世界之"金桂飘香"、孟姜花海之"泥金万点"等特色景点。选择菊、桂等秋季开花植物，在花语世界、孟姜花海打造"秋韵花语"等季节景观。品"秋食"：以特色食品、节庆等方式突出餐饮的"秋季"特色，如秋食节等节日和桂花糕、桂花鱼等时令食品。过"秋俗"：以"秋分"（农民丰收节）（图6-65）为主，七夕、重阳、中秋、国庆四大节日为辅，策划举办具有地域特色的民俗、节庆活动。

图6-65　农民丰收节效果图

重点挖掘并活化西周姑蔑文化和古越商埠文化，同时体现渔家文化、农耕文化、非遗文化和红色文化等内涵。在现代乡村旅游坐标下，策划"亲子互动＋趣味体验＋手礼文创＋和礼中心""民宿＋夜市＋茶吧（咖啡吧、酒吧）＋古桥、古码头""花语世界＋四季田园＋竹篾体验"等一系列游线，制作文创产品，举办非遗美食音乐节、中国帆船城市超级联赛（衢江站）、农民丰收节、"姑蔑跑"趣味比赛等一系列赛事活动。以花语世界生态产业园为农业产业布局中心点，聚合周边三村农业资源，形成现代农业园。园区探索统一技术、统一管理、统一包装、统一销售模式，依托"衢江山农"平台，探索从卖鲜花、卖原料到卖产品、卖服务、卖品牌的转变，提高园区产品价值增值能力；以农业带动文化和旅游业，谋划系列游线，园区内举办系列赛事，形成集"礼、夜、花、文创、摄影"等主题于一体的旅游品牌，实现"村＋企""农＋文＋旅"融合式发展的良好格局。

（四）未来邻里场景——邻里和睦，乡风和谐

设计内容：和礼中心（和睦客厅、幼托中心和幸福学堂）、共飨食堂、乡前生活馆等。

邻里场景是承载人民对美好生活的向往之情的重要载体。目前我国部分邻里环境存在着质量参差不齐、邻里关系淡漠以及居住相关行业支持匮乏等问题。因此，应以满足民众切实需要为规划设计原则，构建与"衣、食、住、行、游、产、学、育"密切相关的景观情境；借助以人为本、师法自然的理念和数字中国建设成果，打造宜居、宜游、宜购、宜研、宜养的未来社区邻里空间场所概念（图6-66）。

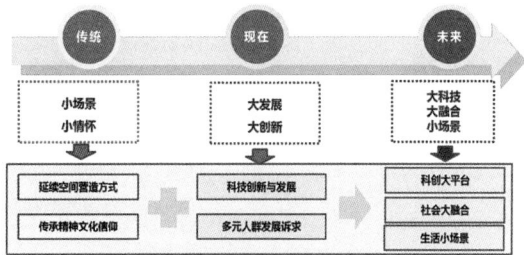

图 6-66　邻里场景传统、现在、未来对比

上述未来社区邻里空间场所概念体现出对人们的精神方面的关爱。它以物质空间为载体，将文化景观化或可视化，进行文脉传续，以智能管理和统一控制为基础，维持保障机制，创造融洽的小区氛围，构建一个绿色生态的小区景观。

在营造物质空间的过程中，将注意力集中到了空间作为文化和精神载体的形式表现上；与此同时，还对人们在空间中的行为进行了关注，从而形成了以在地性特色为主要特征的社群文化。传续历史文脉，沁润小区精神，提高地区文化水平，营造有情、持文、知礼的社会主义新时代的小区。

在规划设计小区活动方面，以居民的生活需要为基础，策划出了一种群体性的效果，可以为社区居民提供"衣、食、住、行"等有效的活动。在此基础上，对活动的盈利方式进行了全面的研究，以期达到活动经营管理的可持续发展目标。在管控治理方面，首先要网格化确定社会控制的单元尺度，形成"小区—组团（街道）—控制单元"的管理体系。在上述基础上，借助电子化智能网络平台，高效并安全地实现小区精确、细致、周到且具备人文关怀的管理。

孟姜未来小区在规划中将邻里中心改造为和礼中心，由和睦客厅、幼托中心和幸福学堂等组成。下一步将形成以和礼中心为主的互动圈，定期策划活动，解决村民问题，推动邻里互助。针对不同年龄段、不同成长需求的未成年人，为其提供差异化服务，如完善幼儿活动的室内外空间及配套设施，开展"一对一"温情结对志愿活动等。建立"共同体＋邻里文化"制度创新支撑的乡村邻里设施管护运维体制机制，不断提炼"家园·礼"文化，在生产、生态融合的基础上，促进群众生活相融、人文相亲、民心相通（图6-67）。

图 6-67　和礼中心等场景设计意向图

邻里空间共享、共建、共承、共创且开放，有利于形成"功能复合，共享融合"良性发展的社会公共空间；数字化平台可以对上述物质空间进行单元控制和促进共建，实现文化的共管甄别、开放共享、共同监督、有序传播（图6-68）。节日活动的筹办，有利于提升邻里间的互助情谊，建构互助互爱的公共参与体系，达到社会和谐之目的。

图 6-68　邻里空间关系

（五）未来健康场景——重养强治，全民健康

设计内容：智能跑道、福礼康养中心等。

智慧跑道是指在新建或原有跑道的基础上，运用"互联网＋"的思维，与物联网、大数据、信息智能终端、AI等新技术结合，以智慧互动大屏、沿途数据采集站为载体，自动统计跑步时间、跑步距离、分段配速等，并向健身跑者提供身体物理数据、能量消耗等信息（图6-69）。

图6-69　智慧跑道意向图
图源：https://sports.sohu.com/a/742576704-120244154

在未来的健康场景中，注重从人群的健康需要出发，通过技术和环境的融合，构建一个人和环境共同促进人类健康发展的公众活动空间。以乡村康养、养老、医疗服务功能为主，延伸和礼中心健康场景功能。建成由智慧篮球场、智慧健身器械广场、沿江游步道等组成的15分钟健身圈。下一步，将立足村域"全生命周期"全民健康智慧管理，着力构建"居家养老—村级养老—机构养老"的三级养老模式，为老人提供日间托管服务；并加强孤寡老人居家情况远程监控智能系统建设，以便于家人及网格员实时掌握家中老人的健康状况；常态化举办健康知识讲座、健康检查等活动，加强健康知识的科普，提升全民身体素质（图6-70）。

图6-70　健康场景意向图
图源：https://kknews.cc/emotion/
z9oe341.html#google-vignette

健康场景周围的疗愈景观空间也是孟姜村设计的一大特色。疗愈景观空间的构建可对现有健康景观进行有益的补充，进一步提高公众对健康景观的认知水平，为构建健康可持续发展的人居环境奠定坚实的基础。疗愈景观所起到的健康提升功能涵盖了身体、心理和社交等多方面的健康，既有利于提升小区居

民的身体素质，又有利于改善其对环境的适应性和社交能力。创造出一个景观疗愈空间，不但可以增加人们的舒适感、自然感和安全感，还能减少都市中的性健康问题和降低心理疾病的发病率，增强人们的总体身心健康，促进社交活动的良性发展。

（六）未来低碳场景——屋顶海绵，绿色设施

设计内容：建筑屋顶海绵技术、绿色公共设施设计等。

在梅雨期，传统南方建筑的屋顶容易积水，大部分雨水外排至市政管道，造成水资源浪费。另外，建筑屋顶没有具体使用功能，大面积闲置，致使空间利用率低。因此，在孟姜运用低碳场景时，借助屋顶海绵技术以及植物的多层次组合栽种方式，在降雨过程中，对雨水进行吸附，利用植被的根系进行净化和渗透，并将雨水通过雨水桶进行蓄积，以便循环使用。绿色屋面的底层由多层次的轻质土层、防根系渗透层、过滤层、排水层和防水层等构成，并对建筑表面进行防护（图6-71）。将不同等级的植被结合在一起，构成了一个半私密式的屋顶花园，既能为大楼增添更多的公众活动场所，又能创造出更多的屋顶园林景观。而不同种类的绿地和不同层次的植物结合，又能有效地吸附建筑物的热能，减轻热岛现象，创造适宜居住的空间环境。

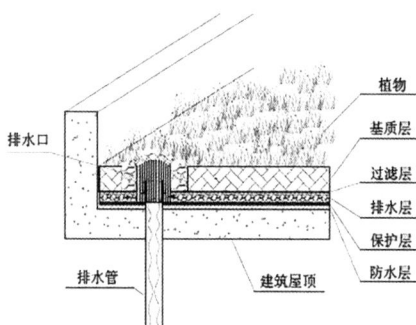

图6-71 屋顶海绵技术示意图

在设施建设层面上，通过增加绿色基础设施、增设城市绿地和公园、提升垃圾处理和污水处理能力等低碳措施，增加碳排放监测功能，提供城市级一体化的碳排放监测和数据采集，形成"双碳大脑"，有利于促进城市与自然生态的和谐、可持续发展。孟姜村将姑蔑古国王陵作为重点项目，在公共设施设计方面，提取王陵中出土的青铜器纹样，用在公共设施的顶部，将黄色夯土材质与青铜色铝板相结合，构成整体效果（图6-72）。一级导视牌面板采用数字化智能屏，并将实验区总平面图、三村导览图导入（图6-73、图6-74）。系统通过太阳能光伏板供电，直接利用可再生能源，无须传统能源开采与运输，不会污染环境。

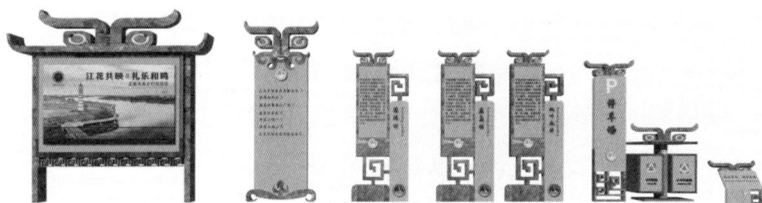

图 6-72 绿色公共设施设计

图 6-73 数字化智能屏内容设计之总平面图

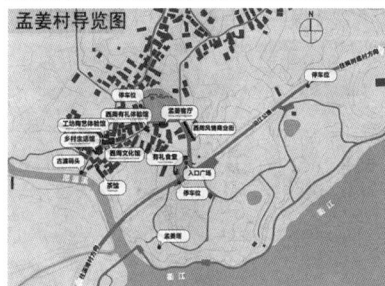

图 6-74 三村导览图

（七）未来交通场景——人畅其行，车畅其道

设计内容：主干街道、孟姜村西周风情旅游主线、沿江绿道等。

人畅其行，"未来社区"居民出行过程中最为关键的环节是解决便利化问题。出行便利化程度不仅反映了出行的质量，也反映了出行的效率，是交通出行回归"以人为本"最直接的体现。未来社区将以居民慢行顺畅、10分钟到达公交站点为目标，打造10分钟"慢行＋公交"的交通出行链。车畅其道，不仅指的是动态交通的通畅，更包含了静态交通的顺畅。"未来社区"动态交通将采取打通社区内部公共交通微循环和"人车分流"等措施，完善10分钟"慢行＋公交"交通出行圈；"未来社区"静态交通将通过便捷停车新服务、共享停车新机制、绿色停车新设施等方面，实现车辆的5分钟取停。

强化村落主干道提升建设（图6-75）。合理设置新能源汽车充电桩、生态停车场、快速公交站等公共交通服务设施。设置规范、精致的标识标牌和智能导游系统，打造设计合理、便捷通畅、安全美观的绿道交通。对非机动车道和人行道进行统一规划，并与主干道路相连，形成内部和外部顺畅的非机动车和行人交通体系。道路斜坡的设置充分考虑了行人和手摇助力三轮车等残障特殊群体的需要。重点设计非机动车停放设施与行人停留休憩空间。对于社区内不归属于街道的慢行空间，需考虑结合小区的建筑布置特征进行规划。在重要的小区功能区之间、小区内部通勤线路上，以及小区与外部联系的公共交通站点节点处，均需要统筹安排，并且重点考虑布设风雨连廊等具备无障碍、避风雨、防湿滑等功能的人性化设施。

图6-75 实验区主干道主要节点效果意向图

设置孟姜村西周风情旅游主线，保持线路畅通、美观，重点打造沿线节点景观（图6-76）。提升孟姜村沿岸绿道品质，配置BOSE音响，让市民可以一边听歌，一边跑步。绿道沿线增设驿站、休息点、便民服务中心、雕塑公园等。

图 6-76　孟姜村西周风情旅游主线节点效果意向图

（八）未来智慧场景——信息便捷，智能管理

根据省农业农村厅统一部署，安装实施"浙里未来乡村在线"，依托数字管理手段，深化孟姜数字化应用，建立"智慧网格"，推动"一图一码一指数"落地，实现智慧治理、智慧共享农场、智能垃圾分类、智慧停车、智能充电站、智能居家养老等数字化场景应用落地（图 6-77）。通过"数字信用全局感知"影像，对区域内的行为监管、信用状况等进行动态展现，精准绘制区域信用画像。在大数据的基础上，将重点群体、风险预警信息推送到区级的"云智衢江"和乡镇级的"四平台"智慧治理中心，从而实现"信用信息大联通""治理信息大融合""监管力量大联动"。

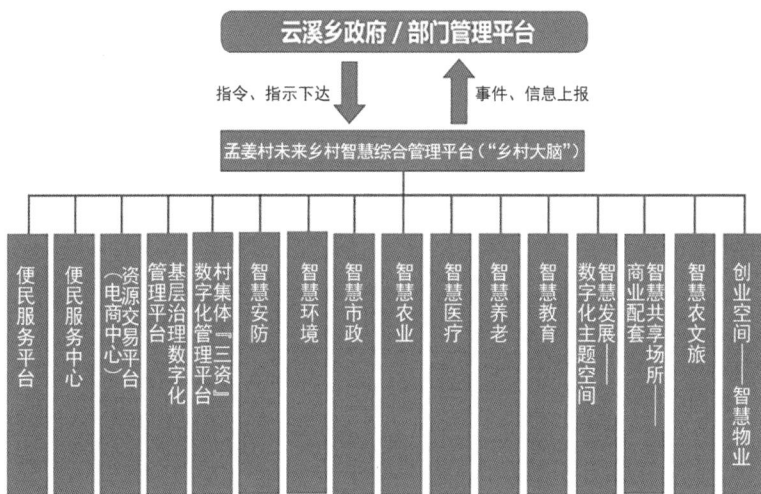

图 6-77　智慧平台架构

（九）未来治理场景——党建联盟，协同治理

打通三个村党支部壁垒，建立由孟姜村、浮东村、枫树底村党支部共171名党员组成的党建联盟（图6-78），实现组织共建、资源共享、事务共商、党员联管；依托"云智衢江"，建设"1+1+N"（"乡村大脑"+"雪亮工程"+N个数字化应用）乡村数字化治理网格，以数字化服务体系推动治理发展资源分配效益最大化，形成未来乡村整体智治、高效协同治理格局。通过推动"区乡一体、条抓块统"省级试点改造，创新部门联办"一件事"集成改革，建设"云智衢江"智慧治理指挥平台。打造最优营商环境，推进"最多跑一次"改革，依托数字技术建设信用衢江。打造智能小区治理平台，为小区数字化治理提供衢江样板。

图6-78 党建联盟架构图
图源：衢江区政府

以上是孟姜未来乡村实验区三村连片发展景观设计的相关内容，主要从视觉形象与重点场景两方面展开。特别是在场景设计中，数字化将得到全面体现。如健康场景、智慧场景、治理场景的设计是高度智能化、数字化的。产业、风貌、文化、邻里、交通等场景中，也都有数字技术广泛介入。在一些场景或重要节点，可以增加数字艺术装置。数字化是诗路乡村、未来乡村的建设方向。通过数字化赋能诗路乡村景观设计，从而助力乡村（小区）实现新型化、未来化转型与升级。

本章小结

　　数字技术介入诗路地理环境、田园农业、艺术乡建、乡村治理等场景设计，在婺城"花木之窗"农村产业融合发展示范园等众多项目中得以具体实施。浙江诗路建设明确要求推进数字串"珠"，建设一批数字诗路 e 站。金华诗路驿站主要运用石墨烯投影技术，以增强互动性、场景化效果。"数字诗路"建设，需要尽可能展示诗路真实场景，融入美丽乡村建设成果，做到文质统一。孟姜未来乡村实验区连片发展，按照"人本化、生态化、数字化"要求，以及创建"体验数字生活、呈现未来元素、彰显江南韵味"乡村新小区这一目标，逐一完成乡村新小区的建设指标，对该实验区的产业业态、景观风貌、文化内涵、邻里建设、民众健康、双碳建设、内外交通、智慧治理、小区治理等九大场景景观进行有效设计。基于"数字赋能"策略的场景化设计方法赋予了诗路乡村景观感染力与诗意。

结　语

　　神秀之浙东、清丽之运河、风雅之钱塘、灵秀之瓯江，浙江四条诗路各有其"美"。浙江诗路乡村也都有其"美"，且这种美是一种本真的、诗性的江南之美。浙江诗路文化是江南文化的典型形态，以审美自由为基本理念，本身就具有厚重的诗性。诗路景观设计就是要把浙江乡村的那种经典的江南诗性之美进行还原、建构。浙江在美丽乡村建设方面卓有成效，而这些成果提供了坚实的设计基础，丰富了诗路景观设计的内涵。以路为媒，诗性引领，展示乡村和美画卷，必将推进浙江全域和谐发展，开创出浙江乡建的新局面。

　　通过浙江诗路乡村景观策略与方法的研究与实践，课题组深刻领会到浙江诗路乡村景观设计的意义和价值，认为进一步推进这项设计尤其需要坚持"活""长""靓""连"四字方针。

　　一是让乡村"活"起来。传统村落形成时间较早，积累了浓厚的传统文化，是现成遗产中的瑰宝和承载文化的活样本。乡村景观设计要有科学理念指导，杜绝大规模的改造、改建，尽可能利用现有的自然、人文资源，还原乡土本色，唤醒乡土诗性。尤其是要化静为动，激发乡村景观的活力，使乡村得到可持续发展。

　　二是让乡村"长"起来。每一个传统乡村都是一个潜在的系统，各种景观要素是相互联系的。要把这些要素集合在系统当中，统一在空间格局当中，让它们得到"生长"。保护传统村落，不仅要保护传统建筑，而且要保护空间格局。因此，乡村景观设计要使得文脉有效传承、生态环境良性循环、农业产业可持续发展，使它们都得以健康生长。

　　三是让乡村"靓"起来。乡村诗意的本义就是乡村美。要充分利用乡村的乡土元素，展现乡村文化，展现乡村之美。每一个乡村都有它的个性。在保护、利用过程中，有效处理实用与审美的关系。从村民的需求出发，保证村民的便利，同时适当考虑游客的体验感受。美化村容村貌，营造舒适的环境，需要增加一些艺术装置和体验场所，勃发诗意。总之，要立足现实，延续过去，指向未来，让乡村实现真正的"诗性生长"。

四是让乡村"连"起来。乡村并不是独立的存在。之所以称为"诗路乡村"，是因为这些乡村都处在诗路带上，它们是诗路的重要构成部分，且作为重要的节点而存在。而浙江诗路文化具有深厚的传统，这种传统的形成又在很大程度上与传统村落的存在具有密切关系。正所谓无点不成线，每一个传统乡村都有独特的存在价值。在景观设计过程中，要充分考虑交通、艺文、生产、生活、生态等各种因素，集中连片，推进全域发展。

浙江诗路乡村景观设计具有无限的想象空间和拓展方向。目前，诗路文化带建设在浙江大地上正如火如荼地展开，已经取得了一些显著的效果。但是我们通过调查，深刻地感受到四条诗路带沿线各地的发展仍然很不平衡。景观设计的根本目的在于助力诗路乡村振兴，改善人居环境，提高乡村生活质量，实现"美好生活"的意愿。本书主要选择了一些有代表性的节点展开设计。其中有些节点的设计，包括东叶村、鹿田村、九龙村等，都已付诸实践，并得到专家、政府部门的认可。通过诗路文化的融入和提升，诗路乡村的文旅产业效益、村民的生活满意度得到显著提高。事实证明，这些策略和方法的使用是卓有成效的。今后我们将继续与政府部门通力合作，开展乡村景观设计。当然，由于各种原因，本研究与实践中的设计节点较集中在钱塘江诗路沿线，对于其他三条诗路节点仅做了一些前期调查和分析，付诸设计、实践的力度仍然不够。这需要课题组争取日后与相关部门、乡村深入展开合作，持之以恒地做下去。

本书稿的形成过程实为艰难，主要原因在于课题的难度、材料整理的烦琐与设计本身的要求。目前关于浙江诗路乡村设计，并无同类论著可以参考，可以说这是全新的设计领域，需要有探索的精神和充足的知识储备；四条诗路覆盖浙江全省，相关的调查也需要一个较长的过程，对调查资料、数据的整理很费工夫；通过整理、分析，提出适宜设计的策略与方法，也是不易之事；具体到每个乡村的景观设计，也要基于这个节点的历史文化、生产生活、地理生态等有针对性地展开景观设计；等等。行文中已尽可能地将相关思考和设计成果通过文字、图片等形式呈现出来。

本研究与实践成果，亦可谓对当下乡村景观设计模式的丰富。但是在实际的工作开展中有三方面的不足仍需改进：一是相关的乡村景观设计成果吸收不多，除纳入课题组成员已发表的一些论文成果（分布在第3—5章）之外，其他参考较少；二是如上面所述，四条诗路兼顾不够，实践项目主要集中在钱塘江诗路范围；三是部分章节有待深化，如第三章"个案分析"部分述多论少，最后一章关于数字诗路乡村振兴尚未能够完全展开；等等。日后我们将强化创新，继续调整和完善。同时，恳请专家和读者批评指正，并给予宝贵建议。

主要参考文献

（一）论著

安娜佩泽蒂.层次形态与潜在结构:解读与改写提升历史乡村景观 [M].上海:
　　同济大学出版社，2019.

安宇，沈山.运河文化景观与经济带建设 [M].北京:中国社会科学出版社，
　　2014.

白居易.白居易全集 [M].丁如明，聂世美，校点.上海:上海古籍出版社，
　　1999.

北京画院.李可染的世界·写生篇——千难一易 [M].南宁:广西美术出版社，
　　2012.

伯林特.生活在景观中——走向一种环境美学 [M].陈盼，译.长沙:湖南科学
　　技术出版社，2006.

本书编委会.杭州简史 [M].杭州:杭州出版社，2016.

本书编写组.中共中央国务院关于实施乡村振兴战略的意见 [M].北京:人民
　　出版社，2018.

波默.气氛美学 [M].贾红雨，译.北京:中国社会科学出版社，2018.

博伊姆.怀旧的未来 [M].杨德友，译.南京:译林出版社，2010.

布拉萨.景观美学 [M].彭锋，译.北京:北京大学出版社，2008.

陈平.乡土浙江及周边省市古村镇行走指南——含上海 安徽 江苏 福建 江西
　　[M].北京:中国地图出版社，2012.

陈望衡.中国古典美学史（上卷）[M].南京:江苏人民出版社，2019.

陈志华，李秋香.楠溪江中游 [M].北京:清华大学出版社，2010.

陈志华.楠溪江中游古村落 [M].北京:生活·读书·新知三联书店，2015.

陈祚明.采菽堂古诗选（中）[M].李金松，点校.上海：上海古籍出版社，2019.

戴代新，戴开宇.历史文化景观的再现[M].上海：同济大学出版社，2009.

单霁翔.走进文化景观遗产的世界[M].天津：天津大学出版社，2010.

刁文慧.五世纪到七世纪风景诗审美范式研究[M].北京：北京语言大学出版社，2015.

杜威.艺术即经验[M].高建平，译.北京：商务印书馆，2011.

范成大.吴郡志卷十九·水利上[M].陆振乐，点校，南京：江苏古籍出版社，1999.

范之麟，吴庚舜.全唐诗典故辞典（上）[M].武汉：湖北辞书出版社，1989.

费孝通.乡土中国[M].上海：上海人民出版社，2006.

丰子恺.丰子恺文集·艺术卷一[M].杭州：浙江文艺出版社、浙江教育出版社，1990.

冯骥才.20个古村落的家底：中国传统村落档案优选[M].北京：文化艺术出版社，2016.

付军.乡村景观规划设计[M].北京：中国农业出版社，2017.

葛晓音.山水有清音：中国古代山水田园诗鉴要[M].北京：北京出版社，2019.

顾军，苑利.文化遗产报告：世界文化遗产保护运动的理论与实践[M].北京：社会科学文献出版社，2005.

郭顺义，杨子真.数字乡村：数字经济时代的农业农村发展新范式[M].北京：人民邮电出版社，2021.

郭思.林泉高致[M].杨无锐，编著.天津：天津人民出版社，2018.

海德格尔.人，诗意地栖居：超译海德格尔[M].郜元宝，译.北京：北京时代华文书局，2017.

汉语大字典编辑委员会.汉语大字典（第2版）（第1卷)[M].成都：四川辞书出版社，2010.

豪厄尔斯.视觉文化[M].葛红兵，等，译.桂林：广西师范大学出版社，2007.

黄铮.乡村景观设计[M].北京：化学工业出版社，2018.

计成.园冶[M].胡天寿，译注.重庆：重庆出版社，2009.

江少川，朱文斌.台港澳暨海外华文文学作品选[M].武汉：华中师范大学出版社，2013.

杰克逊．发现乡土景观 [M].俞孔坚，等，译．北京：商务印书馆，2016.

金丹元．比较文化与艺术哲学 [M].昆明：云南教育出版社，1989.

金午江，金向银．谢灵运山居赋诗文考释 [M].北京：中国文史出版社，2009.

卡尔松．自然与景观 [M].陈李波，译．长沙：湖南科学技术出版社，2006.

凯利．走向自由——休闲社会学新论 [M].赵冉，译．昆明：云南人民出版社，
2000.

克朗．文化地理学 [M].杨淑华，宋慧敏，译．南京：南京大学出版社，2005.

赖勤芳．休闲美学：审美视域中的休闲研究 [M].北京：北京大学出版社，
2016.

老子 庄子 [M].王弼，郭象，注．陆德明，音义．上海：上海古籍出版社，1995.

李君．数字化与乡村旅游空间布局 [M].长春：吉林人民出版社，2022.

李秋香，陈志华．新叶村 [M].北京：清华大学出版社，2011.

李渔．闲情偶寄·窥词管见 [M].杜书瀛，校注．北京：中国社会科学出版社，
2009.

李渔．闲情偶寄·图说（下）[M].济南：山东画报出版社，2003.

梁启超．梁启超全集（第 11 卷）[M].北京：北京出版社，1999.

林方喜．乡村景观评价及规划 [M].北京：中国农业科学技术出版社，2020.

林轶南，严国泰．线性文化景观的保护与发展研究——基于景观性格理论
[M].上海：同济大学出版社，2017.

刘义庆．世说新语 [M].黄征，柳军晔，注释．杭州：浙江古籍出版社，1998.

卢福营，等．当代浙江乡村治理研究 [M].北京：科学出版社，2009.

鲁苗．环境美学视域下的乡村景观评价研究 [M].上海：上海社会科学院出版
社，2019.

罗，科特．拼贴城市 [M].童明，译．北京：中国建筑工业出版社，2003.

吕勤智，黄焱．乡村景观设计 [M].北京：中国建筑工业出版社，2020.

吕志江．家乡的那条河——走读京杭大运河（浙江段）[M].杭州：浙江教育出
版社，2014.

马洪路．人在江湖——古代行路文化 [M].南京：江苏古籍出版社，2002.

马学强，何赤峰，姜增尧．八百里瓯江 [M].北京：商务印书馆，2016.

毛丹，等．村庄大转型：浙江乡村社会的发育 [M]. 杭州：浙江大学出版社，2008.

孟诚磊．诗路遗珍：浙江诗路沿线文物资源调研报告 [M]. 杭州：浙江大学出版社，2021.

墨子 [M]. 毕沅，校注．吴旭民，标点．上海：上海古籍出版社，1995.

彭锋．美学的感染力 [M]. 北京：中国人民大学出版社，2004.

瞿明刚．三峡诗学 [M]. 济南：齐鲁书社，2006.

施建英．"生长德育"在思言 [M]. 上海：同济大学出版社，2017.

施俊天．诗性：当代江南乡村景观设计与文化理路 [M]. 杭州：中国美术学院出版社，2016.

孙景淼，林健东，等．乡村振兴的浙江实践 [M]. 杭州：浙江人民出版社，2019.

孙侃．"两山"之路——美丽中国的浙江样本 [M]. 杭州：浙江人民出版社，2017.

孙炜玮．乡村景观营建的整体方法研究——以浙江为例 [M]. 南京：东南大学出版社，2016.

索尔贝克．乡村设计：一门新兴的设计学科 [M]. 奚雪松，等，译．北京：电子工业出版社，2018.

陶宗仪．南村辍耕录 [M]. 李梦生，校点．上海：上海古籍出版社，2012.

滕贞甫．探古求今说儒学 [M]. 合肥：安徽文艺出版社，2015.

童庆炳，程正民．文艺心理学教程（第 2 版）[M]. 北京：高等教育出版社，2001.

王朝闻．会见自己 [M]. 济南：齐鲁书社，1991.

王朝闻．王朝闻全集（第 9 卷）[M]. 青岛：青岛出版社，2019.

王国维．王国维文集（下）[M]. 北京：中国文史出版社，2007.

王军围，唐晓岚．乡村景观变迁与评价 [M]. 南京：东南大学出版社，2019.

王其亨，等．风水理论研究（第 2 版）[M]. 天津：天津大学出版社，2005.

魏桥．浙江乡村旅游志 [M]. 合肥：黄山书社，1998.

邬峻．第三自然：景观化城市设计理论与方法 [M]. 南京：东南大学出版社，2015.

吴家骅．景观形态学：景观美学比较研究 [M]. 叶南，译．北京：中国建筑工业出版社，1999.

吴瑞芳．宁波传统村落田野调查·李家坑村 [M]. 宁波：宁波出版社，2020.

熊星，唐晓岚．乡村景观源汇博弈 [M]. 南京：东南大学出版社，2019.

徐复观．中国艺术精神 [M]. 桂林：广西师范大学出版社，2007.

徐弘祖 . 徐霞客游记校注 [M]. 朱惠荣，校注 . 昆明：云南人民出版社，1985.

徐鸿武，谢建平 . 和合之道 [M]. 北京：中国人民大学出版社，2016.

徐志平 . 浙江古代诗歌史 [M]. 杭州：杭州出版社，2008.

杨吉成 . 灵心诗性——诗性的中国文化 [M]. 成都：四川人民出版社，2008.

杨建华，等 . 进步与秩序：浙江乡村社会变迁 60 年 [M]. 杭州：浙江人民出版
　　社，2009.

杨万里 . 杨万里集笺校 [M]. 北京：中华书局，2007.

杨晓光，余建忠，赵华勤 . 从"千万工程"到"美丽乡村"：浙江省乡村规划的
　　实践与探索 [M]. 北京：商务印书馆，2018.

叶适 . 叶适集（中）[M]. 刘公纯，等，点校 . 北京：中华书局，2010.

俞孔坚 . 回到土地（第 2 版）[M]. 北京：生活·读书·新知三联书店，2014.

俞孔坚 . 景观：文化、生态与感知 [G]. 北京：科学出版社，1998.

张法 . 美学重要问题研究 [M]. 北京：人民出版社，2019.

张建萍 . 生态旅游理论与实践 [M]. 北京：中国旅游出版社，2003.

张苗荧 . "旅游 +"视野下江南古镇遗产旅游研究 [M]. 杭州：浙江大学出版社，
　　2017.

张奕，王炎松 . 梦回乡土：长江流域的名镇古村 [M]. 武汉：长江出版社，2013.

赵静蓉 . 文化记忆与身份认同 [M]. 北京：生活·读书·新知三联书店，2015.

浙江省湖州市吴兴区政协 . 走读清远吴兴 [M]. 杭州：西泠印社出版社，2017.

浙江省文史研究馆 . 浙东唐诗之路诗选 [M]. 杭州：杭州出版社，2021.

郑翰献，王骏 . 钱塘江诗词选（上下册）[M]. 杭州：杭州出版社，2019.

郑肇经 . 太湖水利技术史 [M]. 北京：农业出版社，1987.

中共浙江省委宣传部 . 开卷有益·大运河诗路 [M]. 杭州：浙江人民出版社，
　　2020.

中共浙江省委宣传部 . 开卷有益·瓯江山水诗路 [M]. 杭州：浙江人民出版社，
　　2020.

中共浙江省委宣传部 . 开卷有益·钱塘江诗路 [M]. 杭州：浙江人民出版社，
　　2020.

中共浙江省委宣传部 . 开卷有益·浙东唐诗之路 [M]. 杭州：浙江人民出版社，
　　2020.

周晓琳，刘玉平 . 空间与审美：文化地理视域中的中国古代文学 [M]. 北京：人民出版社，2009.

周永明 . 路学：道路、空间与文化 [M]. 重庆：重庆大学出版社，2016.

朱炜 . 跳上诗船到德清 [M]. 杭州：浙江工商大学出版社，2020.

竺岳兵 . 唐诗之路唐诗总集 [M]. 北京：中国文史出版社，2003.

竺岳兵 . 唐诗之路综论 [M]. 北京：中国文史出版社，2003.

卓军，章珠裕 . 江流石不转：三江两岸历史遗存 [M]. 杭州：杭州出版社，2013.

邹艳 . 月泉吟社研究 [M]. 北京：人民出版社，2013.

（二）论文

阿福，李玉祥 . 永嘉苍坡村：建在"文房四宝"上的古村落 [J]. 城市地理，2019（1）：116–121.

本刊综合 . "一文"含"四带"，十地耀百珠 浙江诗路文化带建设回眸 [J]. 浙江画报，2021（11）：10–21.

曾鹏，朱柳慧，蔡良娃 . 基于三生空间网络的京津冀地区镇域乡村振兴路径 [J]. 规划师，2019（15）:60–66.

常青 . 过去的未来：关于建成遗产问题的批判性认知与实践 [J]. 建筑学报，2018（4）：8–12.

陈国灿 . 钱塘江诗路的历史解读 [N]. 中国社会科学报，2022-02-28（6）.

陈国灿 . 浙江诗路文化建设的多维思考 [J]. 浙江师范大学学报（社会科学版），2019（4）：29–32.

陈凯 . 瓯江山水诗路社会文化构建的路径 [J]. 浙江工贸职业技术学院学报，2021，21（4）：64–68.

陈青 . 温州芙蓉古村建筑文化研究 [D]. 杭州：浙江理工大学，2010.

陈威泽 . 基于场景理论的大运河诗路文化数字文创产品体验设计研究 [D]. 杭州：浙江工商大学，2022.

陈媛 . 浙江桐庐深澳古村落人居环境研究 [D]. 杭州：浙江工业大学，2014.

程光炜，丁帆，李锐 . 乡土文学创作与中国社会的历史转型——"乡土中国现代化转型与乡土文学创作学术研讨会"纪要 [J]. 渤海大学学报（哲学社会科学版），2010，32（1）：49–67.

程述 . 诗路文化串起浙江文化精华 [J]. 文化交流，2020（11）：1.

崔小敬 . 富春江诗路文化特征刍议 [N]. 中国社会科学报，2022-02-28（6）.

丁俊，过伟敏 . 建构建筑的"新地域主义" [J]. 南京艺术学院学报（美术与设计版），2019（5）：92-99+210.

丁治宇 . 当代动态建筑设计手法研究——基于外部环境中的分形几何 [J]. 南京艺术学院学报（美术与设计版），2012（2）:187-189.

杜春兰 . 山地城市景观学研究 [D]. 重庆：重庆大学，2005.

范霄鹏，杨泽群 . 楠溪江中游苍坡村乡土聚落的田野调查 [J]. 古建园林技术，2016（4）：76-80.

范玉刚 . 乡村文化复兴视野中的乡愁美学生成 [J]. 南京社会科学，2020（1）：12-19.

冯艾琳 . 安昌古镇：一个原汁原味的江南水乡 [J]. 新长征（党建版），2020（7）：60.

傅丽 . 遗产廊道视角下的浙东唐诗之路旅游产品开发研究 [J]. 工业设计，2021（7）：141-142.

傅璇琮 . 走出唐诗的"唐诗之路" [J]. 中华遗产，2007（1）：32-33.

伽红凯，卢勇，陈晖 . 环境适应与技术选择：明清以来长三角地区特色农业发展研究 [J]. 中国农史，2021，40（4）：127-139.

高建平 . 美学的围城：乡村与城市 [J]. 四川师范大学学报（社会科学版），2010（5）：34-44.

耿朔 . 安昌古镇：闲坐说师爷 [J]. 同舟共进，2020（9）：70-72.

耿燕芳 . 江苏区域城乡统筹差异的实证研究 [D]. 扬州：扬州大学，2013.

侯雨桐 . 嵊州市华堂村人居文化保护与更新策略研究 [D]. 杭州：浙江工业大学，2019.

胡坚 . 浙江诗路之美 [J]. 文化交流，2021（10）：50-53.

胡晓明 . 略论中国文化意象的生产 [J]. 文艺理论研究，2007（1）：71-80.

胡晓鸣，张锟，龚鸽 . 河流对乡土聚落影响的比较研究——以浙江清湖及安徽西溪南为例 [J]. 华中建筑，2009（12）：148-151.

胡友峰 . 景观设计何以成为生态美学——以贾科苏·科欧为中心的考察 [J]. 西南民族大学学报（人文社会科学版），2019，40（4）：161-168.

胡正武.浙东唐诗之路新线拓展研究 [J].浙江水利水电学院学报，2021，33（3）：1–6.

扈万泰，王力国，舒沐晖.城乡规划编制中的"三生空间"划定思考 [J].城市规划，2016，40（5）：21–26+53.

黄建军.视觉文化的研究方法探析 [J].现代远距离教育，2009（4）：78–81.

黄万华.乡愁是一种美学 [J].广东社会科学，2007（4）：146–152.

景观学与美丽中国建设专业委员会.中国景观学宣言 [J].景观设计学，2016（6）：146.

赖勤芳.浙江诗路文化的美学品格 [N].中国社会科学报，2022–02–28（6）.

兰溪市高质量发展打造共同富裕县域样板领导小组办公室."水上诗路"丰富群众精神文化生活 [J].政策瞭望，2021（10）：51–53.

雷恩海，等.陇右唐诗之路 [N].光明日报，2019–10–28（13）.

李德辉.唐代两京驿道——真正的"唐诗之路" [J].山西大学学报（哲学社会科学版），2007（1）：23–27.

李剑亮.夜航船与浙江诗路 [J].浙江学刊，2021（5）：183–189.

李杰荣.吴镇《嘉禾八景图》——介于地图与山水画之间 [J].中国美术研究，2015（2）：47–56.

李蕾蕾."乡愁"的理论化与乡土中国和城市中国的文化遗产保护 [J].北京联合大学学报（人文社会科学版），2015，13（4）：51–57.

李柳意.太湖溇港系统及其对乡村人居环境支撑的研究 [D].北京林业大学，2022.

李倩菁，蔡晓梅.新文化地理学视角下景观研究综述与展望 [J].人文地理，2017，32（1）：23–28+98.

李晓晴.中国乡村景观设计研究综述 [J].大众文艺，2019（9）：117–118.

栗青生，赵琳琳，刘翔宇.智能传播视域下浙江诗路文化带乡村景观遗产再发展研究 [J].文化创新比较研究，2022，6（29）：94–97.

林鞍钢.浅谈楠溪江古村落民居建筑及特点 [J].东方博物，2006（2）：112–116.

林箐，王向荣.地域特征与景观形式 [J].中国园林，2005（6）：16–24.

林易.布迪厄实践理论述评 [J].东方论坛，2009（5）：116–125.

刘畅.遗产廊道视角下浙东唐诗之路的分布特征与空间规划研究 [D]. 杭州：
　　浙江大学，2021.

刘丹阳.集体记忆的激活与重构：纪录片中的"乡愁"研究 [D]. 苏州：苏州大
　　学，2018.

刘凡力，金少策.瓯江山水诗路：浪漫而别致 [J]. 文化交流，2021（3）：
　　23–27.

刘凡力.一文含四带 十地耀百珠 [J]. 文化交流，2021（11）：10–21.

刘丰华.基于"三生空间"协调的西安市乡村空间布局优化研究——以阎良区
　　为例 [D]. 西安：长安大学，2019.

刘丽丽，赵立勋.乡土元素在乡村入口景观设计中的应用 [J]. 城市建筑，
　　2019，16（15）：139–140.

刘云军.园林规划中乡村景观设计现状及发展趋势思考 [J]. 美术教育研究，
　　2019（20）：74–75.

刘志超.新型空间规划体系下的县级"三生空间"布局与"三线"划定 [J]. 规
　　划师，2019，35（5）：27–31.

罗时进.浙江诗路研究的视界与视点 [J]. 浙江师范大学学报（社会科学版），
　　2019（4）：27–29.

苗芳蕾.文化创意视角的书法旅游开发研究——以四川蓬溪书法旅游开发为
　　例 [D]. 沈阳：沈阳师范大学，2015.

潘知常.城市与乡愁：一种关于成长的生命美学 [N]. 中国艺术报，2017–01–
　　06（3）.

彭静瑶.诗意栖居视角下钱塘江诗路文化带空间品质提升研究 [J]. 建筑与文
　　化，2022（6）：182–184.

钱振华.大运河文化带建设与乡村振兴融合发展探路 [J]. 江苏农村经济，2020
　　（5）：62–63.

邱德玉.基于浙东"唐诗之路"的剡溪山水文化旅游产品开发 [J]. 宁波大学学
　　报（人文科学版），2010（6）：67–71.

邱峰，刘微微.浙西廿八都古镇民居建筑景观艺术赏析 [J]. 中国建筑装饰装
　　修，2019（12）：118–119.

沈洁."浙东唐诗之路"文化遗产活化传承路径研究 [J]. 百花，2021（3）：

44–47.

沈泳男，张玉雪，杨春锁．地域材料在东梓关村回迁农居建筑设计中的应用[J].工业设计，2021（8）：142–143.

施俊天."五水共生"视域中的浙中乡村特色景观设计理路[J].新美术，2016（4）：86–93.

施俊天.基于"诗性景观"理念的江南乡村景观设计——以金华市蒲塘古村落为例[J].装饰，2016（5）：89–91.

施俊天.江南诗性文化：浙江乡村建设的灵魂[J].浙江师范大学学报（社会科学版），2019（4）：32–34.

施俊天.基于"诗性生长"理念的乡村景观营造——以嵩溪村为例[J].山东工艺美术学院学报，2023（4）：51–55.

施俊天.乡村诗性景观营造的设计应用方法研究——以施光南故里东叶村为例[J].创意与设计，2023（3）：69–75.

施俊天，柴鸿举，安旭.语言景观学视域的诗路乡村景观文本建构——以鹿田村为例[J].创意与设计，2022（3）：12–17.

施俊天，赖勤芳."用"的美学观与当代中国乡村景观设计创新[J].南京艺术学院学报（美术与设计），2022（1）：139–143.

施俊天，刘益良.分益耕作制与意大利托斯卡纳乡村景观的营造[J].广西民族大学学报(哲学社会科学版)，2016（2）：43–49.

施伟萍.入仕与归隐——陶渊明与范成大田园诗比较[J].名作欣赏,2020(8)：12–14.

宋源.夕阳下的华堂村：一个传统村落的存在性叙事[D].杭州：中国美术学院，2014.

苏越，屈林夕."可游可居"语境下乡村诗境生态建构——基于"浙东唐诗之路"乌岩头村的考察[J].黑龙江画报，2021（10）：90–92.

孙福鑫，陈鸿杰，欧阳国辉.江南客乡：浙江松阳石仓古村乐善堂的文化价值与延续[J].中外建筑，2021（12）：59–66.

谭容培，颜翔林.想象：诗性之思和诗意生存[J].文学评论，2009（1）：191–195.

万瑾，杨京武，丁继军.富阳东梓关历史文化村落建筑风貌研究[J].设计，

2018（4）：136–137.

王昌忠．"诗意"之探 [J]. 文艺评论，2013（12）：48–53.

王晨曦．西塘古镇外部空间形态的开放性研究——以廊棚为例 [J]. 建筑与文化，2017（11）：212–213.

王海霞．浙东"唐诗之路"乡村景观遗产的传承 [J]. 艺术研究，2021（3）：101–103.

王洁，吕清海．"浙东唐诗之路"：历史渊源下的本土文化景观分析——以台州市天台县为例 [J]. 艺术与设计（理论），2020，2（6）：68–70.

王丽萍．文化线路：理论演进、内容体系与研究意义 [J]. 人文地理，2011，26（5）：43–48.

王涛，傅盈盈，等．江南水乡古桥文化景观空间解译与特色认知研究——以绍兴安昌古镇为例 [J]. 农村经济与科技，2021，32（1）：206–210.

王甜．"在地性"观念引导下的乡村公共建筑设计研究——以田园综合体相关建筑实践为例 [D]. 济南：山东建筑大学，2020.

王啸龙．以共同富裕为导向的景区型特色小城镇空间研造研究 [D]. 金华：浙江师范大学，2023.

王一川．人生美化与民生风化之间：从改革开放 40 年审美文化重心位移看 [J]. 当代文坛，2019（4）：4–10.

王一帆，邢加满，邢亚龙，等．吴冠中艺术特色于现代建筑的影响——以东梓关村新农居设计为例 [J]. 设计，2021（21）：28–31.

王子陵．松阳建筑针灸实践 [J]. 建筑实践，2019（8）：84–95.

文娜．浙中文化标杆地添彩钱塘江诗路 [J]. 浙江经济，2023（7）：60–62.

吴蓓．大运河诗路——一条河给予浙江文化的福泽 [J]. 文化交流，2020（2）：9–13.

吴华．品茗文化及其美育功能 [J]. 茶业通报，1997（1）：45–46.

吴思慧，曾鹏．运河流域乡村三生空间重构路径研究——以河北沧州南霞口镇为例 [J]. 小城镇建设，2021，39（6）：22–31.

肖笃宁．"景观"一词的翻译与解释 [J]. 科技术语研究，2004（2）：31.

肖瑞峰．"浙东唐诗之路"研究的学术逻辑与学术空间 [J]. 绍兴文理学院学报（人文社会科学），2018，38（6）：1–6.

肖瑞峰.唐诗之路视域中的贺知章 [J].浙江社会科学，2022（2）：151–
154+160.

肖维鸽，莉莲.浙东唐诗之路文旅一体化开发探索 [J].绍兴文理学院学报（人
文社会科学），2020，40（1）：60–66.

肖鹰.陶渊明《归园田居》与中国乡村美学 [N].光明日报，2022–04–08（13）.

谢有顺.从"文化"的乡愁到"存在"的乡愁——先锋文学对乡土文学的影响
考察之一 [J].文艺争鸣，2015（10）：41–45.

徐高峰."七星八斗"芙蓉村 [J].浙江消防，2003（4）：40–41.

徐境，任文玲.西塘古镇滨水空间解读 [J].规划师，2012，28（S2）：69–72.

徐笑挺.浙中古村落空间演化及其重构研究——以历史文化名村嵩溪村为例
[D].杭州：浙江农林大学，2019.

杨贵庆.有村之用：传统村落空间布局图底关系的哲学思考 [J].同济大学学报
（社会科学版），2020，31（3）：60–68.

杨佳麟，王绍森，李立新，等.基于城市织补理念的历史街区保护更新探
索——以漳州古城东宋河片区改造为例 [J].华中建筑,2023,41(3):98–102.

杨京武，丁继军.浅析杭州东梓关历史文化村落搬迁安置区建筑文脉 [J].设
计，2018（1):150–151.

杨培，丁继军.浅析历史文化村落新农居设计的地域性表达——以东梓关村
新农居设计为例 [J].设计，2017（21）：146–147.

杨汝远."浙东唐诗之路"底蕴在本土文化景观中的体现——以绍兴市嵊州市
为例 [J].汉字文化，2021（4）：169–170.

杨维菊，等.江南水乡传统临水民居低能耗技术的传承与改造 [J].建筑学报，
2015（2）：66–69.

杨伟昊.江南传统民居建筑临水处理方式研究 [D].无锡：江南大学，2016.

叶崇凉，孙非寒.试论古村落研究向度及当下发展趋势 [J].四川教育学院学
报，2010，26（9）：1–4.

叶福军.高校图书馆参与地方非遗保护的实践——以浙江传媒学院为例 [J].
河南图书馆学刊，2017（1）：54–55+61.

应月芳.金华市金东区村落文化建设探讨 [J].旅游纵览（下半月),2015（20）：
282–283.

于海燕.钱塘江流域生态功能区划研究[D].杭州:浙江大学,2008.

俞国璋.晋王右军归隐地文献考[J].绍兴文理学院学报(哲学社会科学),2013,33(5):10-17.

俞孔坚.景观的含义[J].时代建筑,2002(1):14-17.

俞立萍.江南水乡古镇旅游景观规划研究[D].杭州:浙江农林大学,2020.

臧佳明.基于嵌入式城市设计理念城市中心区复兴研究[D].大连:大连理工大学,2010.

张充.田园与景观:影视作品中的浙江形象[J].中国农业资源与区划,2021,42(12):114+123.

张法.生态型美学的三个问题[J].吉林大学社会科学学报,2012,25(1):78-84.

张宏敏.试析浙学与署学的共同特质[J].浙江社会科学,2020(11):124-129+159.

张宏儒,刘秉衡,库金杰,等.江南传统民居环境设计研究[J].建筑学报,2010(S1):92-97.

张慧喆.让艺术为乡村增添美丽风景[N].人民日报·副刊,2022-12-20(20).

张兰芳.比较学视域下古代艺术"南北"论及其风格范畴[J].美育学刊,2022,13(2):59-68.

张松.城市建成遗产概念的生成及其启示[J].建筑遗产,2017(3):1-14.

张秀梅.深刻把握文化建设成果 加快打造新时代文化高地[J].浙江经济,2023(10):32-33.

张耀.浙江典型地区传统村落风貌研究——以桐庐县深澳村为例[D].杭州:浙江理工大学,2015.

赵树功.论谢灵运《山居赋》的审美转型——关于六朝文学新变的一个样本考察[J].文学评论,2019(5):145-153.

郑殷芳.浦江嵩溪村风貌特色分析与保护初探[J].古建园林技术,2017(3):54-58.

周宇.文化景观在乡村景观设计中的应用探析——以浙东"唐诗之路"班竹村为例[J].美与时代(城市版),2021(5):58-59.

朱屹.浙西廿八都聚落形态与文化特征研究[D].浙江农林大学,2015.

（三）政府（部门）文件

金华市发改委.金华市诗路文化带发展规划[R].2019-11.

桐庐县发改委.桐庐县诗路文化带发展规划[R].2020-05.

浙江省发展和改革委员会.大运河诗路建设三年行动计划（2021—2023）[R].2021-04.

浙江省发展和改革委员会.瓯江山水诗路建设三年行动计划（2021—2023）[R].2021-04.

浙江省发展和改革委员会.钱塘江诗路建设三年行动计划（2021—2023）[R].2021-04.

浙江省发展和改革委员会.浙东唐诗之路建设三年行动计划（2020—2022）[R].2020-04.

浙江省发展和改革委员会工作联席会议办公室.关于印发浙东唐诗之路建设三年行动计划（2021—2023）的通知（〔2020〕10号）[R].2020：16.

浙江省人民政府.浙江省古道保护办法[R].2021-12.

浙江省人民政府.浙江省诗路文化带发展规划[R].2019-10.

浙江省人民政府办公厅.关于高质量加快推进未来社区试点建设工作的意见[R].2019-11.

浙江省人民政府办公厅.关于开展未来乡村建设的指导意见[R].2022-02.

中共中央办公厅　国务院办公厅.数字乡村发展战略纲要[R].北京：人民出版社，2019.

（四）网站

读秀网 http://www.duxiu.com/.

李招红.竺岳兵先生的学术之路[EB/OL].（2020-12-02）[2022-11-19] http://www.cntszl.com/listshow.aspx?id=3723. 浙江省人民政府 https://www.zj.gov.cn/.

唐诗之路（新昌浙东唐诗之路研究社）http://www.cntszl.com/list.aspx.

浙江非遗网 https://www.zjfeiyi.cn/.

后 记

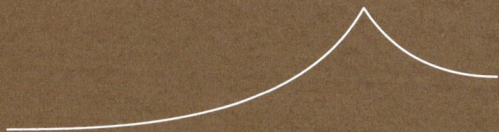

浙江乡村从过去的基本建设和社会发展明显滞后，转变为现在的农村宜居宜业、农业高质高效、农民富裕富足，这一精彩蝶变发生在 21 世纪以来。这个过程，我是见证者，也是参与者。从 2003 年开始，我与浙江师范大学乡村景观文化团队一起，为了美丽乡建的共同愿景而努力，致力打造乡村景观，先后完成了 60 多个村落的设计实践案例，在业界获得了积极反响。但同时，我也在认真思索如何在原有的基础上进行深化、美化的问题。

有幸的是，2018 年我参与了《浙江诗路文化带发展规划》编制的前期工作，从而对"诗路"这一概念有了接触和理解。浙江是一个盛产诗人的"大花园"，尤其是在唐代，形成了一条著名的"浙东唐诗之路"。在这条通往"远方"的道路上，留下了以李白为代表的无数诗人的身影。以浙东唐诗之路为样板，浙江境内还有大运河诗路、钱塘江诗路、瓯江山水诗路。至此，以四条诗路架构起来的浙江诗路文化版图被勾勒出来，诗路文化作为浙江文化中的精彩部分而被凸显。"诗路文化带"是浙江省大花园建设目标的标志性工程，也是浙江省践行"绿水青山就是金山银山"理论的时代创造与文化实践。浙江诗路文化带有其深厚的历史文化底蕴、诗韵的带状地理空间、宏伟的时代叙事背景。有了诗路文化带这样一个全新的视角，浙江乡村景观设计与营造也就有了一个依托和创新的空间。

2018 年，我以"浙江'诗路文化带'乡村景观设计策略与方法研究"为题，申报了国家社科基金艺术学规划课题并成功立项（编号 19BG119）。之后，我和我的团队集中力量展开研究与实践。一是考察调研，课题组利用假期，对四条诗路沿线 37 个村落节点进行全面实地考察；又用了约半年时间，对田野调查数据进行深入整理与分析，形成了 30 多万字的研究报告。二是理论探索，课题组结合历史与现实，关注诗路乡村的视觉美感、空间形态、精神追求与诗意理想生活问题，也关注乡村景观形成背后的社会与经济问题，让乡村持久"自然生长"成为理论建构的起点。为此，确立了以"诗性生长"为核心的四个策略与方法。三是实践应用，课题组在充分领会"诗路乡建"模式、内涵的基础上，开展诗境规划与设计案例实践，其间完成了东叶村、洞前村、九龙矿坑、鹿田村、大岭村等 9 个村落的设计实践案例。以上三个方面也构成了本书的主要内容。其中部分章节，已经以论文形式公开发表在《装饰》《南京艺术学院学报（美术与设计版）》《创意与设计》《山东工艺美术学院学报》等刊物上。

在本书出版之际，衷心感谢团队和课题组的成员们。赖勤芳老师在整体架构、行文表述等方面用力甚多，独立撰写了部分章节。徐成钢、罗青石、安旭、吴维伟、梁燕莺、肖寒、宋霄雯、朱一平等诸位老师相互协作，共同参与。浙江师范大学乡村景观文化研究中心 2020 届至 2024 届的柴鸿举、朱程宾、孙雯倩、王啸龙、魏玲珺、王晓敏、江婷等 20 多位硕士研究生参加调研活动，完成数据整理和方案设计等工作。丁继军、田中初、孙发成、林友桂等几位老师和龚袒祥博士也以不同形式给予支持和帮助。在这里，尤其需要感谢我的导师方晓风老师。方老师知识渊博、视野广阔、指导给力，使我受益匪浅，还在百忙之中作序，为本书增色不少。浙江大学出版社的平静女士认真、负责，使得本书顺利编辑出版，在此一并感谢。

诗路乡村景观设计与研究前景广阔。我们希望本书能够起到抛砖引玉的作用，同时期盼有更多的设计人加入这一创造美好的事业中来，为振兴新时代乡村共同努力。限于我们的水平和能力，本书中定然存在一些不足之处，恳求读者见谅并多提宝贵意见。我们谨以此书为起点，在乡村景观设计与营造研究的道路上不断前行！

施俊天

2024 年初冬于钱江之滨